"十四五"普通高等院校能源动力类系列教材

# 太阳能转化、利用与存储技术

黄建华　王发辉　黄　平　罗　鹏◎主编

中国铁道出版社有限公司
CHINA RAILWAY PUBLISHING HOUSE CO., LTD.

## 内 容 简 介

本书针对高等院校新能源科学与技术等专业教学需要而编写。首先阐述了"双碳"背景下太阳能产业发展趋势与政策，太阳资源的相关常识；然后从太阳能应用角度着手，阐述了光伏发电原理、分类与组成；接着详细讲解了光伏发电单元、储能系统、汇流系统、控制与逆变系统、接入系统、电缆选型等内容；最后从太阳能应用角度出发，详细讲解了离网与并网发电设计原理与要点、光热利用的各种形式与原理。

本书适合作为普通高等院校能源动力类新能源科学与工程、能源与动力工程、储能与动力工程等专业的教材，也可作为高等职业院校光伏工程技术等专业的教学参考书及企业员工的岗位培训教材，还可作为相关专业工程技术人员的参考书。

**图书在版编目（CIP）数据**

太阳能转化、利用与存储技术/黄建华等主编. —北京：
中国铁道出版社有限公司，2024.1
"十四五"普通高等院校能源动力类系列教材
ISBN 978-7-113-30808-7

Ⅰ.①太… Ⅱ.①黄… Ⅲ.①太阳能发电-高等学校-教材
②太阳能利用-高等学校-教材 Ⅳ.①TM615②TK519

中国国家版本馆 CIP 数据核字（2023）第 242437 号

书　　名：**太阳能转化、利用与存储技术**
作　　者：黄建华　王发辉　黄　平　罗　鹏

| | | |
|---|---|---|
| 策　　划：何红艳 | | 编辑部电话：（010）63551006 |
| 责任编辑：何红艳　绳　超 | | |
| 封面设计：付　巍 | | |
| 封面制作：刘　颖 | | |
| 责任校对：安海燕 | | |
| 责任印制：樊启鹏 | | |

出版发行：中国铁道出版社有限公司（100054，北京市西城区右安门西街 8 号）
网　　址：http://www.tdpress.com/51eds/
印　　刷：三河市国英印务有限公司
版　　次：2024 年 1 月第 1 版　2024 年 1 月第 1 次印刷
开　　本：787 mm×1 092 mm 1/16　印张：15　字数：365 千
书　　号：ISBN 978-7-113-30808-7
定　　价：48.00 元

党的二十大报告在第十部分指出："必须牢固树立和践行绿水青山就是金山银山的理念，站在人与自然和谐共生的高度谋划发展。""推动经济社会发展绿色化、低碳化是实现高质量发展的关键环节。""立足我国能源资源禀赋，坚持先立后破，有计划分步骤实施碳达峰行动。"

2021 年《国务院关于印发 2030 年前碳达峰行动方案的通知》指出，全面推进风电、太阳能发电大规模开发和高质量发展，因地制宜利用风能、太阳能等可再生能源，推进清洁能源替代，提高风电、太阳能发电等应用比重，深化可再生能源建筑应用，推广光伏发电与建筑一体化应用，因地制宜推行太阳能等清洁低碳供暖。到 2025 年，新建公共机构建筑、新建厂房屋顶光伏覆盖率力争达到50%；到 2030 年，非化石能源消费比重达到 25% 左右，顺利实现 2030 年前碳达峰目标。

在可再生能源中，最值得人们关注的是太阳能。太阳能已广泛应用在工业、农业等领域，太阳能已成为能源革命的主角。如何促进太阳能产业可持续发展，人才培养是关键。人才培养的基础是课程，而教材对课程质量起着举足轻重的作用。太阳能产业新技术、新动态迭代更新较快，教材也需根据太阳能产业新技术、新动态进行实时更新，这样才能培养出满足产业发展需要的专业人才。

本书首先阐述了"双碳"背景下太阳能产业发展趋势与政策，太阳资源的相关常识；然后从太阳能应用角度着手，阐述了光伏发电原理、分类与组成，接着详细讲解了光伏发电单元、储能系统、汇流系统、控制与逆变系统、接入系统、电缆选型等内容；最后从太阳能应用角度出发，详细讲解了离网与并网发电设计原理与要点、光热利用的各种形式与原理。

本书融合了当今太阳能产业的新政策、新技术、新动态、新应用，以光伏发电与光热利用为主线，整合了太阳能产业最新政策、光伏发电单元的最新研究成果、当今主流及未来发展的储能技术、组串式及集中式逆变器等新技术、光伏电站项目开发与选址、离网与并网光伏发电系统设计、光热系统应用等知识，通过实际工程案例将太阳能转化、利用、存储等知识点融会贯通。

本书适合作为普通高等院校能源动力类新能源科学与工程、能源与动力工程、储能与动力工程等专业的教材，也可作为高等职业院校光伏工程技术等专业的教学参考书及企业员工的岗位培训教材，还可作为相关专业工程技术人员的参考书。

本书由新余学院黄建华、王发辉、黄平、罗鹏任主编。全书由张玉清拟定提纲，由黄建华、王发辉统稿。参加编写的还有黄雪雯、傅欣欣、罗胤祺、黄淑萍、吴欢文。具体编写分工如下：第 1 章及第 9 章 9.1、9.2 节由黄平编写，第 2 章及第 10 章由黄建华编写，第 3 章、第 7 章由黄雪雯编写，第 4 章由傅欣欣编写，第 5 章由罗鹏编写，第 6 章由罗胤祺、黄淑萍共同编写，第 8 章由王发辉编写，第 9 章 9.3 节由吴欢文编写。

本书是江西省普通本科高校现代产业学院新余学院新能源产业学院的建设成果。在编写过程中得到了晶科能源有限公司、江西赛维 LDK 太阳能高科技有限公司、新余市银龙光伏工程有限公司等企业的大力支持，以及南京瑞途优特信息科技有限公司顾卫钢博士的指导，在此表示衷心感谢。

在本书编写过程中，编者查阅了大量的文献资料，并引用了部分网上的资料，网上部分资料与文档无法查找原作者，因此未能在参考文献中列出，在此对相关作者表示衷心的感谢。

限于编者水平，书中难免有疏漏和不足之处，欢迎广大师生和读者提出宝贵意见，以便本书不断改进和完善。

编　者
2023 年 10 月

# 目　录

# 第1章

## ➡ 太阳能产业发展机遇

随着全球对气候变化的关注日益增强，实现碳中和成为各国的共同目标。作为可再生能源的重要组成部分，太阳能的利用与发展显得尤为重要。太阳能利用技术主要包括光伏发电、光热发电等多种形式。面对当前实现"双碳"目标的新形势，我国太阳能产业的制造能力持续增强，产业链逐步完善，发展规模位居全球多个第一，技术化水平不断提升。本章从"双碳"背景下太阳能产业发展、"太阳能技术+"模式创新与实践入手，阐述太阳能产业升级和规模化发展、太阳能产业政策。

### 🤝 学习目标

（1）了解太阳能产业的发展趋势、产业升级和特色应用。
（2）掌握"太阳能技术+"模式创新与实践、太阳能产业相关政策。
（3）了解太阳能产业发展对国家"双碳"目标实现的重大意义。

### 学习重点

（1）"太阳能技术+"模式创新与实践。
（2）太阳能产业相关政策。

### 学习难点

智能光伏产业升级。

## 1.1 "双碳"背景下的太阳能产业发展

"2030年碳达峰，2060年碳中和"是我国作出的重大战略决策，标志着我国能源结构战略转型进入关键阶段。2021年印发了《中共中央 国务院关于完整准确全面贯彻新发展理念做好碳达峰碳中和工作的意见》和《2030年前碳达峰行动方案》，这些都要求我们要加快构建清洁低碳安全高效能源体系，大力发展水电、风电、太阳能、生物质能等非化石能源。太阳能具有清洁、安全、高效、可持续等显著优点，在我国新能源体系中扮演着非常重要的角色，太阳能产业迎来空前的发展机遇。

### 1.1.1 光伏产业的发展趋势

国际能源署（IEA）发布的《全球能源回顾：2021 年二氧化碳排放》报告指出，2020 年我国二氧化碳排放量为 $98.94 \times 10^8$ t，占全球二氧化碳总排放量的 30.93%，全球排名第一。其中煤炭、石油、天然气等化石能源消耗导致的二氧化碳排放量占比达 95% 以上。同时，研究显示，在"双碳"目标下，煤炭、石油、天然气等化石能源低碳经济效率水平有待提高。因此，构建高效清洁、绿色低碳的新型能源供应体系已成为能源转型发展的大趋势，绿色环保、安全可持续的光伏发电将成为未来新能源发电的主要选择，是我国推动"双碳"目标实现的重要保障。

2022 年，在碳达峰、碳中和目标引领和全球清洁能源加速应用背景下，中国光伏产业总体实现高速增长。根据中国光伏协会数据，2022 年，全国光伏组件产量达到 288.7 GW，同比增长 58.8%，如图 1-1 所示。随着光伏组件各大厂商持续扩增产能，预计未来产量将继续增长。我国光伏新增和累计装机容量占全球光伏装机总规模的 1/3 以上，连续多年居全球首位。2022 年全年，光伏累计装机容量 39 261 万 kW，同比增长 28.1%。新增装机容量 8 741 万 kW，同比增长 60.3%，如图 1-2 所示。2022 年，我国光伏行业持续深化供给侧结构性改革，加快推进产业智能制造和现代化水平，全年整体保持平稳向好的发展势头，有力支撑"碳达峰碳中和"顺利推进。根据行业规范公告企业信息和行业协会测算，2022 年全年光伏产业链各环节产量再创历史新高，全国多晶硅、硅片、电池、组件产量分别达到 82.7 万 t、357 GW、318 GW、288.7 GW，同比增长均超过 55%，行业总产值突破 1.4 万亿元人民币。2022 年，国内光伏大基地建设及分布式光伏应用稳步提升，国内光伏新增装机容量超过 87 GW；全年光伏产品出口超过 512 亿美元，光伏组件出口超过 153 GW，有效支撑国内外光伏市场增长和全球新能源需求。

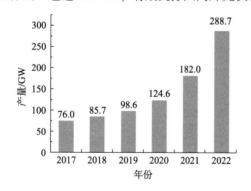
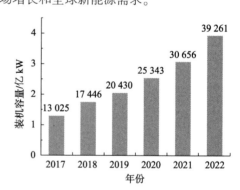

图 1-1　2017—2022 年中国光伏组件产量　　图 1-2　2017—2022 年中国光伏发电累计装机容量

发展更高效率、更低成本的光伏电池，开发高可靠性、电网适应性强的光伏发电系统，推进光伏建筑一体化技术创新，构建国产化、智能化光伏生产制造体系，提升废弃光伏组件回收处理技术，是推动我国光伏发电大规模发展的关键。

#### 1. 高效率低成本光伏电池

由于生态红线和耕地红线的限制，国家能源局要求光伏项目开发不允许占用耕地。因此，发展更高效率、更低成本的光伏电池，进一步提升单位面积发电能力是未来光伏大规模发展的关键。一是持续推进钝化发射极和背面电池（PERC）技术的发展，如开发双面 PERC 电池等，提升转换效率，降低生产成本。二是加快隧穿氧化层钝化（TOPCon）、异质结（HIT）、交指式背接触（IBC）等新型晶硅电池低成本高质量产业化制造技术研究，重点突破关键材料、工艺水平、制造装备等技术瓶颈，提高效率，降低成本，推动新型晶硅电池的产业化生产和规模化应用。三是推动铜铟镓硒（CIGS）、碲化镉（CdTe）、砷化镓（AsGa）等薄膜光伏电池的降本增效、工艺优化、量产产能等，大力推进薄膜太阳能电池在光伏建筑一体化建设中的应用。四是开展高效钙钛矿太阳能电池制备与产业化生产技术研究，开发大面积、高效率、高稳定性、环境友好型的钙钛矿电池，开展晶体硅/钙钛矿、钙钛矿/钙钛矿等高效叠层电池制备及产业化生产技术研究。

### 2. 光伏发电并网关键技术

基于模糊逻辑算法、自适应变步长电导增量法和人工神经网络改进光伏发电系统最大功率点跟踪技术（MPPT），保证光伏发电系统以最高功率稳定输出。开发高效率、高可靠性、高电能质量、电网适应性强、易于安装维护的大型光伏电站用逆变器。开展工作稳定性好、能量转换效率和功率密度高、工作寿命长、生产成本低的微型逆变器研究。探索智能孤岛效应检测新方法，提升光伏发电系统并网稳定性。

### 3. 光伏建筑一体化应用

制定光伏建筑一体化建设规范和标准，推动光伏建筑一体化规模化应用，实现绿色建筑"零排放"，助推"双碳"目标有效落地。重点开展光伏建筑一体化电池技术研发，实现转化效率与建筑美观的有效融合。研制多样化光伏组件材料，满足不同场景和个性化需求的建筑结构，并利用集成技术开发装配式光伏建筑。融合数字信息技术，开发自动化、信息化、智能化光伏建筑。

### 4. 构建智能光伏生产制造体系

注重智能信息技术的应用，不断提高生产效率和产能，保障产能供应。一是提高光伏电池组件生产制造的智能化水平，实时监控硅片制绒、扩散、刻蚀、钝化等生产过程，有效缩短单位生产时间，保证电池产能和质量。二是开展硅片薄片化、大片化生产工艺和设备研制。三是重点研制 N 型光伏电池生产制造工艺和设备，加快 N 型光伏电池的规模化生产。

### 5. 光伏组件回收处理与再利用

研究光伏组件回收处理政策和法规，制定完善的光伏组件回收处理标准体系，明确光伏组件回收处理细则，加强对光伏组件回收处理的指导和要求。改进废弃光伏组件回收处理技术，提高回收率，同时最大限度降低回收处理过程中的环境污染和能源消耗，实现无害化处理。

## 1.1.2　光热产业的发展趋势

光热产业国外起步较早，在光热发电的材料、设计、工艺及理论方面已经开展 50 多年的研究，并已得到商业化应用，2022 年，全球共新增太阳能光热电站 2 座，累计装机容量约 7 050 MW。我国光热发电虽然起步较晚，但是在国内示范项目的带动下，已经初步建立了较完整的产业链，并实现部分产品出口国外。

其一，光热发电项目建设处于试点示范阶段。2016 年，我国安排了首批光热发电示范项目建设共 20 个，134.9 万 kW 装机容量，分布在北方五个省区，电价 1.15 元/（kW·h）。同时，国家鼓励地方相关部门对光热企业采取税费减免、财政补贴、绿色信贷、土地优惠等措施，多措并举促进光热发电产业发展。2018 年，国家能源局布置的多能互补项目中，有光热发电项目。如图 1-3 所示，截至 2022 年底，我国光热发电装机容量约为 59 万 kW，共 12 个项目，主要分布在甘肃（21 万 kW）、青海（21 万 kW）、内蒙古（10 万 kW）和新疆（5 万 kW），另有 2 万 kW 分布在其他省。从技术来看，我国首批光热发电示范项目和多能互补项目中采用的技术以塔式技术较为常见，占比超过一半。

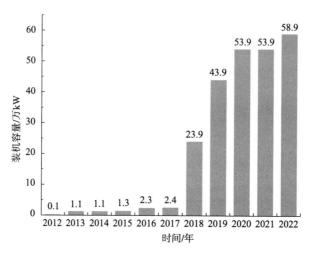

图 1-3　2012—2022 年中国光热发电累计装机容量

其二，光热发电全产业链初步建立。通过首批光热发电示范项目建设，我国光热发电装备制造产业链基本形成，光热发电站使用的设备、材料得到了很大发展，并具备了相当的产能。在国家首批光热发电示范项目中，设备、材料国产化率超过 90%，在部分项目中，比如青海中控德令哈 5 万 kW 塔式光热发电项目，设备和材料国产化率已达到 95% 以上，并建立了数条光热发电专用的部件和装备生产线，具备了支撑光热发电大规模发展的供应能力，年供货量可满足数百万千瓦光热发电项目装机。当前，国内光热发电产业链主要相关企业已超过 500 家。

其三，光热发电产业开始走向世界。我国光热发电制造业起步晚，但"十三五"以来技术和产业发展快速，相比国外有成本优势，首批示范项目使我国光热技术和产品具有了实际运行项目和经验，开始走出国门。如中国能建和中控太阳能公司联合体于 2019 年承建了希腊 5 万 kW 光热发电站项目，国家主席习近平与希腊总理米佐塔基斯共同见证了该项目的签约仪式，这是中国光热发电产业首次以"技术 + 装备 + 工程 + 资金 + 运营"的完整全生命周期模式走出国门。上海电气集团 EPC（设计-采购-施工管理总包合同）总包了阿联酋 70 万 kW 光热发电站项目，中国电建集团联合体 EPC 承包了摩洛哥太阳能发电园 35 万 kW 光热发电项目。我国企业皇明太阳能公司早在 2011 年就向西班牙出口了长达 25 km、30 万 kW 的光热发电的核心部件镀膜钢管，2019 年又向法国提供了 16 km、0.9 万 kW 的吸热管。

## 1.2　"太阳能技术 +"模式创新与实践

太阳能技术具有清洁、安全、高效、可持续等显著优点，同时也存在受天气影响大、建设成本高等问题。当太阳能技术与传统行业、传统技术深度融合，创新"光伏＋"、"光热＋"模式，不但可以拓宽其应用场景，还可以降低投资风险。

## 1.2.1　"光伏＋"模式创新

2022 年 6 月，工业和信息化部等大部门联合印发《工业能效提升行动计划》，提出要推动智能光伏创新升级和行业特色应用，创新"光伏＋"模式，推进光伏发电多元布局。所谓"光伏＋"，即光伏发电和传统多业态的深度融合，这其中既有与传统行业的融合，也包括与不同发电形式的融合，具有广泛拓宽应用场景、提高经济效益等优势。

### 1. 光伏＋农林牧渔

#### 1）光伏＋农业

光伏＋农业就是将光伏发电广泛应用于现代农业，就是将光伏发电技术广泛应用到现代农业种植、灌溉、病虫害防治以及农业机械动力提供等领域的一种新型农业。简单来说，就是"一块土地，多种用途"。因其节约土地、就近消纳、能够与农业结合的经济性等优势得到了逐步推广。农作物生长与光伏发电需要不同波长的光，光伏日光温室能够实现发电、种植两不误。由于光伏组件会造成一定的遮光，每个大棚可根据不同农作物对光的需求，采用不同的装机容量设计，满足植物光合作用对光的需求。如苦瓜，生长过程中对透光度要求不高，可使用晶硅光伏组件，多安装电池组件，提高装机容量多发电；光照要求高的五彩椒、番茄等茄果类蔬菜，则覆盖透光性好的改良光伏组件，降低装机容量，增强透光性。根据可再生能源署（IRENA）2022 年发布的可再生能源装机容量数据，在所有光伏增长容量中，农业光伏也成为分布式光伏的主要构成。我国光伏农业项目也已成为全球农光互补项目总计规模最大的国家。农光互补光伏电站典型案例如图 1-4 所示。

图 1-4　宁夏宝丰农光一体光伏电站

#### 2）光伏＋林业

林光互补是独具特色的一种造林模式，充分利用光伏板架与地面 2 m 以上高差的足够空间，大力发展经济灌木种植，让光伏发电与林业开发有机结合，既可实现土地的立体化增值利用，也体现了回报自然、绿色发展的一贯初衷。林光互补一体化发展模式在山区县的探索实践，既能解决山区县荒山林地森林质量难以提升的困境，又能以山区县林地资源的优势解决光伏发电产业用地难的现状，促进当地新能源产业经济快速发展。"林光互补"已成为张家口独具特色的一种造林模式。张家口 8 个县区的 16 家公司拟建设光伏林业项目，占用宜林地 753.4 万 $m^2$，可完成

337.3万 m² 绿化任务。张家口在光伏林业项目实施中，首先保证占用林地性质不改变，按照造林面积和光伏电站面积各50%的比例，在光伏板间及光伏板下种植灌木或者亚乔木的方式进行建设，所栽植的林木归原林权主所有，在租赁期内林木由企业管护，租赁期结束后企业将林地及林木一并移交给林权主。林光互补光伏电站典型案例如图1-5所示。

3）光伏+牧业

在"牧光互补"模式中，将光伏发电应用到养殖牧场建设上，利用现代生物技术、信息技术、新材料和先进装备等，实现了生态养殖、循环农业技术模式集成与创新，为养殖业可持续发展提供有力的技术支撑。牧光互补光伏电站典型案例如图1-6所示。"牧光互补"模式具有以下三种优势：

图1-5 贵州省岗乌镇纳卜林业光伏电站

图1-6 吉林双辽服先光伏电站

（1）养护牧草，为养殖提供充足饲料。在牧场安装光伏电站、光伏板可以起到遮蔽烈日及阻挡风沙的作用，避免恶劣天气对牧场及周边生态环境的破坏，还能对养殖的动物起到保护效果。

（2）获取牧业及光伏发电双份收益。"牧光互补"模式对土地资源实现高效利用，不仅能够带动一方经济发展，还能够改善电站周边生态环境，达到经济、环境效益双赢。在保护生态环境的同时，有效促进了养殖户收入的稳定增加，是脱贫致富的有效手段。

（3）改善周边生态环境。我国西北地区部分牧场受风沙及超载放牧影响，导致植被覆盖率下降，生态环境异常脆弱，形成严重的荒漠化和半荒漠化的草场。引入"牧光互补"模式后，在修复生态环境的同时还起到防风固沙的作用，有利于当地、周边生态环境和气候的改善。

4）光伏+渔业

渔光互补就是在水面上方架设光伏阵列，利用光伏发电，下方水域发展特色养殖，使水域空间得到全方位立体利用，实现渔电双丰收。"渔光互补"的优点很多：第一，给鱼塘遮阳，降低水面温度，减少水分蒸发，鱼虾被水烫死的概率会大大降低；第二，给渔民带来额外的光伏发电收益，使养殖附加值成倍增加。同时光伏发电还能为鱼塘的增氧机、水泵等设备供电，多余的电还可以按照脱硫电价卖给电网，回报周期基本在7~8年；第三，减少水面植物光合作用，提高水质。池塘上面的太阳能电池板遮挡了一部分阳光，让水面藻类光合作用降低，在一定程度抑制了藻类的繁殖，提高了水质，为鱼类提供一个良好的生长环境。渔光互补光伏电站典型案例如图1-7所示。

图 1-7 浙江象山长大涂滩涂光伏并网发电项目

2. 光伏 + 建筑

2022 年 5 月 14 日，国务院办公厅转发国家发展改革委、国家能源局《关于促进新时代新能源高质量发展的实施方案》的通知。方案明确，到 2025 年，公共机构新建建筑屋顶光伏覆盖率力争达到 50%；鼓励公共机构既有建筑等安装光伏或太阳能热利用设施。目前实现绿色光伏建筑的技术路线，主要分为两类。传统的附着在建筑物上的光伏发电系统（BAPV），指在现有建筑上安装的光伏发电系统；建筑一体化光伏发电系统（BIPV），指将光伏发电产品集成到建筑上的技术，也即建筑光伏一体化。如今，安全性更高、使用寿命更长，价格上同样占据优势的 BIPV 正扑面而来。在沪武高速旁，矗立着一座国内大跨度弧形 BIPV——华能龙腾光伏电站，面积达 17.6 万 $m^2$，在空中俯瞰如一面巨大的弧面镜，如图 1-8 所示。该电站创新性地利用封闭后近 30 万 $m^2$ 钢网架大棚装设分布式光伏发电系统，是国内首个大跨度弧形网架结构屋面 BIPV 光伏支架系统，施工技术复杂、安全风险系数高，在行业内没有可借鉴的案例。

构建绿色低碳、安全高效的高校综合能源系统，是加快城市能源转型、助力国家"双碳"目标的重要抓手之一，高校光伏电站典型案例如图 1-9 所示。在学校屋顶建设光伏电站的优势如下：

图 1-8 华能龙腾光伏电站

图 1-9 浙江大学紫金港校区东教学楼长达 500 m 的光伏长廊

（1）学校拥有较为广阔的屋顶，结构好，用电量稳定。

（2）学校的光伏发电环境好。学校所处地区相对周边环境而言拥有更多的太阳能资源，日照稳定。学校也有足够多的教室或寝室作为储能蓄电池室和控制室，相比于一些家庭和企业来说有得天独厚的优势。

（3）学校作为政府的教育机构，有良好的信誉度，土地产权明确，融资相对容易。

（4）学校运营稳定，一般不会有较大幅度改造，几乎不存在分布式光伏电站的存续风险问题。

（5）节能减排，建设环保节约型校园，让学生对新能源有更加直接的认识，激发学生研究新能源的热情。

### 3. 光伏 + 交通

随着分布式光伏在各行各业的渗透率越来越高，给交通领域也带来了日新月异的改变。光伏 + 高速公路、铁路沿线、高铁站、地铁、码头、机场等情景随处可见。"光伏 + 交通"也得到了政策从中央到地方，自上而下的鼎力支持。进入 2022 年，"光伏 + 交通"的政策热度依旧不减。2022 年 1 月 18 日，国务院下发《"十四五"现代综合交通运输体系发展规划》，明确指出，鼓励在交通枢纽场站以及公路、铁路等沿线合理布局光伏发电设施，让交通更加环保，出行更加低碳。2022 年 3 月 30 日，交通运输部印发了《关于扎实推动"十四五"规划交通运输重大工程项目实施的工作方案》。方案提出在"十四五"时期，要以营运交通工具动力革命和低碳基础设施建设运营为重点，强化交通基础设施对低碳发展有效支撑，在高速公路和水上服务区、港口码头、枢纽场站等场景建成一批"分布式新能源 + 储能 + 微电网"智慧能源系统工程项目；支持新能源清洁能源营运车船规模应用。

"地铁 + 光伏"节能又环保。地铁建设与光伏发电相结合，不仅响应国家节能降耗的要求，也是降低地铁运营成本的需要，同时也在市民中起到了良好节能示范作用。"地铁 + 光伏"开创绿色交通新模式。开启了"光伏 + 交通"的新探索，为"光伏 + 交通"提供了应用数据，为绿色交通探寻了发展新方向，也为"光伏 + 提供"了跨界新方式。常州地铁 1 号线南夏墅停车场（见图 1-10），利用停车场内运用库、牵引降压混合变电所、工程车库和洗车库空置屋面，建设了容量约为 1.4 MWp 的分布式光伏系统，并通过变电所 0.4 kV 侧并入地铁供电网络。项目采用 455 Wp 单晶单面半片太阳能组件，总计安装达 3 160 块。投入使用后预计年均发电量超 144 万 kW·h，每年可减少二氧化碳排放量约 1 141.96 t、二氧化硫排放量约 8.3 t、氮氧化物排放量约 12.46 t。

图 1-10 常州地铁 1 号线南夏墅停车场的分布式光伏系统

当前，在"双碳"目标引领下，港口作为主要综合交通枢纽，减排效果关系交通领域降碳目标能否顺利实现。积极打造绿色生态港口，加强港口领域污染防治与节能减排已经成为我国港口产业的共识。"光伏 + 港口"模式将有效提高绿色电力利用率，降低用电成本，以清洁能源助力节能减排。建设分布式光伏电站不需要另外投资对供电网进行改造，也不额外占用土地资源，提高了港口现有建筑物的综合利用效率。光伏组件还将起到一定隔热效果，有利于降低建筑物的能耗，同时也极大提升了老仓房的外观形象。

### 4. 光伏 + 生态修复

光伏电站同时具备一定防风固沙、生态修复功能，于是蓝色的"光伏海"覆盖了遍地黄沙，填补了弃置水面，荒凉戈壁滩开出"向日葵"，采煤深陷区蝶变"聚宝盆"。在内蒙古自治区鄂尔多斯市达拉特旗，茫茫库布齐沙漠中一幅蔚为壮观的"骏马图"跃然于黄沙之上，如图 1-11 所示。这可不是沙画，而是由国家电投建设的"骏马"光伏电站，由 19.6 万块光伏板组成。这匹"骏马"不仅能发电，还能进行沙漠治理和生态修复。在腾格里沙漠和巴丹吉林沙漠交汇处，整齐排列的华能金昌光伏公司光伏板宛如一片蓝色的海洋。通过"板上发电、板下固沙"的方式，华能金昌光伏公司有效治理荒漠戈壁面积约 788 万 $m^2$。

在山东德州丁庄镇的水面上，一片片光伏板在浮体的衬托下排列整齐，在阳光下熠熠生辉。这是世界单体容量最大的漂浮式光伏电站——华能德州丁庄水上漂浮式光伏电站，总装机容量 320 MW。该电站不仅具有不占用土地资源、减少水量蒸发、漂浮体遮挡阳光抑制藻类生长等优势，还可以对光伏组件及电缆实施"降温"，有效提高发电效率。三峡集团安徽淮南水面光伏电站是国内当期最大采煤沉陷区水面光伏项目。曾经，这里是采煤沉陷区闲置水面，如今，这里成为兼具水上漂浮式光伏与水产养殖的绿色能源基地。国内首个高盐、高矿化度矿井水水域漂浮电站——国家能源集团宁夏电力宁东电厂漂浮分布式光伏电站，占湖面 300 亩（1 亩≈666.7 $m^2$），总装机容量 17.94 MW，年平均发电 2 506 万 kW·h。国投江苏新能源颍上"水上漂浮式"光伏项目同样将昔日的采煤沉陷区建设成水上光伏电站，如图 1-12 所示。目前，颍上润能已建成水面光伏电站，并网装机容量 130 MW。

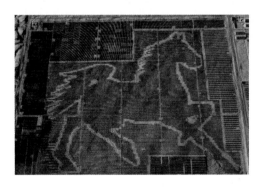

图 1-11　鄂尔多斯市"骏马"光伏电站

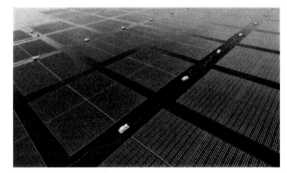

图 1-12　国投江苏新能源颍上
"水上漂浮式"光伏项目

### 5. 光伏 + 其他能源

单一的光伏发电主要"靠天吃饭"，没有光照时就不能光伏发电，因此电能输出不够稳定。如今，"光伏 + 新能源"的解决方案，让光伏发电不再怕"老天变脸"，甚至让太阳"被迫加班"。

2022 年 4 月 11 日，国家电投海阳核电"核能 + 光伏"工程正式投运，如图 1-13 所示。工程装机容量为 1 009 kW，年发电量约 126 万 kW·h，采用"就地逆变，集中并网"方式，利用厂区空余场地建成分布式光伏发电系统。2022 年 5 月 30 日，国家能源集团龙源电力浙江温岭 100 MW 潮光互补型智能光伏电站实现全容量并网发电，成为国内首座潮光互补型智能光伏电站，如

图 1-14 所示。光伏制氢能够消除光伏发电昼夜变化大、发电量不稳定对电网调节造成的负担，将不稳定能源转化为氢能储存，实现发电曲线平抑。中国石化新星公司新疆库车绿氢示范项目通过电解水方式制氢，建成投产后年产绿氢将达到 2 万 t，是全球在建最大的绿电制氢项目。中国能建葛洲坝电力公司承建的河北张家口张北云计算基地绿色数据中心新能源微电网示范项目，风电装机容量 120 MW、光伏装机容量 80 MW，每年可提供清洁电能 4.2 亿 kW·h。其利用太阳能电池方阵、风力发电机实现风光互补，拥有更高的系统供电稳定性。

图 1-13 国家电投海阳核电"核能 + 光伏"工程　　　图 1-14 国内首座潮光互补型智能光伏电站

## 1.2.2 "光热 +"电站开发模式

目前，鉴于光热发电依然面临着投资成本较大、度电成本较高的现状，采用"光热 +"的电站开发模式在一定程度上可有助于削减光热发电项目的投资成本，降低投资风险。从理论上来讲，光热发电主要技术路线之间、光热发电与传统火电以及与其他可再生能源之间都有可能碰撞出"火花"，并实现互补多赢的理想效果。

### 1. 光热发电 + 光热发电

光热发电技术主要分塔式、槽式、碟式、菲涅尔式四大类，目前业界已经尝试了几种不同光热发电技术路线的组合。

（1）槽式 + 塔式。沙特 ACWA 电力公司（ACWA Power）和上海电气集团股份有限公司联合体以 7.3 美分/（kW·h）的超低电价中标迪拜 700 MW 项目 EPC 总承包合同。迪拜 700 MW 光热项目位于迪拜阿勒马克图姆太阳能园，由三个装机容量为 200 MW 的槽式电站（世界上单体装机最大的槽式电站）以及一个装机容量为 100 MW 的塔式电站组成，是目前全球规模最大光热电站项目。该项目是迪拜"清洁能源战略"的重要组成部分，每年能够为迪拜 270 000 多家住户提供清洁电力，每年可减少 140 万 t 碳排放量。该超低电价的诞生在一定程度上归功于该项目一塔三槽的设计方案。槽式与塔式发电技术相结合的技术方案可以集合槽式的成熟和塔式的高效，还能提高项目整体的储能能力并降低储能成本。从技术层面来看，槽式技术相对更加成熟，商业化验证程度也更高，其装机容量在目前已建成光热发电项目装机容量中占比最大。但塔式光热技术正凭借其较高的工作运行温度和因此带来的整体系统效率提升而逐步开始发力，在全球范围内开始得到大规模部署。

（2）菲涅尔式 + 塔式。由日本三菱日立电力系统（MHPS）建设的菲涅尔塔式混合光热发电系统由低温菲涅尔集热蒸发系统、塔式过热器和收集太阳光线的定日镜等部分组成。与传统的光热发电系统相比，这一混合型系统能够以更低成本生产温度更高的蒸汽。在该系统中，菲涅尔集热器将收集 70% 的太阳光线，通过与水换热产生温度 300 ℃ 左右的蒸汽。之后，蒸汽会被送到位于塔顶的吸热器，通过定日镜的聚焦，进一步加热到 550 ℃ 左右。由于蒸汽已经被预热过，其所需的定日镜阵列规模也要小得多，因此成本远低于常规的聚光太阳能发电（CSP）系统。MHPS 表示，这套测试中的混合光热发电系统，能够产生等效 300 kW 的电能。

### 2. 光热发电 + 光伏发电

采用光热光伏混合开发模式的案例较多，该模式可以实现在对太阳能资源相对高效和经济性利用的同时，为人类持续稳定提供绿色电能。代表项目：Ashalim 太阳能综合体、Noor Midelt 光热光伏混合电站、智利 Cerro Dominador 项目、Noor Ouarzazate 太阳能综合体项目等。以色列总装机超 300 MW 的 Ashalim 太阳能综合体项目包括两个光热发电项目（Ashalim1 和 Ashalim2，装机容量均为 121 MW）和一个装机容量 70 MW 的光伏发电项目；Noor Midelt 项目总装机规模预计为 400 MW，按照初步设想，该项目将建于 Midelt 东北方向约 25 km 处，总占地面积 3 000 hm²，其中光热发电装机容量将达 150～190 MW、储热时长可达 5 h 以上，而光伏电站装机容量由投标人自行决定，但不能超过光热电站夜间净容量的 20%；拉丁美洲首个光伏光热混合电站 Cerro Dominador 则由一个装机容量 100 MW 的光伏电站和一个 110 MW 的塔式光热电站组成，总投资达 18 亿美元；Noor Quarzazate 项目位于摩洛哥瓦尔扎扎特（Ouarzazate），总装机容量为 580 MW，占地 2 000 hm²，耗资 27 亿美元，包括 510 MW 的光热发电装机和 70 MW 的光伏装机。

### 3. 光热发电 + 光伏发电 + 风力发电 + 储能

光热发电往往利用其出色的调峰能力担任辅助角色，但随着光热发电技术的发展进步，有望不断提升自己的比重。鲁能海西州 700 MW 风光热储多能互补项目由西北电力设计院设计，位于青海省海西州格尔木市境内，总装机容量 700 MW，其中风电 400 MW，光伏 200 MW，光热 50 MW，储能 50 MW。该项目于 2017 年 6 月开工，成为国家首个正式建设的集风光热储于一体的多能互补科技创新项目。该项目旨在将风电、光伏、光热和储能结合起来，形成风、光、热、储多种能源的优化组合，以有效解决用电高峰期和低谷期电力输出的不平衡问题，提高能源利用效率，优化新能源电力品质，增强电力输出功率的稳定性，提升电力系统消纳风电、光伏发电等间歇性可再生能源的能力和综合效益。

### 4. 光热发电 + 光伏发电 + 地热

利用地热能和光热进行联合循环发电，不仅可以使焓值较低的地热能转变为焓值较高的能源加以利用，提高机组的经济性，又可以维持机组连续运行，避免了单一太阳能发电系统的缺点。光热地热联合循环发电技术目前尚无太多实际案例。2016 年 3 月 29 日，位于美国内华达州的全球首个地热和光伏光热两种太阳能发电系统联合运行的 Stillwater 混合电站投运。Stillwater 地热电站由两个双循环发电单元构成，光热发电采用水工质槽式集热技术，与原有的地热发电系统共用相同的电力岛。该混合电站将结合双循环地热发电的持续发电优势，光热集热场的热量不直接发电，仅作为前端预热热源补充进入地热发电系统。

### 5. 光热发电 + 生物质能

生物质能作为可再生能源的一个分支，其与光热发电进行混合发电建立的新型电站同样可以定义为一个绿色可再生能源电站。同时，为实现光热电站24 h 全天候运行，除了通过配置储热系统这条途径外，与生物质能发电进行混合发电也可以实现。这种混合发电技术可以使光热发电在无储热的情况下充当基础负荷电力。通过生物质能发电替代光热电站的储热系统，可以在增加发电量、实现全天候运行的同时降低因建设储热设施而耗费的大量投资。2012 年 12 月，全球第一个光热发电生物质能混合发电站 Termosolar Borges 电站正式投运，开启了光热生物质联合循环发电项目的先河。该项目投资 1.53 亿欧元，于 2011 年 3 月底开工建设，建设期共 20 个月，总装机容量为 58.5 MW，其中生物质发电装机容量为 36 MW，太阳能热发电装机容量为22.5 MW，由槽式光热镜场和生物质能锅炉两大部分组成，在白天太阳光照较好的时候主要采用光热发电，在晚间或太阳光照条件不佳的时候主要采用生物质发电，采用这种互补发电的方式可实现 24 h 持续发电。

### 6. 光热发电 + 传统化石燃料

此类电站开发模式已在全球范围内有多个实际项目案例。

（1）光热发电 + 燃气。太阳能和燃气进行混合发电的电站投资要高于同等功率的传统燃气电站，但却远低于纯粹的光热电站，同时在二氧化碳减排方面，这种混合型电站也有明显优势。摩洛哥在 2010 年建成了 Ain Beni Mathar 这一世界上首个 ISCC（integrated solar combined cycle，光热燃气联合循环）电站，阿尔及利亚和埃及紧随其后分别建成了一个 ISCC 电站，这三个 ISCC 电站也是世界上最早和最为知名的三大项目。

（2）光热发电 + 煤电。2014 年，我国首个光煤互补示范项目——大唐天威嘉峪关 10 MW 光煤互补项目一期 1.5 MW 项目完成与大唐 803 燃煤电厂热力系统的连接工程建设，经过一个月左右的调试，实现联合运行。该项目为大唐集团新能源股份有限公司承担的国家 863 计划项目"槽式太阳能热与燃煤机组互补发电示范工程应用研究"重要组成部分，为我国首个槽式太阳能集热场与燃煤机组互补运行电站。

（3）光热发电 + 燃油。沙特和科威特等光热市场开发了数个 ISCC 联合循环电站。沙特在 2018 年开发了 50 MW 的 Duba1 项目（总装机 600 MW），Duba1 是沙特第一个 ISCC 项目，也是沙特第一个开建的商业化光热发电项目。沙特 50 MW 的 WaadAl-Shamal 项目（总装机容量为 1 390 MW）已开始投入运行，其采用光热与天然气发电进行联合循环。Duba1 项目则采用光热与燃油发电进行联合循环，而非燃气。

## 1.3  太阳能产业升级和规模化发展

为推动光伏产业与新一代信息技术深度融合，加快实现智能制造、智能应用、智能运维、智能调度，全面提升我国光伏产业发展质量和效率，推动实现 2030 年碳达峰、2060 年碳中和目标，工业和信息化部等六部委发布了《智能光伏产业创新发展行动计划（2021—2025 年）》。国家能源局印发《关于推动光热规模化发展有关事项的通知》，提出要促进光热发电规模化发展，充分发挥光热发电在新能源占比逐步提高的新型电力系统中的作用，助力实现碳达峰碳中和目标。

## 1.3.1 智能光伏的发展趋势

随着 AI、云、大数据、5G 等新信息与通信技术（ICT）及电力电子技术的蓬勃发展，从更低平准化度电成本（LCOE）、电网友好、智能融合、安全可信四个价值维度来看智能光伏十大技术趋势，打开绿色智能世界的产业发展版图。

### 1. 全面数字化

全球光伏高速发展，目前电站内从发电到通信等环节还存在多种哑设备，无法有效监视或故障预警。随着 5G、云等数字化技术快速演进，预计 2025 年将有 90% 以上的电站实现全面数字化，让光伏电站极简、智能、高效的管理成为可能。

### 2. AI 驱动智能升级

AI 与光伏深度融合，设备间互联互感，协同优化，全面提升发电效率和重构运维体验。AI 技术在光伏系统中的应用包括：AI 诊断算法主动识别组件及设备故障；结合海量电站数据和自我学习，重构跟踪支架算法，提升发电量；AI 光储协同，实现光储电站的最优经济运行。LCOE 持续降低以及越来越复杂的运维要求下，预计 AI 技术应用将在光伏电站大规模普及。

### 3. 电站无人化

受益于人工智能及物联网技术，智能世界将给人类带来更便捷的体验。通过集成海量的专家经验和不断的自学习，AI 将很大程度上代替运维专家进行诊断决策；无人机巡检，机器人自动操作维护，将处理高危险、高重复性和高精度的海量运维工作，无须休息，也不会犯错，极大提高电站生产力和安全性，光伏电站将全面实现无人化。

### 4. 主动支撑电网

新能源渗透率提高导致电网强度下降，制约了光伏高比例的应用。未来 5 年，光伏电站必须从适应电网逐步向支撑电网演进；逆变器具备宽短路比（SCR）适应能力、小于 1% 谐波电流控制能力、连续快速高低穿能力、快速调频等电网支撑能力，将成为并网必要条件。

### 5. 光储共生

随着新能源渗透率提升，电网对调频调峰的需求不断增加，以及储能电池技术的发展与成本的下降，预计储能将与光伏共生，成为光伏发电系统的重要组成部分。

### 6. 虚拟电站

未来 5 年，5G、区块链、云服务等 ICT 技术的大规模应用于分布式电站，组成协同管理的虚拟电站参与到电力系统的调度、交易与辅助服务中。虚拟电站技术的发展会在分布式光伏场景中衍生出新的商业模式，以及新的市场参与者，成为分布式新的增长引擎。

### 7. 重构极致安全

随着分布式光伏的繁荣，建筑物及人身安全成为普遍关注点。诸如光伏组件内节点接触不良、光伏连接器虚接、线缆老化破皮等带来的电弧火灾风险，成为行业痛点。电弧故障分断器（AFCI）在分布式屋顶成为标配，形成行业国际标准。

### 8. 高频高密

随着光伏度电成本下降的压力越来越大,单模块功率不断提升的同时仍需要延续易维护特性,因此对于功率密度提升的要求越来越高。随着碳化硅、氮化镓等宽禁带电子半导体器件以及先进控制算法等技术的突破,预计未来 5 年,逆变器功率密度将提升 50%。

### 9. 模块化设计

逆变器、储能变流器(PCS)、储能等设备在电站中属于关键核心部件,对整个电站系统的可用度影响较大。随着光伏电站规模和复杂度越来越高,专家上站维护的传统模式成本过高。模块化设计可以实现灵活部署、平滑扩容、免专家维护,极大降低运维成本、提升系统可用度。全模块化设计将成为行业主流。

### 10. 安全可信

全球光伏电站累计容量越来越大,组网架构越来越复杂,电站的网络安全风险与日俱增,同时分布式电站的用户隐私安全要求愈发严格;系统的可靠性、可用性、安全性、韧性、隐私性等安全可信能力将成为光伏电站的必要要求。

## 1.3.2 智能光伏的应用领域

支撑新型电力系统能力显著增强,智能光伏特色应用领域大幅拓展。智能光伏发电系统建设卓有成效,适应电网性能不断增强。在绿色工业、绿色建筑、绿色交通、绿色农业、乡村振兴及其他新型领域应用规模逐步扩大,形成稳定的商业运营模式,有效满足多场景大规模应用需求。

### 1. 智能光伏工业

鼓励工业园区、新型工业化产业示范基地等建设光伏应用项目,制定可再生能源占比的具体评价办法,新建工业厂房满足光伏发电系统安装要求,推动工业园区等绿色发展。鼓励建设工业绿色微电网,实现厂房光伏、分布式风力发电、多元储能、高效热泵、余热余压利用、智慧能源管控系统等集成应用,促进多能高效互补利用。

### 2. 智能光伏交通

加快"光伏+交通"等融合发展项目推广应用,推动交通领域光伏电站及充电桩示范建设。坚持充分论证、因地制宜、试点先行的原则,鼓励光伏发电在公路服务区(停车场)、加油站、公路边坡、公路隧道、公交货运场站、港口码头、航标等导助航设施、码头趸船、海岛工作站点等领域的应用。探索光伏和新能源汽车融合应用路径。

### 3. 智能光伏建筑

在有条件的城镇和农村地区,统筹推进居民屋面智能光伏系统,鼓励新建政府投资公益性建筑推广太阳能屋顶系统。开展以智能光伏系统为核心,以储能、建筑电力需求响应等新技术为载体的区域级光伏分布式应用示范。提高建筑智能光伏应用水平。积极开展光伏发电、储能、直流配电、柔性用电于一体的"光储直柔"建筑建设示范。

#### 4. 智能光伏农业

加快农业绿色低碳循环发展，推动有条件地区在农业设施棚顶安装太阳能组件发电，棚下开展农业生产，将光伏发电与农业设施有机结合，在种养殖、农作物补光、光照均匀度与透光率调控、智能运维、高效组件开发等方面开展深度创新。鼓励探索光伏农业新兴模式，推进农业绿色发展，促进农民增收。

#### 5. 智能光伏乡村

继续开展村级电站和农村户用电站建设，优先支持脱贫地区建设村级光伏帮扶电站，壮大村集体经济，实现巩固拓展脱贫攻坚成果同乡村振兴有效衔接。鼓励先进智能光伏产品及系统应用，优先保证产品质量和系统性能。完善全国光伏扶贫信息监测系统，扩大监测范围，提升运维服务能力。结合村级电站模式及地域分布特点，因地制宜整合各类"光伏＋"综合应用，创新光伏发电模式。

#### 6. 智能光伏电站

鼓励在各种类型、各类场景的光伏发电基地建设中采用基于智能光伏的先进光伏产品，鼓励结合沙漠、戈壁、荒漠、荒山、荒土和沿海滩涂综合利用、采煤沉陷区和矿山排土场等废弃土地、油气矿区等多种方式，因地制宜开展智能光伏电站建设，鼓励智能光伏在整县（市、区）屋顶分布式光伏开发试点中的应用，促进光伏发电与其他产业有机融合。

#### 7. 智能光伏通信

面向数据中心、5G 等新型基础设施不同应用场景需求，在光能资源丰富区域，积极探索开发技术先进、经济适用的智能光伏产品及方案，支持智能光伏在信息通信领域的示范应用，促进网络设施智能化改造和绿色化升级，推动信息通信行业节能创新水平提升。

#### 8. 智能光伏创新应用

创新智能光伏市场应用场景，支持有关市场化机构依法合规举办创新创业比赛，拓展多种形式的"光伏＋"综合应用，加强新兴领域智能光伏与相关产业融合发展，实现产品创新、技术创新和商业模式创新，在各领域推动"碳达峰、碳中和"进程。

### 1.3.3　光热发电规模化发展

2023 年国家能源局印发《关于推动光热规模化发展有关事项的通知》（以下简称《通知》）明确，将委托有关单位开展专题研究工作，结合沙漠、戈壁、荒漠地区新能源基地建设落地光热发电项目，鼓励有条件的省区出台配套政策支持光热规模化发展。

一是要做好前期规划研究，引领光热规模化发展。光热发电规模化发展是其充分发挥系统支撑作用、实现与风电光伏互补发展的必由之路，应按照规划先行的原则，统筹谋划光热与风电光伏的协调发展，摸清光热电站的场址范围和可开发规模，安排好光热项目的建设时序，提出能够有效促进光热与风光一体化发展的政策机制，研究开展先进技术示范的可行性，为光热发电的健康可持续发展奠定基础。因此，《通知》指出，要面向全国光热重点区域开展资源调查评估、规划布局研究、光热与风电光伏实质性联营研究以及光热发电创新技术示范等工作，明确光热电站的建设布局和开发建设时序。同时，做好新能源规划布局和建设场址的统筹协调，合理布局或预留光热项目场址，"十四五"期间力争每年新开工光热发电项目达 300 万 kW 左右。目前，水电总院会同电规总院、中科院电工所（国家光热联盟理事长单位）等相关单位，按照国家能源局的工作要求，正在有序推进各项研究工作，为光热发电规模化发展谋好篇、起好步、开好局。

二是要结合基地项目建设，推动光热规模化开发。"十四五"期间，我国在青海、甘肃、新疆、内蒙古等地布局了多个新能源基地项目。这些新能源基地需要调节电源予以支撑，光热电站既可以提供调节支撑能力，又可以进一步提升新能源电量占比，与大基地同步开发建设，在解决基地调节电源需求的同时，将有利于促进光热发电的规模化发展。因此，《通知》提出，第一、二批以沙漠、戈壁、荒漠地区为重点的大型风电光伏基地中已明确了一批光热发电项目，要抓好这些项目的落地工作，尽快组织开展项目可行性研究，在确保项目质量的前提下加快项目建设，与基地内风电光伏项目同步开工，确保光热电站在基地项目中有效发挥支撑调节作用。

三是要提高项目建设质量，促进光热规模化开发。光热示范项目以后启动的光热项目，在经济性约束下多采用"光热＋"模式，按一定比例与风电光伏一体化开发，通过经济互补降低综合度电成本，使项目具备经济性，但也出现了一些项目为减少投资成本，降低光热电站技术标准，缩减镜场面积的情况，不利于光热电站调节支撑能力有效发挥。因此，为确保光热电站调节支撑能力能较好发挥，《通知》要求各地在组织新能源基地光热发电项目建设时要合理确定项目电源配比，技术水平要求不得低于国家组织的示范项目，并鼓励各地针对价格、财政、土地等方面出台相关支持政策，加大力度降低光热电站投资建设的非技术成本，规划发展光热发电产业集群。

# 1.4  太阳能产业政策

太阳能产业是基于新能源需求而融合发展、快速兴起的朝阳产业，也是实现制造强国和能源革命的重大关键领域。国务院、国家发改委、国家能源局等部门相继发布了有关支持太阳能产业发展的政策，同时也对其建设实施做了明文规定。

## 1.4.1  国务院相关政策

**政策一：国务院关于印发 2030 年前碳达峰行动方案的通知**（国发〔2021〕23 号）

### 1. 能源绿色低碳转型行动

大力发展新能源。全面推进风电、太阳能发电大规模开发和高质量发展，坚持集中式与分布式并举，加快建设风电和光伏发电基地。加快智能光伏产业创新升级和特色应用，创新"光伏＋"模式，推进光伏发电多元布局。积极发展太阳能光热发电，推动建立光热发电与光伏发电、风电互补调节的风光热综合可再生能源发电基地。到 2030 年，风电、太阳能发电总装机容量达到12 亿千瓦以上。

加快建设新型电力系统。构建新能源占比逐渐提高的新型电力系统，推动清洁电力资源大范围优化配置。积极发展"新能源+储能"、源网荷储一体化和多能互补,支持分布式新能源合理配置储能系统。到 2025 年,新型储能装机容量达到 3 000 万千瓦以上。

### 2. 节能降碳增效行动

加强新型基础设施节能降碳。优化新型基础设施空间布局,统筹谋划、科学配置数据中心等新型基础设施,避免低水平重复建设。优化新型基础设施用能结构,采用直流供电、分布式储能、"光伏+储能"等模式,探索多样化能源供应,提高非化石能源消费比重。

### 3. 城乡建设碳达峰行动

加快优化建筑用能结构。深化可再生能源建筑应用,推广光伏发电与建筑一体化应用。建设集光伏发电、储能、直流配电、柔性用电于一体的"光储直柔"建筑。到 2025 年,城镇建筑可再生能源替代率达到 8%,新建公共机构建筑、新建厂房屋顶光伏覆盖率力争达到 50%。

推进农村建设和用能低碳转型。推进绿色农房建设,加快农房节能改造。加快生物质能、太阳能等可再生能源在农业生产和农村生活中的应用。

### 4. 碳汇能力巩固提升行动

推进农业农村减排固碳。大力发展绿色低碳循环农业,推进农光互补、"光伏+设施农业"、"海上风电+海洋牧场"等低碳农业模式。

**政策二:中共中央 国务院关于完整准确全面贯彻新发展理念做好碳达峰碳中和工作的意见**(中发〔2021〕36 号)

### 1. 加快构建清洁低碳安全高效能源体系

积极发展非化石能源。实施可再生能源替代行动,大力发展风能、太阳能、生物质能、海洋能、地热能等,不断提高非化石能源消费比重。坚持集中式与分布式并举,优先推动风能、太阳能就地就近开发利用。因地制宜开发水能。积极安全有序发展核电。构建以新能源为主体的新型电力系统,提高电网对高比例可再生能源的消纳和调控能力。

深化能源体制机制改革。推进电网体制改革,明确以消纳可再生能源为主的增量配电网、微电网和分布式电源的市场主体地位。加快形成以储能和调峰能力为基础支撑的新增电力装机发展机制。

### 2. 提升城乡建设绿色低碳发展质量

加快优化建筑用能结构。深化可再生能源建筑应用,加快推动建筑用能电气化和低碳化。开展建筑屋顶光伏行动,大幅提高建筑采暖、生活热水、炊事等电气化普及率。在北方城镇加快推进热电联产集中供暖,加快工业余热供暖规模化发展,积极稳妥推进核电余热供暖,因地制宜推进热泵、燃气、生物质能、地热能等清洁低碳供暖。

## 1.4.2　国家发改委相关政策

**政策一:国家发展改革委 国家能源局关于印发《"十四五"现代能源体系规划》的通知**(发改能源〔2022〕210 号)

### 1. 大力发展非化石能源

加快发展风电、太阳能发电。全面推进风电和太阳能发电大规模开发和高质量发展,优先就地就近开发利用，加快负荷中心及周边地区分散式风电和分布式光伏建设，推广应用低风速风电技术。在风能和太阳能资源禀赋较好、建设条件优越、具备持续整装开发条件、符合区域生态环境保护等要求的地区，有序推进风电和光伏发电集中式开发，加快推进以沙漠、戈壁、荒漠地区为重点的大型风电光伏基地项目建设，积极推进黄河上游、新疆、冀北等多能互补清洁能源基地建设。积极推动工业园区、经济开发区等屋顶光伏开发利用，推广光伏发电与建筑一体化应用。开展风电、光伏发电制氢示范。鼓励建设海上风电基地，推进海上风电向深水远岸区域布局。

### 2. 推动构建新型电力系统

增强电源协调优化运行能力。提高风电和光伏发电功率预测水平，完善并网标准体系，建设系统友好型新能源场站。因地制宜建设天然气调峰电站和发展储热型太阳能热发电，推动气电、太阳能热发电与风电、光伏发电融合发展、联合运行。加快推进抽水蓄能电站建设，实施全国新一轮抽水蓄能中长期发展规划，推动已纳入规划、条件成熟的大型抽水蓄能电站开工建设。优化电源侧多能互补调度运行方式，充分挖掘电源调峰潜力。

### 3. 减少能源产业碳足迹

加强矿区生态环境治理修复，开展煤矸石综合利用。创新矿区循环经济发展模式，探索利用采煤沉陷区、露天矿排土场、废弃露天矿坑、关停高污染矿区发展风电、光伏发电、生态碳汇等产业。因地制宜发展"光伏＋"综合利用模式，推动光伏治沙、林光互补、农光互补、牧光互补、渔光互补，实现光伏发电与生态修复、农林牧渔业等协同发展。

### 4. 统筹提升区域能源发展水平

积极推进多能互补的清洁能源基地建设，科学优化电源规模配比，优先利用存量常规电源实施"风光水（储）"、"风光火（储）"等多能互补工程，大力发展风电、光伏发电等新能源，最大化利用可再生能源。

### 5. 积极推动乡村能源变革

提高农村绿电供应能力，实施千家万户沐光行动、千乡万村驭风行动，积极推动屋顶光伏、农光互补、渔光互补等分布式光伏和分散式风电建设，因地制宜开发利用生物质能和地热能，推动形成新能源富民产业。坚持因地制宜推进北方地区农村冬季清洁取暖，加大电、气、生物质锅炉等清洁供暖方式推广应用力度，在分散供暖的农村地区，就地取材推广户用生物成型燃料炉具供暖。

**政策二：国家发展改革委 国家能源局关于完善能源绿色低碳转型体制机制和政策措施的意见**（发改能源〔2022〕206 号）

#### 1. 完善引导绿色能源消费的制度和政策体系

完善工业领域绿色能源消费支持政策。鼓励建设绿色用能产业园区和企业，发展工业绿色微电网，支持在自有场所开发利用清洁低碳能源，建设分布式清洁能源和智慧能源系统，完善支持自发自用分布式清洁能源发电的价格政策。

完善建筑绿色用能和清洁取暖政策。完善建筑可再生能源应用标准，鼓励光伏建筑一体化应用，支持利用太阳能、地热能和生物质能等建设可再生能源建筑供能系统。

**2. 建立绿色低碳为导向的能源开发利用新机制**

推动构建以清洁低碳能源为主体的能源供应体系。以沙漠、戈壁、荒漠地区为重点，加快推进大型风电、光伏发电基地建设……支持新能源电力能建尽建、能并尽并、能发尽发。

创新农村可再生能源开发利用机制。在农村地区优先支持屋顶分布式光伏发电接入电网，电网企业等应当优先收购其发电量。鼓励利用农村地区适宜分散开发风电、光伏发电的土地，探索统一规划、分散布局、农企合作、利益共享的可再生能源项目投资经营模式。鼓励农村集体经济组织依法以土地使用权入股、联营等方式与专业化企业共同投资经营可再生能源发电项目，鼓励金融机构按照市场化、法治化原则为可再生能源发电项目提供融资支持。支持新能源电力就近交易。

**3. 完善新型电力系统建设和运行机制**

完善适应可再生能源区域深度利用和广域输送的电网体系。大力推进高比例容纳分布式新能源电力的智能配电网建设，鼓励建设源网荷储一体化、多能互补的智慧能源系统和微电网。

依法依规将符合规划和安全生产条件的新能源发电项目和分布式发电项目接入电网，做到应并尽并。

健全适应新型电力系统的市场机制。支持微电网、分布式电源、储能和负荷聚合商等新兴市场主体独立参与电力交易。积极推进分布式发电市场化交易，支持分布式发电（含电储能、电动车船等）与同一配电网内的电力用户通过电力交易平台就近进行交易，电网企业（含增量配电网企业）提供输电、计量和交易结算等技术支持，完善支持分布式发电市场化交易的价格政策及市场规则。完善支持储能应用的电价政策。

### 1.4.3 国家能源局相关政策

**政策一：国家能源局关于印发《2022 年能源工作指导意见》的通知**（国能发规划〔2022〕31 号）

大力发展风电光伏。加大力度规划建设以大型风光基地为基础、以其周边清洁高效先进节能的煤电为支撑、以稳定安全可靠的特高压输变电线路为载体的新能源供给消纳体系。优化近海风电布局，开展深远海风电建设示范，稳妥推动海上风电基地建设。积极推进水风光互补基地建设。继续实施整县屋顶分布式光伏开发建设，加强实施情况监管。因地制宜组织开展"千乡万村驭风行动"和"千家万户沐光行动"。充分利用油气矿区、工矿场区、工业园区的土地、屋顶资源开发分布式风电、光伏。健全可再生能源电力消纳保障机制，发布 2022 年各省消纳责任权重，完善可再生能源发电绿色电力证书制度。

积极发展能源新产业新模式。加快"互联网＋"充电设施建设，优化充电网络布局。组织实施《核能集中供热及综合利用试点方案》，推进核能综合利用。因地制宜开展可再生能源制氢示范，探索氢能技术发展路线和商业化应用路径。开展地热能发电示范，支持中高温地热能发电和干热岩发电，积极探索作为支撑、调节性电源的光热发电示范。加快推进纤维素等非粮生物燃料乙醇产业示范。稳步推进生物质能多元化开发利用。大力发展综合能源服务，推动节能提效、降本降碳。

加快电力系统调节能力建设。加快龙头水库建设，提升流域调蓄能力，缓解部分地区枯水期缺电量、汛期缺调峰容量的问题。推动制定各省抽水蓄能中长期规划实施方案和"十四五"项目核准工作计划，加快推动一批抽水蓄能电站建设。在保障电力稳定供应、满足电力需求的前提下，积极推进煤电机组节能降耗改造、供热改造和灵活性改造"三改联动"。落实"十四五"新型储能发展实施方案，跟踪评估首批科技创新（储能）试点示范项目，围绕不同技术、应用场景和重点区域实施试点示范，研究建立大型风电光伏基地配套储能建设运行机制。扎实推进在沙漠、戈壁、荒漠地区的大型风电光伏基地中，建设光热发电项目。

**政策二：国家能源局关于 2021 年风电、光伏发电开发建设有关事项的通知**（国能发新能〔2021〕25 号）

### 1. 总体要求

落实碳达峰、碳中和目标，以及 2030 年非化石能源占一次能源消费比重达到 25% 左右、风电太阳能发电总装机容量达到 12 亿千瓦以上等任务。2021 年，全国风电、光伏发电发电量占全社会用电量的比重达到 11% 左右，后续逐年提高，确保 2025 年非化石能源消费占一次能源消费的比重达到 20% 左右。

### 2. 强化可再生能源电力消纳责任权重引导机制

根据"十四五"规划目标，积极推动本省（区、市）风电、光伏发电项目建设和跨省区电力交易，确定本省（区、市）完成非水电可再生能源电力最低消纳责任权重所必需的年度新增风电、光伏发电项目并网规模和新增核准（备案）规模，认真组织并统筹衔接做好项目开发建设和储备工作。

### 3. 稳步推进户用光伏发电建设

2021 年户用光伏发电项目国家财政补贴预算额度为 5 亿元，度电补贴额度按照国务院价格主管部门发布的 2021 年相关政策执行，项目管理和申报程序按照《国家能源局关于 2019 年风电、光伏发电项目建设有关事项的通知》（国能发新能〔2019〕49 号）有关要求执行。在确保安全前提下，鼓励有条件的户用光伏项目配备储能。户用光伏发电项目由电网企业保障并网消纳。

### 4. 抓紧推进项目储备和建设

各省能源主管部门应根据《可再生能源发展"十四五"规划》确定 2022 年度保障性并网规模，抓紧组织开展保障性并网项目竞争性配置，组织核准（备案）一批新增风电、光伏发电项目，做好项目储备，推动项目及时开工建设。

### 5. 建立并网多元保障机制

对于保障性并网范围以外仍有意愿并网的项目，可通过自建、合建共享或购买服务等市场化方式落实并网条件后，由电网企业予以并网。并网条件主要包括配套新增的抽水蓄能、储热型光热发电、火电调峰、新型储能、可调节负荷等灵活调节能力。

## 1.4.4　其他政策

**政策一：自然资源部办公厅 国家林业和草原局办公室 国家能源局综合司关于支持光伏发电产业发展规范用地管理有关工作的通知**（自然资办发〔2023〕12号）

光伏方阵用地。光伏方阵用地不得占用耕地，占用其他农用地的，应根据实际合理控制，节约集约用地，尽量避免对生态和农业生产造成影响。光伏方阵用地涉及使用林地的，须采用林光互补模式，可使用年降水量400毫米以下区域的灌木林地以及其他区域覆盖度低于50%的灌木林地，不得采伐林木、割灌及破坏原有植被，不得将乔木林地、竹林地等采伐改造为灌木林地后架设光伏板；光伏支架最低点应高于灌木高度1米以上，每列光伏板南北方向应合理设置净间距，具体由各地结合实地确定，并采取有效水土保持措施，确保灌木覆盖度等生长状态不低于林光互补前水平。光伏方阵按规定使用灌木林地的，施工期间应办理临时使用林地手续，运营期间相关方签订协议，项目服务期满后应当恢复林地原状。光伏方阵用地涉及占用基本草原外草原的，地方林草主管部门应科学评估本地区草原资源与生态状况，合理确定项目的适建区域、建设模式与建设要求。鼓励采用"草光互补"模式。

光伏方阵用地不得改变地表形态，以第三次全国国土调查及后续开展的年度国土变更调查成果为底版，依法依规进行管理。实行用地备案，不需按非农建设用地审批。

**政策二：国土资源部 发展改革委 科技部 工业和信息化部 住房城乡建设部 商务部关于支持新产业新业态发展促进大众创业万众创新用地的意见**（国土资规〔2015〕5号）

明确新产业、新业态用地类型。国家支持发展的新产业、新业态建设项目，属于水资源循环利用与节水、新能源发电运营维护的项目，可按公用设施用途落实用地。新业态项目土地用途不明确的，可经县级以上城乡规划部门会同国土资源等相关部门论证，在现有国家城市用地分类的基础上制定地方标准予以明确，向社会公开后实施。

采取差别化用地政策支持新业态发展。光伏、风力发电等项目使用戈壁、荒漠、荒草地等未利用土地的，对不占压土地、不改变地表形态的用地部分，可按原地类认定，不改变土地用途，在年度土地变更调查时作出标注，用地允许以租赁等方式取得，双方签订好补偿协议，用地报当地县级国土资源部门备案；对项目永久性建筑用地部分，应依法按建设用地办理手续。对建设占用农用地的，所有用地部分均应按建设用地管理。在供应其他相关建设项目用地时，将配建要求纳入土地使用条件，土地供应后，由相关权利人依法明确配套设施用地产权关系；鼓励新产业小型配套设施依法取得地役权进行建设。

**政策三：水利部办公厅《关于进一步加强河湖管理范围内建设项目管理的通知》**（办河湖〔2020〕177号）

规范许可范围。在河湖管理范围内建设跨河、穿河、穿堤、临河的桥梁、码头、道路、渡口、管道、缆线等工程设施，要依法依规履行涉河建设项目许可手续。禁止在河湖管理范围内建设妨碍行洪的建筑物、构筑物，倾倒、弃置渣土。禁止围垦湖泊，禁止违法围垦河道。严禁超项目类别进行审批许可，不得以涉河建设项目名义许可尾矿库、永久渣场，不得以桥梁、道路、码头等为名，对开发建设房屋建筑、风雨廊桥、景观工程、别墅等进行许可。对光伏发电、风力发电等建设项目，要符合相关规划，进行充分论证，严格控制，严重影响防洪安全、河势稳定、生态安全的，不得许可。

综合有关光伏电站用地政策，关键的限制条件总结如下：

（1）对于光伏阵列等设施架设在农用地上，在对土地不造成实际压占、不改变地表形态、不影响农业生产的前提下，可按原地类认定，不改变土地用途（含直埋电缆）。变电站及运营管理中心、集电线路杆塔基础设施用地，按建设用地管理，依法办理建设用地审批手续。

（2）一般规定：农光互补组件最低点距地不小于 2.5 m，桩基间距大于 4 m，行间距应大于 6 m；渔光互补组件最低点应高于最高水位 0.6 m；林光互补光伏支架不得低于所种植树木最高点 1 m 以上。

### 拓展阅读 —"碳"究竟——"双碳"目标下的太阳能应用

《中共中央 国务院关于完整准确全面贯彻新发展理念做好碳达峰碳中和工作的意见》（中发〔2021〕36 号）指出，加快构建清洁低碳安全高效能源体系，积极发展非化石能源，实施可再生能源替代行动，大力发展风能、太阳能、生物质能、海洋能、地热能等，不断提高非化石能源消费比重。太阳能产业作为新能源产业中发展较为成熟的产业，正在为"双碳"目标的实现不断提供助力。"双碳"目标的提出也为太阳能等清洁能源产业发展带来了全新的战略发展机遇。

**1. 何为太阳能？主要应用场景有哪些？**

太阳能是主要的可再生能源之一，具有来源广泛、清洁无害、可持续等特点。广义的太阳能是指由太阳内部氢原子发生氢氦聚变释放出巨大核能而产生的，来自太阳的辐射能量，其主要应用领域为光伏发电和光热。

光伏发电是利用半导体界面的光生伏特效应而将光能直接转变为电能的一种技术。2022 年全国新增光伏装机容量 8 741 万 kW，同比增长 60.3%。2022 年太阳能发电装机容量达到约 3.9 亿 kW，同比增长 28.1%。

光热是现代的太阳热能科技将阳光聚合，并运用其能量产生热水、蒸汽和电力，目前应用较广的光热技术有光热发电及太阳能热水器利用。太阳能热利用主要集中于民用供热，农业生产、工业制造等工农业供热场景，也是未来太阳能热利用的主要发展领域。

**2. 光伏产业链特征**

从光伏产业链来看，上游产业是原材料的生产环节，主要是对硅矿石和高纯度硅料的开采、提炼和生产，如冶金硅提纯、多晶硅提纯、单晶/多晶硅片加工与切割等环节。此外，还包括电池背板、电池用玻璃等系统配件的制造。

中游产业是技术核心环节，主要是部件和组件的研发制造等。包括单晶/多晶硅电池片、电池组件（晶硅组件、薄膜光伏组件）生产与组装。

下游产业是包括光伏并网发电工程、光伏电池组件安装、光伏集成建筑等在内的光伏产品系统集成与安装。

**3. 太阳能的未来发展大有可为**

目前来看，太阳能技术的未来发展和应用在绿色氢能、液态阳光甲醇和太阳能发电等方面当大有可为。

液态阳光甲醇即用甲醇的形式实现太阳能的储存、运输和利用。具体分为两个步骤：由太阳能等清洁能源分解水制作"绿氢"；再由绿氢和二氧化碳反应，生成甲醇或其他燃料和化学品，是实现"双碳"目标的重要技术路径。

太阳能热发电通过收集太阳热能，利用换热装置提供蒸汽，结合传统汽轮机的工艺，从而达到发电的目的。采用太阳能热发电技术，避免了昂贵的硅晶光电转换工艺，可以大大降低太阳能发电的成本。专家表示，未来的新能源结构将是光伏、风电与太阳能热协同发展、多能互补的形式。

## 思考题

(1) "太阳能技术＋"模式有哪些，各有什么特点？

(2) 国家政策对光伏电站用地有哪些要求？

# 第2章

## → 光伏发电概述

光资源分布、太阳光谱能量分布、太阳高度角、太阳方位角等均是影响太阳能应用的关键因素。光伏发电装机容量占太阳能发电装机容量的 99% 以上，光伏发电已成为太阳能发电的主力军。本章首先讲解太阳辐射基本常识，再着重讲解光伏发电原理、光伏发电分类及组成。

### 学习目标

（1）了解太阳基本常识，熟悉光谱的定义与分类。
（2）熟悉赤纬角、太阳时角的概念与计算方法。
（3）掌握太阳高度角、方位角、日照时间的计算方法。
（4）了解光伏行为的来源，熟悉光伏发电原理。
（5）掌握光伏发电系统的分类及组成。

### 学习重点

（1）光谱的定义与分类。
（2）太阳光谱能量分布。
（3）太阳高度角、方位角、日照时间的计算。
（4）光伏发电系统的分类及组成。

### 学习难点

（1）光伏阵列支架荷重的计算。
（2）赤纬角、太阳时角、太阳高度角、方位角、日照时间的计算。
（3）光伏阵列的方位角、倾角和间距的设计。

## 2.1　太阳辐射基本知识

太阳是太阳系的中心天体，占有太阳系总体质量的 99.86%。太阳系中的八大行星、小行星、流星、彗星、外海王星天体以及星际尘埃等，都围绕着太阳公转，而太阳则围绕着银河系的中心公转。

太阳是银河系 2 000 亿星球中的一员，是距地球最近的一颗恒星，太阳是唯一自己发光的天体，它几乎是炽热的等离子体与磁场交织着的一个理想球体，万物生长靠太阳，没有太阳，地球上就不会有生命。

## 2.1.1　太阳基本常识

### 1. 太阳的基本物理参数

太阳是一个非常古老的星球，其内部中心区域产生的能量要经过 5 000 万年才能到达太阳表面，即使太阳现在就停止产生能量，在未来的 5 000 万年间，地球始终都能感受到太阳的巨大能量，地球每年都要从太阳吸收 $9.4 \times 10^{10}$ MW 能量。

太阳直径大约是 $1.392 \times 10^6$ km，相当于地球直径的 109 倍；体积大约是地球的 130 万倍；质量大约是 $2 \times 10^{30}$ kg，相当于地球质量的 330 000 倍；离地球的平均距离为 $1.496 \times 10^8$ km。从化学组成来看，组成太阳的物质大多是普通的气体，其中氢约占 71.3% ，氦约占 27% ，其他元素占 2% 。一般认为太阳是处于高温高压下的一个大火球，采用核聚变的方式向太空释放光和热。

### 2. 太阳的结构

太阳结构分为内部结构和大气结构两大部分。太阳的内部结构由内到外可分为核反应层、辐射层、对流层三个部分，大气结构由内到外可分为光球层、色球层和日冕三层。平常看到的太阳表面，是太阳大气的最底层（光球层），温度约是 6 000 ℃。太阳结构示意图如图 2-1 所示。

#### 1）核反应层

核反应层的半径只有太阳半径的 1/4，但却是产生核聚变反应之处，是太阳的能源所在地。温度高达 $1.5 \times 10^7$ K，压力约为 $2.5 \times 10^{16}$ Pa，密度约为 $1.5 \times 10^5$ kg/m³。核反应区产生的能量占太阳产生总能量的 99% ，以对流和辐射的形式向外释放 γ 射线，核反应区温度和密度的分布都随着与太阳中心距离的增加而迅速下降。

#### 2）辐射层

从太阳内部 0.25 ~ 0.8 个太阳半径区域称为太阳的辐射层，温度约为 $7 \times 10^6$ K，密度下降为 79 kg/m³，体积约占太阳体积的一半。太阳核反应区产生的高能 γ 射线经过 X 射线、极紫外线、紫外线，逐渐变为可见光和其他形式的辐射向外传输。

#### 3）对流层

从太阳内部 0.8 ~ 1 个太阳半径区域称为太阳的对流层，对流层的温度、压力和密度变化梯度很大，物质处于剧烈上下对流状态，对流产生的低频声波，可通过光球层传输到太阳的外层大气。

#### 4）光球层

厚度约为 500 km，表面温度接近 6 000 ℃，这是太阳的平均有效温度，光球内温度梯度较大，太阳的全部光能几乎都从光球层发射出去，对地球气候和生态影响较大。

#### 5）色球层

光球层以外，厚度约为 2 000 km，温度从底层的数千摄氏度上升到顶部的数万摄氏度。玫瑰红色舌状气体称为日珥，可高于光球层几十万千米。

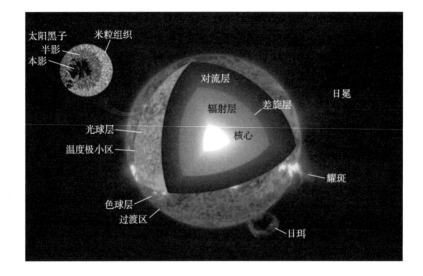

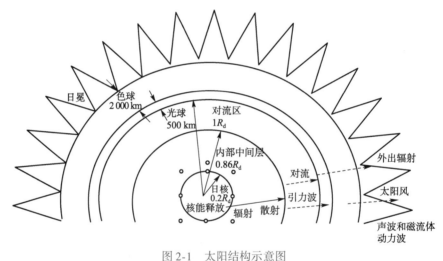

图 2-1　太阳结构示意图

注：$R_d$ 为太阳半径。

### 6) 日冕

位于色球层外是伸入太空的银白色日冕，由各种微粒构成：太阳尘埃质点、电离粒子和电子，温度高达 100 多万摄氏度。

## 2.1.2　太阳光与光谱

### 1. 光的本质

很久以来，人们对光进行了各种各样的研究。牛顿提出著名的光微粒说，即光是由极小的高速运动微粒组成。微粒说能够很好地解释光在均匀介质中的直线传播以及在两种介质分界面上的反射定律，但在解释折射现象时，会得出与实际情况相反的结果，并且微粒说也不能解释光的干涉、衍射和偏振等现象。到 1863 年麦克斯韦预言出电磁波的存在，并推算出电磁波在真空中的传播速度与测量得到的光速值极为接近，进一步预言光是一种电磁波，诞生了光的电磁理论。但是这一理论无法解释光电效应实验。伟大的爱因斯坦于 1905 年提出光量子说来解释该实验。

光一方面具有波动的性质，如干涉、偏振等；另一方面又具有粒子的性质，如光电效应等。这两方面综合说明光不是单纯的波，也不是单纯的粒子，而是具有波粒二象性的物质。

所以既可以认为光是一种电磁波，也可以将其看作一种能量。通常所说的"光"，指可见光，有时也包括红外线和紫外线。

2. 光波

通常所说的光学区域（或光学频谱）包括红外线、可见光和紫外线。光波基本参数见表 2-1。

表 2-1  光波基本参数

| 波谱区名称 | 波长范围 | 波数/cm⁻¹ | 频率/MHz |
|---|---|---|---|
| 远紫外光 | 10~200 nm | $10^6 \sim 5 \times 10^4$ | $3 \times 10^{10} \sim 1.5 \times 10^9$ |
| 近紫外光 | 200~380 nm | $5 \times 10^4 \sim 2.63 \times 10^4$ | $1.5 \times 10^9 \sim 7.89 \times 10^8$ |
| 可见光 | 380~780 nm | $2.63 \times 10^4 \sim 1.28 \times 10^4$ | $7.89 \times 10^8 \sim 3.85 \times 10^8$ |
| 近红外光 | 0.78~2.5 μm | $1.2 \times 10^4 \sim 4 \times 10^3$ | $3.85 \times 10^8 \sim 1.2 \times 10^8$ |
| 中红外光 | 2.5~50 μm | 4 000~200 | $1.2 \times 10^8 \sim 6.0 \times 10^6$ |
| 远红外光 | 50~1 000 μm | 200~10 | $6.0 \times 10^6 \sim 10^5$ |

能作用于人的眼睛并引起视觉的称为可见光，如：红、橙、黄、绿、蓝、靛、紫各色光，波长在 380~780 nm 之间，对应的频率范围是 $7.89 \times 10^8 \sim 3.85 \times 10^8$ MHz。

相比于可见光，波长较长不能引起视觉的称为红外线，它的波长范围是 750 nm ~ $10^6$ nm。所有的物体都辐射红外线，主要作用是热作用。物体温度越高，辐射的红外线越强，辐射的红外线波长越短。

紫外线的波长为 10~380 nm，紫外线具有较高能量，能够杀灭多种细菌，可以用紫外线进行消毒。

3. 光谱的定义与分类

1）光谱的定义

复合光借助于分光元件色散成单色光，按照波长顺序排列成一个谱带，称为光谱。在电磁波谱中红外线、可见光和紫外线，称为光学光谱，简称光谱，它是物质外层电子的跃迁所发射的电磁波。

2）光谱的分类

按光谱的产生机理分为发射光谱、吸收光谱、散射光谱。发射光谱是指在外能（热能、电能、光能、化学能）作用下，物质的粒子吸收能量被激发至高能态后，瞬间返回基态或低能态所得到的光谱。吸收光谱则是物质吸收辐射能，由低能级（一般为基态）过渡到高能级（激发态），是入射辐射能减小所得到的光谱。散射光谱是物质对辐射能选择地散射得到的，不仅改变相射传播方向，而且还能使辐射波长发生变化。

按光谱的形状分为线状光谱、带状光谱（光谱带）、连续光谱。在高温下，物质蒸发出来，形成蒸汽云，物质中的原子和离子以气态的形式存在，这时原子间的相互作用力很小，它们接收能量以后，发射谱线完全由单个原子或离子的外层电子轨道能级所决定，它辐射出不连续的明亮线条称为线状光谱。由分子受激发振动而产生的明亮光带和暗区组成的光谱称为带状光谱，它由许多极细、极密的明亮线组合而成。由于灼烧的固体热辐射而产生的从短波到长波的光谱称为连续光谱。

按电磁辐射的本质分为原子光谱、分子光谱、X 射线能谱和 γ 射线能谱等。物质是由各种元素的原子组成的，原子有结构紧密的原子核，核外围绕着不断运动的电子，电子处在一定的能级上，具有一定的能量。一般情况下，大多数原子处在最低的能级状态，即基态。基态原子在激发光源的作用下，获得足够的能量，外层电子跃迁到较高能级状态的激发态，这个过程称为激发。当外界供给原子能量时，原子中处于基态的电子吸收了一定量的能量而被激发到离核较远的轨道上去，这时受激发的电子处于不稳定状态。为了达到新的稳定状态，则要在极短的时间内，跃迁到离核较近的轨道上去，这时原子内能减少，减少的内能以辐射电磁波的形式释放能量，由于电子的轨道是不连续的，电子跃迁时的能级也是不连续的，因而原子光谱是线状光谱。分子中电子在不同的状态中运动，同时分子本身由原子核组成的框架也在不停地振动和转动，分子在不同能级之间的跃迁以光吸收或光辐射的形式表现出来，就形成了分子光谱。

### 4. 太阳光谱能量分布

太阳光谱是指太阳辐射按波长（频率）分布的特征。太阳辐射是电磁辐射的一种，它是物质的一种形式，既具有波动性，也具有粒子性，在本质上与无线电波没有什么差异，只是波长和频率不同而已。太阳辐射光谱的主要波长范围为 $0.15 \sim 4 \ \mu m$，而地面和大气辐射的主要波长范围为 $3 \sim 20 \ \mu m$。在气象学中，根据波长的不同，常把太阳辐射称为短波辐射，而把地面和大气辐射称为长波辐射。

用光谱辐照度作为纵坐标、辐射波长作为横坐标，所绘制的曲线称为太阳光谱的能量分布曲线，如图 2-2 所示。

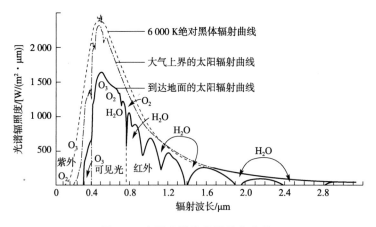

图 2-2　太阳光谱的能量分布曲线

从图 2-2 可以看出，尽管太阳辐射的波长范围很宽，但绝大部分的能量却集中在 $0.15 \sim 4 \ \mu m$ 之间，占总能量的 99% 以上。其中可见光部分（$0.38 \sim 0.78 \ \mu m$）占太阳辐射总能量的约 50%，红外线（$> 0.78 \ \mu m$）占约 43%，紫外线（$< 0.38 \ \mu m$）占太阳辐射总能量很少，只占总能量的约 7%。光谱辐照度最大值所对应的波长是 $0.475 \ \mu m$，属于蓝色光。

### 2.1.3 太阳与地球

#### 1. 赤纬角

太阳是太阳系的中心，地球是太阳系中的一颗行星，月亮是地球的一颗天然卫星。地球围绕太阳转一周是阳历 1 年，月亮围绕地球转一周是阴历一个月。地球围绕太阳进行公转，转一周为 365 天（1 年），产生了四季的差别，地球每天围绕通过自身南北极的"地轴"不停自西向东转动而产生昼夜差别，转一周为 24 小时（1 天）。

赤纬角又称太阳赤纬，是地球绕太阳运行造成的现象，是太阳中心和地心连线与赤道平面的夹角，用符号 δ 表示。赤纬角以年为周期随时间变化而变化，赤纬角随季节在南纬 23°27′（−23.45°）与北纬 23°27′（23.45°）之间来回变动，在地理纬度上将南北纬 23°27′的两条纬线称为南北回归线，并规定以北纬为正值。在北半球，每年的 6 月 22 日前后赤纬角达到最大值 23.45°，称为夏至，该日正午太阳位于地球北回归线正上空，北半球日照时间最长、南半球日照时间最短；在北极圈出现极昼现象、南极圈出现极夜现象。随后赤纬角逐渐减少，至 9 月 23 日前后等于零时，全球昼夜时间均相等为秋分。至 12 月 22 日前后，赤纬角减至最小 −23.45°为冬至，该日阳光斜射北半球，北半球昼短夜长。至 3 月 21 日前后，赤纬角回到零时为春分。周而复始，形成四季，如图 2-3、图 2-4 所示。

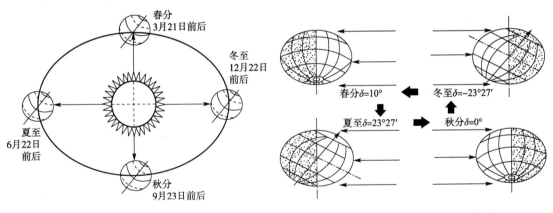

图 2-3　地球绕太阳运行图　　　　　图 2-4　地球四季受太阳照射图

对于一年中的任何日期而言，赤纬角 δ 变化缓慢，可近似认定为一定值，某一日期的赤纬角可由式（2-1）计算得出。其中 $n$ 为日期序号，例如当日期为 1 月 1 日，$n=1$；2 月 1 日，$n=32$；3 月 22 日（春分日），$n=81$。

$$\delta = 23.45° \times \sin\left(360 \times \frac{284+n}{365}\right) \tag{2-1}$$

#### 2. 太阳时角

太阳时角是指日面中心的时角，即从观测点天球子午圈沿天赤道量至太阳所在时圈的角距离。在地球上，对同一经度不同纬度的人而言，同一时刻太阳对应的时角是相同的。单位时间地球自转的角度定义为时角 $\omega$，规定正午时角为 0，上午时角为负值，下午时角为正值。地球自转一周 360°，对应的时间为 24 h，即每小时相应的时角为 15°。某一时间的太阳时间可由式（2-2）

得出，即

$$\omega = (T_T - 12) \times 15° \tag{2-2}$$

式中　$T_T$——真太阳时，h，计算公式如式（2-3）。

$$T_T = C_T + E_Q + L_C \tag{2-3}$$

式中　$C_T$——地方标准时，h，在我国区域即北京时；

　　　$E_Q$——时差值，在我国区域可通过查表2-2求得，并将表中的分钟数值转换为小时；

　　　$L_C$——经度订正值，h，在我国区域，计算公式如式（2-4）。

$$L_C = 4(L_g - 120)/60 \tag{2-4}$$

式中　$L_g$——经度，（°）。

表 2-2　时差 $E_Q$ 表　　　　　　　　　　　　　　　　单位：min

| 日期 平年 | 日期 闰年 | 1月 | 2月 | 3月 | 4月 | 5月 | 6月 | 7月 | 8月 | 9月 | 10月 | 11月 | 12月 |
|---|---|---|---|---|---|---|---|---|---|---|---|---|---|
| 1 |  | −2 | −13 | −13 | −5 | 3 | 3 | −3 | −7 | −1 | 10 | 16 | 11 |
| 2 | 1 | −3 | −13 | −13 | −4 | 3 | 2 | −4 | −7 | −0 | 10 | 16 | 11 |
| 3 | 2 | −3 | −13 | −13 | −4 | 3 | 2 | −4 | −7 | −0 | 11 | 16 | 10 |
| 4 | 3 | −4 | −13 | −12 | −4 | 3 | 2 | −4 | −6 | 0 | 10 | 16 | 10 |
| 5 | 4 | −4 | −14 | −12 | −3 | 3 | 2 | −4 | −6 | 1 | 10 | 16 | 10 |
| 6 | 5 | −5 | −14 | −12 | −3 | 3 | 2 | −4 | −6 | 1 | 12 | 16 | 9 |
| 7 | 6 | −5 | −14 | −12 | −3 | 4 | 2 | −4 | −6 | 1 | 12 | 16 | 9 |
| 8 | 7 | −5 | −14 | −12 | −3 | 4 | 1 | −5 | −6 | 2 | 12 | 16 | 8 |
| 9 | 8 | −6 | −14 | −11 | −2 | 4 | 1 | −5 | −6 | 2 | 13 | 16 | 8 |
| 10 | 9 | −6 | −14 | −11 | −2 | 4 | 1 | −5 | −6 | 2 | 13 | 16 | 8 |
| 11 | 10 | −7 | −14 | −11 | −2 | 4 | 1 | −5 | −6 | 3 | 13 | 16 | 7 |
| 12 | 11 | −7 | −14 | −11 | −1 | 4 | 1 | −5 | −6 | 3 | 13 | 16 | 7 |
| 13 | 12 | −7 | −14 | −10 | −1 | 4 | 1 | −5 | −6 | 3 | 14 | 16 | 6 |
| 14 | 13 | −8 | −14 | −10 | −1 | 4 | 0 | −6 | −5 | 4 | 14 | 16 | 6 |
| 15 | 14 | −8 | −14 | −10 | −1 | 4 | 0 | −6 | −5 | 4 | 14 | 15 | 5 |
| 16 | 15 | −9 | −14 | −10 | −0 | 4 | −0 | −6 | −5 | 5 | 14 | 15 | 5 |
| 17 | 16 | −9 | −14 | −9 | −0 | 4 | −0 | −6 | −5 | 5 | 15 | 15 | 5 |
| 18 | 17 | −9 | −14 | −9 | 0 | 4 | −1 | −6 | −5 | 5 | 15 | 15 | 4 |
| 19 | 18 | −10 | −14 | −9 | 0 | 4 | −1 | −6 | −4 | 6 | 15 | 15 | 4 |
| 20 | 19 | −10 | −14 | −8 | 1 | 4 | −1 | −6 | −4 | 6 | 15 | 14 | 3 |
| 21 | 20 | −10 | −14 | −8 | 1 | 4 | −1 | −6 | −4 | 6 | 15 | 14 | 3 |
| 22 | 21 | −11 | −14 | −8 | 1 | 4 | −1 | −6 | −4 | 7 | 15 | 14 | 2 |
| 23 | 22 | −11 | −14 | −8 | 1 | 4 | −2 | −6 | −3 | 7 | 16 | 14 | 2 |
| 24 | 23 | −11 | −14 | −7 | 2 | 4 | −2 | −7 | −3 | 8 | 16 | 13 | 1 |
| 25 | 24 | −11 | −14 | −7 | 2 | 3 | −2 | −7 | −3 | 8 | 16 | 13 | 1 |
| 26 | 25 | −12 | −13 | −7 | 2 | 3 | −2 | −7 | −3 | 8 | 16 | 13 | 0 |

续表

| 日期 | | 1月 | 2月 | 3月 | 4月 | 5月 | 6月 | 7月 | 8月 | 9月 | 10月 | 11月 | 12月 |
| 平年 | 闰年 | | | | | | | | | | | | |
|---|---|---|---|---|---|---|---|---|---|---|---|---|---|
| 27 | 26 | −12 | −13 | −6 | 2 | 3 | −2 | −7 | −2 | 9 | 16 | 12 | −0 |
| 28 | 27 | −12 | −13 | −6 | 2 | 3 | −3 | −7 | −2 | 9 | 16 | 12 | −1 |
| 29 | 28 | −12 | −13 | −6 | 3 | 3 | −3 | −7 | −2 | 10 | 16 | 12 | −1 |
| 30 | 29 | | −13 | −5 | 3 | 3 | −3 | −7 | −1 | 10 | 16 | 11 | −1 |
| 31 | 30 | | −13 | −5 | 3 | 3 | −3 | −7 | −1 | 10 | 16 | 11 | −2 |
| | 31 | | | −5 | | 3 | | −7 | −1 | | 16 | | −2 |

注: 1. 用月份、日期查表，闰年1月、2月与平年同，可采用平年数据；从3月1日开始查闰年一行数据。

2. 一般情况，不符合1992年、12时、120°E的条件，查此表时，最大误差不大于1 min。

### 3. 太阳高度角

太阳高度或高度角（$h$）是从观测者所在地和太阳中心的连线与地平面所夹的角度，如图2-5所示。高度角随地理位置、日期、时间变化而变化，计算公式如式（2-5）所示。太阳高度角在一年的冬至日最小。天顶角是高度角的余角，当太阳的高度角为90°时，太阳位于天顶，此时太阳的天顶角为0°。

$$\sin h = \sin \phi \sin \delta + \cos \phi \cos \delta \cos \omega \tag{2-5}$$

式中，$\phi$ 为观测点纬度；$\delta$ 为当日观测时刻的太阳赤纬角；$\omega$ 为观测时刻的太阳时角。

正午时，太阳时角 $\omega = 0°$，$\cos \omega = 1$，式（2-5）简化为式（2-6）。若太阳在天顶以南，即 $\phi > \delta$，$h = 90° - \phi + \delta$；若太阳在天顶以北，即 $\phi < \delta$，$h = 90° + \phi - \delta$；太阳在南北回归线，冬至与夏至时，太阳在天顶，则 $\phi = \delta$，$h = 90°$。在光伏电站设计中，需特别关注光伏电站所在地区冬至日9：00与15：00的太阳高度角，以确保光伏电站在全年能被太阳光照射。

$$\sin h = \sin \phi \sin \delta + \cos \phi \cos \delta = \cos(\phi - \delta) = \sin[90° \pm (\phi - \delta)] \tag{2-6}$$

### 4. 太阳方位角

太阳方位角（$\alpha$）是太阳光线在水平面上的投影和当地子午线正南方的夹角，如图2-5所示，其中正南方位时 $\alpha$ 等于0，正南以西时 $\alpha$ 大于0；正南以东时 $\alpha$ 小于0，变化范围为 ±180°。根据几何关系可得出太阳方位角计算公式如下：

$$\cos \alpha = \frac{\sin h \sin \phi - \sin \delta}{\cos h \cos \phi} \tag{2-7}$$

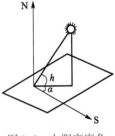

图 2-5　太阳高度角
和方位角

### 5. 日照时间

太阳在地平面日出、日落瞬间，太阳高度角为0，在不考虑地表曲率和大气折射影响下，可得出日出日落时角表达式为

$$\cos \omega_{1,2} = -\tan \phi \cdot \tan \delta$$

式中，$\omega_1$（<0）为日出时的太阳时角；$\omega_2$（>0）为日落时的太阳时角，其中 $-\omega_1 = \omega_2$。

$\omega = \pm \arccos(-\tan \phi \cdot \tan \delta)$，将式（2-2）代入可得

$$T_{\mathrm{T}} = 12 \pm \frac{1}{15°}\arccos(-\tan \phi \cdot \tan \delta) \tag{2-8}$$

### 2.1.4　太阳辐射

#### 1. 相关概念

太阳辐射包括直接辐射和漫射辐射两部分。直接辐射是指被地球表面接收到、方向不变的太阳辐射；而漫射辐射是指经大气吸收、散射或经地面反射已改变方向的辐射。漫射辐射包括由太阳辐射经大气吸收、散射后间接到达的天空辐射，以及由地面物体吸收或反射的地面辐射。

太阳辐射通过大气层到达地球表面的过程中，要不断地与大气中的空气分子、水蒸气分子、臭氧分子、二氧化碳分子以及尘埃等相互作用，受到反射、吸收和散射，所以到达地面上的太阳辐射发生了显著的衰减，且其光谱分布也发生了一定的变化。太阳辐射中的 X 射线及其他波长更短的辐射，在电离层就被氮、氧及其他大气分子强烈地吸收而不能到达地面；大部分紫外线则被臭氧分子所吸收，可见光的衰减主要是由于大气分子、水蒸气分子以及尘埃和烟雾的强烈散射所引起的，而近红外的衰减则主要是水蒸气分子的选择性吸收的结果，波长超过 2.5 μm 的远红外辐射在大气层上的边界处的辐照度就已经相当低，再加上二氧化碳分子和水蒸气分子的强烈吸收，所以到达地面上的辐照度是微乎其微了。

因此，在地面上利用太阳能，只需考虑波长在 0.28 ~ 2.5 μm 范围内的太阳辐射即可。地球表面上接收到的太阳辐射变化很大，地球运行轨道有 ±3% 的误差，即地球与太阳的距离随季节的变化会影响地面的太阳辐射；大气的吸收、散射和天空云层的反射与吸收影响太阳辐射到达地面的强度。一般来说，太阳辐射中约有 43% 因反射和散射而折回宇宙空间，另有 14% 被大气所吸收，只有 43% 能够到达地面。

为了计算太阳辐射的能量，太阳辐射能的相关概念定义如下：

（1）直接辐射：从日面及周围一小立体角内发出的辐射，一般而言，直接辐射是由视场角约为 5° 的仪器测定的，而日面本身的视场角约为 0.5°，它包括日面周围的部分散射辐射，即环日辐射。

（2）法向直接辐射：与太阳光线垂直的平面上接收到的直接辐射。直接辐射与法向直接辐射的数值是相同的，两者区别在于直接辐射是从太阳出射的角度来定义，法向直接辐射则是从地面入射的角度来定义。

（3）水平面直接辐射：水平面上接收到的直接辐射。

（4）散射辐射：太阳辐射被空气分子、云和空气中的各种微粒分散成无方向性的，但不改变其单色组成的辐射。

（5）水平面总辐射：水平面从上方 $2\pi$ 立体角（半球）范围内接收到的直接辐射和散射辐射之和。

（6）地外太阳辐射：地球大气层外的太阳辐射。

（7）辐照度：物体在单位时间、单位面积上接收到的辐射能。

（8）辐照量（曝辐量）：在给定时间段内辐照度的积分总量，单位为 $MJ/m^2$ 或 $kW \cdot h/m^2$。

（9）法向直接辐照度：与太阳光线垂直的平面上的单位时间、单位面积上接收到的直接辐射能，单位为 $W/m^2$。

（10）法向直接辐照量：在给定时间段内法向直接辐照度的积分总量，单位为 $MJ/m^2$ 或

kW·h/m²。

（11）水平面直接辐照度：水平面上单位时间、单位面积上接收到的直接辐射能，单位为 W/m²。

（12）水平面直接辐照量：在给定时间段内水平面直接辐照度的积分总量，单位为 MJ/m² 或 kW·h/m²。

（13）水平面散射辐照度：水平面从上方 $2\pi$ 立体角（半球）范围内单位时间、单位面积上接收到的散射辐射能，单位为 W/m²。

（14）水平面散射辐照量：在给定时间段内水平面散射辐照度的积分总量，单位为 MJ/m² 或 kW·h/m²。

（15）水平面总辐照度：水平面从上方 $2\pi$ 立体角（半球）范围内单位时间、单位面积上接收到的总辐射能，单位为 W/m²。

（16）水平面总辐照量：在给定时间段内水平面总辐照度的积分总量，单位为 MJ/m² 或 kW·h/m²。

（17）地外法向太阳辐照度：地球大气层外与太阳光线垂直的平面上单位时间、单位面积上接收到的太阳辐射能，单位为 W/m²。

（18）地外法向太阳辐照量：在给定时间段内地外法向太阳辐照度的积分总量，单位为 MJ/m² 或 kW·h/m²。

（19）地外水平面太阳辐照度：地球大气层外水平面从上方 $2\pi$ 立体角（半球）范围内单位时间、单位面积上接收到的太阳辐射能，单位为 W/m²。

（20）地外水平面太阳辐照量：在给定时间段内地外水平面太阳辐照度的积分总量，单位为 MJ/m² 或 kW·h/m²。

（21）日照时数 $H$：在一给定时间，太阳直接辐照度达到或超过 120 W/m² 的各段时间总和。

（22）可照时数 $H_0$：在无任何遮蔽条件下，太阳中心从某地东方地平线到进入西方地平线，其光线照射到地面所经历的时间。可照时数取决于当地的纬度和日期，可照时数的基本计量时间段为日、月和年的可照时数以日值进行累计，单位为小时（h）。

（23）日照百分率：日照时数占可照时数的百分比，以百分号（%）表示。

（24）太阳能资源稳定度：太阳能资源年内变化的状态和幅度。用全年中各月平均日辐照量的最小值与最大值的比表示，在实际大气中，其数值在（0，1）区间变化，越接近于 1 越稳定。

（25）直射比：水平面直接辐照量在水平面总辐照量中所占的比例。用百分比或小数表示，在实际大气中，其数值在［0，1）区间变化，越接近于 1，水平面直接辐射所占的比例越高。

（26）太阳常数 $E_0$：由于太阳和地球距离的变化，在地球大气层上垂直于太阳辐射方向的单位面积上接收到的功率在 1 328～1 418 W/m² 之间。这种辐射的波长从 0.1 μm 至几百微米。为了统一标准，定义在平均日地距离处，地球大气层外垂直于太阳辐射方向的单位面积上接收到的太阳总辐照度为太阳常数，其数值为（1 367±7）W/m²；对于非垂直照射的情况下，太阳总辐照度为 $E_0\sin h$（$h$ 为太阳高度角）。

（27）大气质量 AM（air mass）：指的是太阳光线通过大气的实际距离与大气的垂直厚度之

比。在一个标准大气压和温度 0 ℃时，海平面上太阳光线垂直入射时大气质量 AM = 1，记为 AM1.0。在地球大气层外接收到的太阳辐射，称为大气质量为零，以 AM0 表示。大气质量越大，说明光线经过大气层的路程越长，受到的衰减也越多，达到地面的能量也就越少。大气质量示意图如图 2-6 所示，地面上的大气质量计算公式如式（2-9）。

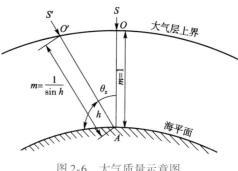

图 2-6　大气质量示意图

$$AM = \sec \theta_z = \frac{1}{\sin h} \qquad (2-9)$$

式中，$\theta_z$ 为太阳天顶角；$h$ 为太阳高度角。

### 2. 地外太阳辐射计算方法

#### 1）地外法向太阳辐射

（1）地外法向太阳辐照度。当地球与太阳的距离为日地平均距离时，地外法向太阳辐照度即太阳常数；其他时间，地外法向太阳辐照度需将太阳常数经日地距离订正后计算得出，计算公式如式（2-10）。

$$\text{EDNI} = E_0 (1 + 0.033 \cos 360n/365) \qquad (2-10)$$

式中　EDNI——地外法向太阳辐照度，$W/m^2$；

　　　$E_0$——太阳常数，$W/m^2$，按照 QX/T 368—2016 取 1 366.1 $W/m^2$，指的是大气层外日地平均距离处单位时间内通过与太阳辐射束垂直的单位平面上的太阳辐射通量；

　　　$n$——积日，日期在一年的序号。

（2）地外法向太阳辐照量。一段时间的地外法向太阳辐照量（EDNR）是将地外法向太阳辐照度（EDNI）乘以时间，如果时间单位为小时（h），则 EDNR 的单位为瓦时每平方米（$W \cdot h/m^2$）；如果时间单位为秒（s），则 EDNR 的单位为焦每平方米（$J/m^2$）。

#### 2）地外水平面太阳辐射

（1）瞬时地外水平面太阳辐照度。瞬时地外水平面太阳辐照度计算公式如式（2-11）。

$$\text{EHI} = \text{EDNI} \times \sin h = \text{EDNI} \times (\sin \phi \sin \delta + \cos \phi \cos \delta \cos \omega) \qquad (2-11)$$

（2）小时地外水平面太阳辐照量。小时地外水平面太阳辐照量计算公式如式（2-12）。

$$\text{EHR}_h = \frac{12 \times 3\,600}{\pi} \times \text{EDNI} \times \left[ \cos \phi \cos \delta (\sin \omega_2 - \sin \omega_1) + \frac{\pi \times (\omega_2 - \omega_1)}{180} \sin \phi \sin \delta \right] \times 10^{-6}$$

$$(2-12)$$

式中　$\text{EHR}_h$——小时地外水平面太阳辐照量，$MJ/m^2$；

　　　$\omega_1$，$\omega_2$——所计算时间段的起、止时角，$\omega_1 < \omega_2$，（°）。

（3）日地外水平面太阳辐照量。日地外水平面太阳辐照量计算公式如式（2-13）。

$$\text{EHR}_h = \frac{24 \times 3\,600}{\pi} \times \text{EDNI} \times \left( \cos \phi \cos \delta \sin \omega_s + \frac{\pi \omega_s}{180} \sin \phi \sin \delta \right) \times 10^{-6} \qquad (2-13)$$

式中　$\text{EHR}_d$——日地外水平面太阳辐照量，$MJ/m^2$；

$\omega_s$——日落时刻的时角，（°），计算公式如式（2-14）。

$$\cos \omega_s = -\frac{\sin \phi \sin \delta}{\cos \phi \cos \delta} = -\tan \phi \tan \delta \tag{2-14}$$

（4）月地外水平面太阳辐照量。月地外水平面太阳辐照量可将当月逐日辐照量累计求和得到，亦可以近似采用当月代表日的日辐照量乘以当月日数，北纬 15°~55°之间区域的各月代表日见表 2-3。

表 2-3　北纬 15°~55°之间区域的各月代表日

| 北纬/(°) | 1月 | 2月 | 3月 | 4月 | 5月 | 6月 | 7月 | 8月 | 9月 | 10月 | 11月 | 12月 |
|---|---|---|---|---|---|---|---|---|---|---|---|---|
| 55 | 18 | 15 | 16 | 15 | 15 | 10 | 17 | 16 | 15 | 16 | 14 | 11 |
| 50 | 17 | 15 | 16 | 15 | 15 | 10 | 17 | 16 | 16 | 16 | 15 | 11 |
| 45 | 18 | 15 | 16 | 15 | 15 | | 17 | 16 | 16 | 15 | | 11 |
| 40 | 17 | 15 | 16 | 15 | 15 | 10 | 17 | 16 | 16 | 15 | | 11 |
| 35 | 17 | 15 | 16 | 15 | 15 | 10 | 17 | 17 | 16 | 16 | 15 | |
| 30 | 17 | 15 | 16 | 15 | 15 | 9 | 17 | 17 | 16 | 16 | 16 | 11 |
| 25 | 17 | 15 | 16 | 15 | 14 | 8 | 18 | 18 | 16 | 16 | 16 | 11 |
| 20 | 17 | 15 | 16 | 15 | 12 | 19 | 18 | 17 | 16 | 16 | 15 | 11 |
| 15 | 17 | 15 | 15 | 14 | 22 | 13 | 19 | 18 | 16 | 16 | 15 | 11 |

月水平面总辐照量还可以采取经验公式系数 $a$、$b$ 的计算方法，选择计算点最近的太阳辐射观测站作为计算参考点，根据参考点理念观测的月水平面总辐射和月日照百分率，计算系数 $a$、$b$，如式（2-15）和式（2-16）。

$$a = \bar{y} - b \overline{S_1'} \tag{2-15}$$

$$b = \frac{\sum_{i=1}^{n} (S_{1i}' - \overline{S_1'})(y_i - \bar{y})}{\sum_{i=1}^{n} (S_{1i}' - \overline{S_1'})^2} \tag{2-16}$$

式中　$S_{1i}'$——参考点逐年月日照百分率，以百分号（%）表示；

$\overline{S_1'}$——参考点月日照百分率的平均值，以百分号（%）表示；

$y_i$——参考点逐年水平面总辐射月辐照量与地外太阳辐射月辐照量的比值，无量纲数；

$\bar{y}$——参考点历年水平面总辐射月辐照量与地外太阳辐射月辐照量比值的平均值，无量纲数；

$n$——观测资料的样本数，无量纲数。

### 3. 太阳直接辐射日总量

（1）从日面及其周围一小立体角内发出的太阳辐射，计算公式如式（2-17）。

$$Q = \int_{\omega_1}^{\omega_2} a^m E_0 \sin h \, \mathrm{d}\omega \tag{2-17}$$

式中　$\omega_1$——太阳日出的时角；

$\omega_2$——太阳日落的时角；

$a$——大气透明系数，$a$ 等于透过一个大气质量数（AM = 1）后的太阳辐射强度（$E_1$）与透过前的太阳辐射强度（$E_0$）之比，$a = E_1/E_0$。

对大气上界，太阳辐射计算公式如式（2-18），将 $\mathrm{d}\omega = \dfrac{2\pi}{T}\mathrm{d}t$ 代入式（2-18）可得 $Q$，如式（2-19）。

$$Q = E_0 \int_{\omega_1}^{\omega_2} (\sin\phi\sin\delta + \cos\phi\cos\delta\cos\omega)\,\mathrm{d}\omega \tag{2-18}$$

$$Q = E_0 \frac{T}{\pi}(\omega_0\sin\phi\sin\delta + \cos\phi\cos\delta\cos\omega_0) \tag{2-19}$$

式中，$T$ 为一天的周期，等于 86 400 s。

（2）根据观测站资料计算太阳能总辐射量，日天文总辐射量如式（2-20）。

$$Q_n = \frac{TI_0}{\pi\rho^2}(\omega_0\sin\phi\sin\delta + \cos\phi\cos\delta\sin\omega_0) \tag{2-20}$$

式中　$Q_n$——日天文总辐射量，$\mathrm{MJ/m^2 \cdot d}$；

$\quad\quad T$——时间周期，$24 \times 60\ \mathrm{min/d}$；

$\quad\quad I_0$——太阳常数，数值为 $0.082\,0\ \mathrm{MJ/m^2 \cdot min}$；

$\quad\quad \rho$——日地距离系数；

$\quad\quad \phi$——纬度，rad；

$\quad\quad \delta$——太阳赤纬角，rad；

$\quad\quad \omega_0$——日出、日落时角，rad。

### 4. 光伏组件上的太阳总辐射

光伏组件上的太阳总辐射为面上的直接辐射量、散射辐射以及地面反射辐射三者之和，如式（2-21）～式（2-25）。在计算时，地面反射率 $R$ 取决于地面有关，不同地面状态的反射率见表 2-4。

表 2-4　不同地面状态的反射率

| 地面状态 | 反射率 | 地面状态 | 反射率 | 地面状态 | 反射率 |
|---|---|---|---|---|---|
| 沙漠 | 0.24 ~ 0.28 | 干湿土 | 0.14 | 湿草地 | 0.14 ~ 0.26 |
| 干燥地带 | 0.1 ~ 0.2 | 湿黑土 | 0.08 | 新雪 | 0.81 |
| 湿裸地 | 0.08 ~ 0.09 | 干草地 | 0.15 ~ 0.25 | 冰面 | 0.69 |

$$H_t = H_{bt}(s) + H_{dt}(s) + H_{rt}(s) \tag{2-21}$$

$$H_{bt} = H_b R_b \tag{2-22}$$

$$H_{dt} = H_d \times \left[\frac{H_b}{H_0} \times R_b + 0.5 \times \left(1 - \frac{H_b}{H_0}\right)(1 + \cos s)\right] \tag{2-23}$$

$$H_{rt} = 0.45 R H(1 - \cos s) \tag{2-24}$$

$$R_b = \frac{\cos(\phi - s)\cos\delta\sin h_s' + (\pi/180)h_s'\sin(\phi - s)\sin\delta}{\cos\phi\cos\delta\sin h_s + (\pi/180)h_s\sin\phi\sin\delta} \tag{2-25}$$

式中　$H_{bt}$——倾斜面上的太阳直接辐射量；

$\quad\quad H_{dt}$——倾斜面上的太阳散射辐射量；

$\quad\quad H_{rt}$——倾斜面上的地面反射辐射量；

$\quad\quad R_b$——倾斜面与水平面上直接辐射量的比值；

$h_s$——水平面上的日落时角；

$h_s'$——倾斜面上的日落时角；

$H_b$——气象站数据，水平面上的直接辐射量；

$H_d$——气象站数据，水平面上的散射辐射量；

$H_0$——大气层外水平面上的太阳辐射量；

$H$——气象站数据，水平面上的总辐射量；

$R$——地面反射率；

$\phi$——纬度；

$s$——光伏组件安装倾角；

$\delta$——太阳赤纬角。

## 2.1.5 全国光资源分布

大力发展太阳能产业是我国一项重大的能源政策，了解我国光资源的空间分布特征，分析其变化趋势、变化原因并掌握资源本身特点对于我国更加合理利用太阳能、因地制宜、提高太阳能的利用效率以及节能减排等都具有突出的意义。太阳能资源有着明显的地区差异和季节特征。

### 1. 辐射量单位及换算

太阳能辐射量单位有卡（cal）、焦耳（J）、瓦（W）等。其关系如下：

$1 \text{ cal} = 4.186\,8 \text{ J} = 1.162\,78 \text{ mW} \cdot \text{h}$；

$1 \text{ kW} \cdot \text{h} = 3.6 \text{ MJ}$；

$1 \text{ kW} \cdot \text{h/m}^2 = 3.6 \text{ MJ/m}^2 = 0.36 \text{ kJ/cm}^2$；

$100 \text{ mW} \cdot \text{h/cm}^2 = 85.98 \text{ cal/cm}^2$；

$1 \text{ MJ/m}^2 = 23.889 \text{ cal/cm}^2 = 27.8 \text{ mW} \cdot \text{h/cm}^2$。

### 2. 2022 年中国太阳能资源分布

中国气象局风能太阳能中心发布的《2022 年中国风能太阳能资源年景公报》显示如下：

（1）全国平均年水平面总辐照量较常年偏高。2022 年，全国太阳能资源为偏大年景。全国平均年水平面总辐照量为 1 563.4 kW · h/m²，为近 30 年（1992—2021 年）最高，较近 30 年平均值偏大45.3 kW · h/m²，较近 10 年平均值偏大 54.0 kW · h/m²，较 2021 年偏大 70.0 kW · h/m²。

（2）水平面总辐照量西部地区大于中东部地区。我国太阳能资源地区性差异较大，呈现西部地区大于中东部地区，高原、少雨干燥地区大，平原、多雨高湿地区小的特点，全国 2022 年水平面总辐照量见表 2-5。

表 2-5　全国 2022 年水平面总辐照量情况

| 序号 | 地　　区 | 年总辐照量 |
| --- | --- | --- |
| 1 | 太阳能资源最丰富地区：西藏大部、青海中部及北部局部地区 | 超过 1 750 kW · h/m² |
| 2 | 太阳能资源很丰富地区：新疆大部、内蒙古大部、西北中部及东部、华北、华东、华南东部等地 | 1 400 ~ 1 750 kW · h/m² |

| 序号 | 地　　区 | 年总辐照量 |
|---|---|---|
| 3 | 太阳能资源丰富区：东北东部、四川东部、重庆、贵州、湖南西部、广西北部及东部等地 | 1 050 ~ 1 400 kW · h/m² |
| 4 | 太阳能资源一般区：全国年水平面总辐照量几乎全大于 1 050 kW · h/m²，基本无太阳能资源一般地区 | 不足 1 050 kW · h/m² |

（3）水平面总辐照量西部较常年偏小、东部偏大。全国年水平面总辐照量距平分布有地区性差异，总体来看，西部地区较常年偏小，东部地区较常年偏大。与近 30 年水平面总辐照量平均值相比，2022 年，新疆北部、西藏东南部、黑龙江、吉林、辽宁等地偏大，山西、陕西、山东等局部地区明显偏大，河北、北京、天津、陕西南部、山西、四川东部、重庆、云南北部、贵州、广西、湖南、湖北、河南、安徽、江西、广东、福建、浙江、江苏等地异常偏大。新疆西南部及东部、青海中部及西部、四川西部、云南西部、内蒙古西部偏小；新疆南部、西藏西部、青海中部、内蒙古西北部明显偏小；西藏西部等地异常偏小。

2022 年全国部分省（区、市）水平面总辐照量分布如图 2-7 所示。由图可知，甘肃、内蒙古、宁夏、海南年水平面总辐照量与近 30 年均值较接近，云南、辽宁、黑龙江、吉林偏大，山东明显偏大，河北、山西、四川、北京、陕西、江苏、天津、上海、广西、河南、广东、浙江、福建、安徽、贵州、湖北、江西、湖南、重庆异常偏大，新疆、青海偏小，西藏明显偏小。

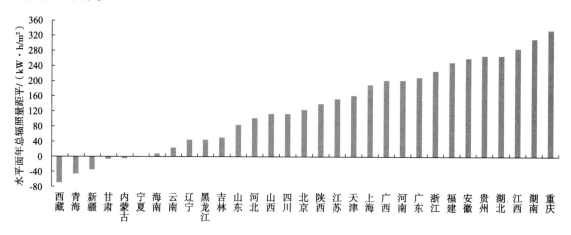

图 2-7　2022 年全国部分省（区、市）年水平面总辐照量距平

全国年水平面总辐照量距平分布有地区性差异，总体而言，北方地区较常年偏低，南方地区较常年偏高。表 2-6 为全国部分省（区、市）2022 年水平面及最佳倾斜面总辐照量。

表 2-6　全国部分省（区、市）2022 年水平面及最佳倾斜面总辐照量

| 序号 | 省（区、市） | 水平面总辐照量/(kW · h/m²) | 最佳倾斜面总辐照量/(kW · h/m²) |
|---|---|---|---|
| 1 | 北京 | 1 527.6 | 1 866.4 |
| 2 | 天津 | 1 561.7 | 1 883.0 |
| 3 | 河北 | 1 537.5 | 1 857.1 |

续表

| 序号 | 省（区、市） | 水平面总辐照量/(kW·h/m²) | 最佳倾斜面总辐照量/(kW·h/m²) |
|---|---|---|---|
| 4 | 山西 | 1 536.0 | 1 815.5 |
| 5 | 内蒙古 | 1 571.6 | 2 030.3 |
| 6 | 辽宁 | 1 422.8 | 1 757.7 |
| 7 | 吉林 | 1 392.8 | 1 777.6 |
| 8 | 黑龙江 | 1 337.4 | 1 777.7 |
| 9 | 上海 | 1 448.5 | 1 561.1 |
| 10 | 江苏 | 1 458.5 | 1 609.7 |
| 11 | 浙江 | 1 476.5 | 1 562.5 |
| 12 | 安徽 | 1 502.8 | 1 636.0 |
| 13 | 福建 | 1 544.5 | 1 614.2 |
| 14 | 江西 | 1 480.4 | 1 568.3 |
| 15 | 山东 | 1 461.4 | 1 657.2 |
| 16 | 河南 | 1 470.1 | 1 602.3 |
| 17 | 湖北 | 1 416.5 | 1 507.1 |
| 18 | 湖南 | 1 388.6 | 1 461.8 |
| 19 | 广东 | 1 460.6 | 1 520.2 |
| 20 | 广西 | 1 391.8 | 1 437.4 |
| 21 | 海南 | 1 519.5 | 1 534.2 |
| 22 | 重庆 | 1 311.0 | 1 354.8 |
| 23 | 四川 | 1 499.9 | 1 628.9 |
| 24 | 贵州 | 1 289.9 | 1 333.4 |
| 25 | 云南 | 1 515.7 | 1 643.8 |
| 26 | 西藏 | 1 819.0 | 1 930.3 |
| 27 | 陕西 | 1 459.7 | 1 633.3 |
| 28 | 甘肃 | 1 627.7 | 1 937.5 |
| 29 | 青海 | 1 747.2 | 2 033.1 |
| 30 | 宁夏 | 1 611.0 | 1 862.8 |
| 31 | 新疆 | 1 588.36 | 1 904.8 |

（4）固定式光伏发电太阳能资源。固定式光伏发电可利用的太阳资源是光伏组件按照最佳倾角放置时能够接收的太阳总辐照量（简称"最佳斜面总辐照量"）。根据目前国内的设计经验，按照 80% 的总体系统效率，计算固定式光伏电站的首年利用小时数。

① 全国平均年最佳斜面总辐照量较常年偏大。2022 年，全国平均年最佳斜面总辐照量为 1 815.8 kW·h/m²，较近 30 年平均值偏大 40.8 kW·h/m²，较近 10 年平均值偏大 50.8 kW·h/m²，较 2021 年偏大 67.1 kW·h/m²。2022 年，全国平均的固定式光伏电站首年利用小时数为 1 453.7 h，较近 30 年平均值偏多 32.7 h，较近 10 年平均值偏多 40.7 h，较 2021 年偏多 53.7 h。

② 最佳斜面总辐照量和光伏发电首年利用小时数西部地区大于中东部地区。2022 年，全国

年最佳斜面总辐照量及光伏发电首年利用小时数空间分布，总体上呈现西部地区大于中东部地区，高原、少雨干燥地区大，平原、多雨高湿地区小的特点。2022 年，除四川东部、重庆、贵州、湖南西部等地外，我国大部分地区最佳斜面总辐照量超过 1 400 kW·h/m²，首年利用小时数在 1 100 h 以上，其中，新疆、西藏、青海、甘肃北部、四川西部、内蒙古、宁夏北部、陕西北部、山西北部、河北、北京、天津、东北地区东部等地年最佳斜面总辐照量超过 1 800 kW·h/m²，首年利用小时数在 1 500 h 以上；四川东部、重庆、贵州、湖南西部等地在 1 000～1 400 kW·h/m² 之间，首年利用小时数一般低于 1 100 h。

③ 最佳斜面总辐照量西部较常年偏小、东部偏大。全国最佳斜面总辐照量距平分布有地区性差异，总体来看，西部地区较常年偏小，东部地区较常年偏大。

## 2.2  光伏发电原理

光伏电池工作时必须具备下述条件：首先，必须有光的照射，可以是单色光、太阳光或模拟太阳光等。其次，光子注入半导体内后，激发电子-空穴对，这些电子和空穴应该有足够长的寿命，在分离之前不会复合消失。第三，必须有一个静电场，电子-空穴在静电场的作用下分离，电子集中在一边，空穴集中在另一边。第四，被分离的电子和空穴由电极收集，输出到光伏电池外，形成电流。

如图 2-8 所示，描绘了光伏电池的物理结构以及载流子的传输过程。电池主体由一层厚的 P 型基区构成，光伏电池吸收入射光并激发电子-空穴对，光伏电池正面与背面的金属电极收集电子-空穴对，当外电路形成回路时，光生电子朝光伏电池 N 型层栅线运动，空穴朝 P 型层电极运动；如果载流子在运动到栅线之前没有被复合，就被栅线收集并形成电流流到外电路，驱动电器。之后，电子从光伏电池的背面进入和空穴复合，在光照射的情形下，此过程在光伏电池中不断重复。

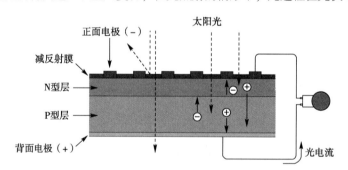

图 2-8  光伏电池工作原理图

### 2.2.1  光伏行为来源

光伏电池是一个光伏能量转换器件，光伏能量转换包括电荷产生、电荷分离和电荷输运三个过程。电荷分离或光伏行为的标准就是在光照下存在光生电流或光生电动势。电荷分离需要一些驱动力，这些驱动力是光伏能量转换的关键所在，必须由光伏器件自己建立。显然，这些驱动力等于光致电子和空穴的准费米能级梯度。一维情况下，对于非简并半导体

$$J = J_n(x) + J_p(x) = \mu_n n \frac{dE_{Fn}}{dx} + \mu_p p \frac{d E_{Fp}}{dx} \tag{2-26}$$

式中　$J$——电流密度；

　　$J_n(x)$——一维情况下电子引起的电流密度；

　　$J_p(x)$——一维情况下空穴引起的电流密度；

　　$\mu_n$——电子迁移率；

　　$\mu_p$——空穴迁移率；

　　$n$——电子浓度；

　　$p$——空穴浓度；

　　$E_{Fn}$——电子费米能积；

　　$E_{Fp}$——空穴费米能积。

平衡状态下，半导体有统一的费米能级，半导体各处 $J = 0$。所以为实现光伏行为，就至少要形成一个费米能级梯度。

$$E_{Fn} = E_c + k_0 T \ln \frac{n}{N_c} \tag{2-27}$$

构成同质结的两种导电类型相反的半导体材料，$\chi$ 和 $E_g$ 是相同的，但是，对构成异质结的两种不同质材料，$\chi$ 和 $E_g$ 不一定相同，如图 2-9（b）所示。对于一块组分不同的化合物半导体材料，例如三元化合物 $Al_y Ga_{1-y} As$，如果 Al 的含量 $y$ 是变化的，考虑一维情况，设 Al 的含量沿 $x$ 方向变化，则 $\chi$ 和 $E_g$ 均是 $x$ 的函数。而且随着组分不同，电子和空穴的有效状态密度 $N_c$ 和 $N_v$ 也是 $x$ 的函数。假设半导体中各处温度相同，对 $x$ 求导得

$$\frac{dE_{Fn}}{dx} = \frac{dE_c}{dx} - k_0 T \frac{d\ln N_c}{dx} + \frac{k_0 T}{n} \frac{dn}{dx} \tag{2-28}$$

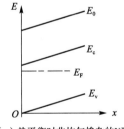

（a）热平衡时非均匀掺杂的N型　
半导体的能带示意图

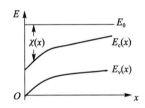

（b）$\chi$随$x$变化的能带示意图

图 2-9　能带示意图

又 $\dfrac{dE_c}{dx} = \dfrac{dE_0}{dx} - \dfrac{d\chi}{dx} = qF - \dfrac{d\chi}{dx}$，$F = \dfrac{1}{q} \dfrac{dE_0}{dx}$ 为电子的静电场，代入可得

$$J_n(x) = \mu_n n \left( qF - \frac{d\chi}{dx} - k_0 T \frac{d\ln N_c}{dx} \right) + q D_n \frac{dn}{dx} \tag{2-29}$$

式中，应用了爱因斯坦关系式，如式（2-30）。

$$\frac{D_n}{\mu_n} = \frac{k_0 T}{q} \qquad \frac{D_p}{\mu_p} = \frac{k_0 T}{q} \tag{2-30}$$

爱因斯坦关系式表明了非简并情况下载流子迁移率和扩散系数之间的关系，关系式对平衡和非平衡载流子都适用。

令 $F'_n = -\dfrac{d\chi}{dx} - k_0 T \dfrac{d\ln N_c}{dx}$，称为有效力场，可得

$$J_n(x) = \mu_n nq(F + F'_n) + qD_n \frac{dn}{dx} \tag{2-31}$$

同理可得

$$J_p(x) = \mu_n nq(F + F'_p) - qD_p \frac{dp}{dx} \tag{2-32}$$

式中，有效力场 $F'_p$ 为

$$F'_p = -\frac{d\chi}{dx} - \frac{dE_g}{dx} + k_0 T \frac{d\ln N_v}{dx} \tag{2-33}$$

所以，在半导体中电荷分离即光伏行为的来源如下：

(1) 真空能级或功函数梯度→静电场；

(2) 电子亲和能梯度→有效力场；

(3) 禁带宽度梯度→有效力场；

(4) 能带态密度梯度→有效力场。

当然，电子和空穴扩散系数不同时，就可以形成电子-空穴对的产生率梯度，进而形成浓度梯度，就能引起净电流。如果扩散系数相同，显然电子和空穴扩散电流完全消除。不过，扩散系数的不同产生的光生电动势——丹倍电势，在晶体材料中不足以引起有效的光伏行为，而在非晶半导体和分子材料中会变得比较重要。

因此，半导体材料系统中存在内建静电场或内建有效力场时，就会产生较强的光伏行为。一般来说，要在半导体材料系统中形成内建静电场，可以通过在两种不同材料间构成界面。在界面及其附近将会形成一定的内建电场。要形成一个有效力场，则需要存在一个区域，在该区域中由于掺杂不同而使半导体材料的组分等不断发生变化，以至在这个区域内将由于材料性质的变化而产生一定的有效力场，这种材料性质不断变化的区域可以看作一连串的界面。这种界面可以是在同质半导体或异质半导体材料之间形成的，也可以是在金属或绝缘体与半导体之间形成的，这些有内建电场存在的区域能够使光生载流子向相反的方向分离，构成光生电流，这是光伏电池的最基本要求，也是光伏行为的主要来源。丹倍效应的贡献一般来说是次要的。

## 2.2.2 光生伏特效应

P 型半导体和 N 型半导体结合形成 PN 结，由于浓度梯度导致多数载流子的扩散，留下不能移动的正电中心和负电中心，所带电荷组成了空间电荷区，形成内建电场，内建电场又会导致载流子的反向漂移，直到扩散的趋势和漂移的趋势可以相抗衡，载流子不再移动，空间电荷区保持一定的范围，PN 结处于热平衡状态。

太阳光的照射会打破 PN 结的热平衡状态，能量大于禁带宽度的光子发生本征吸收，在 PN 结的两边产生电子-空穴对，如图 2-10 所示。在光激发下多数载流子浓度一般变化很小，而少数载流子浓度却变化很大，因此主要分析光生少数载流子的运动。P 型半导体中少数载流子指的是

电子，N 型半导体中少数载流子指的是空穴。

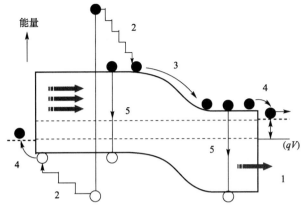

图 2-10　标准单结光伏电池能量损失过程

1—低于禁带宽度的光子没有被吸收；2—晶格热化损失；3—结损失；4—接触损失；5—复合损失

由于 PN 结势垒区中存在较强的内建电场（自 N 区指向 P 区），光生电子和空穴受到内建电场的作用而分离，P 区的电子穿过 PN 结进入 N 区；N 区的空穴进入 P 区，使 P 端电势升高，N 端电势降低，于是 PN 结两端形成了光生电动势，这就是 PN 结的光生伏特效应。由于光照产生的载流子各自向相反方向运动，从而在 PN 结内部形成自 N 区向 P 区的光生电流。由于光照，在 PN 结两端产生光生电动势，光生电场的方向是从 P 型半导体指向 N 型半导体，与内建电场的方向相反，如同在 PN 结上加了正向偏压，使得内建电场的强度减小，势垒高度降低，引起 N 区电子和 P 区空穴向对方注入，形成从 P 型半导体到 N 型半导体的正向电流，正向电流的方向与光生电流的方向相反，会抵消 PN 结产生的光生电流，使得提供给外电路的电流减小，是光伏电池的不利因素，所以又把正向电流称为暗电流。在 PN 结开路情况下，光生电流和正向电流相等，PN 结两端建立起稳定的电势差 $U_{oc}$，这就是光伏电池的开路电压。如将 PN 结与外电路接通，只要光照不停止，就会有源源不断的电流通过电路，PN 结起了电源的作用。这就是光伏电池的基本原理。PN 结光照前后的能带图如图 2-11 所示。

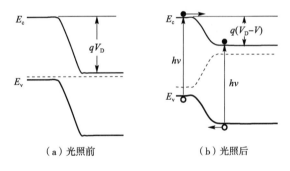

（a）光照前　　　　（b）光照后

图 2-11　PN 结光照前后的能带图

注：$V_D$ 为 PN 结空间电荷区两端的电势差，称为 PN 结的接触电势差或内建电势差；$q(V_D - V)$ 为电子势能之差即能带的弯曲量，称为 PN 结的势垒高度。

# 2.3　光伏发电系统分类及组成

## 2.3.1　光伏发电系统分类

根据是否与国家电网相连，光伏发电系统分为离网光伏发电系统、并网光伏发电系统。根据并网点位置，并网光伏发电系统可分为用户侧并网光伏发电系统和电网侧并网光伏发电系统。

光伏发电系统按装机容量可分为小、中、大三种系统：

（1）小型光伏发电系统：安装容量小于或等于 1 MWp；

（2）中型光伏发电系统：安装容量大于 1 MWp 和小于或等于 30 MWp；

（3）大型光伏发电系统：安装容量大于 30 MWp。

### 2.3.2 离网光伏发电系统的类型

离网光伏发电系统是指没有与国家电网相连的系统，可分为直流光伏发电系统和交流光伏发电系统以及交、直流混合光伏发电系统；也可分为有蓄电池和无蓄电池的光伏发电系统。

#### 1. 无蓄电池的直流光伏发电系统

无蓄电池的直流光伏发电系统图如图 2-12 所示。该系统的特点是用电负载是直流负载，对负载使用时间没有要求，负载主要在白天使用。光伏组件与用电负载直接连接，有阳光时就发电供负载工作，无阳光时就停止工作。系统不需要使用控制器，也没有蓄电池储能装置。该系统的优点是省去了光伏发电能量存储到蓄电池、蓄电池向负载放电造成的损失，提高了光伏发电的利用效率，这种系统最典型的应用是光伏水泵。

#### 2. 有蓄电池的直流光伏发电系统

有蓄电池的直流光伏发电系统图如图 2-13 所示。该系统由光伏组件、充放电控制器、蓄电池以及直流负载等组成。有阳光时，光伏组件将光能转换为电能供负载使用，并同时向蓄电池存储电能。夜间或阴雨天时，则由蓄电池向负载供电。这种系统应用广泛，小到草坪灯、庭院灯，大到远离电网的移动通信基站、微波中转站、偏远地区农村供电等。当系统容量和负载功率较大时，就需要配备更多的光伏组件和蓄电池组。

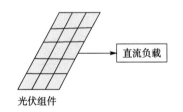

图 2-12　无蓄电池的直流光伏发电系统图

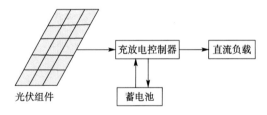

图 2-13　有蓄电池的直流光伏发电系统图

#### 3. 交流及交、直流混合光伏发电系统

图 2-14 为交流及交、直流混合光伏发电系统图。若图 2-14 中无直流负载，则为交流光伏发电系统。交流与直流混合光伏发电系统、交流光伏发电系统较直流光伏发电系统多了离网逆变器，逆变器是把直流电转换成交流电的装置。

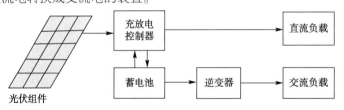

图 2-14　交流及交、直流混合光伏发电系统图

## 2.3.3　离网光伏发电系统的组成及各部件功能

### 1. 离网光伏发电系统的组成

离网光伏发电系统结构如图 2-15 所示，主要包括光伏组件、充放电控制器、蓄电池、逆变器和负载。光伏发电的核心部件是光伏组件，它将太阳光直接转换成电能，并通过充放电控制器把光伏组件产生的电能存储于蓄电池中；当负载用电时，蓄电池中的电能通过充放电控制器分配到各个负载上。光伏组件所产生的电能为直流电，可以直接以直流电的形式应用，也可以用逆变器将其转换成为交流电，供交流负载使用。光伏发电系统所发的电能可以即发即用，也可以用蓄电池等储能装置将电能存储起来。

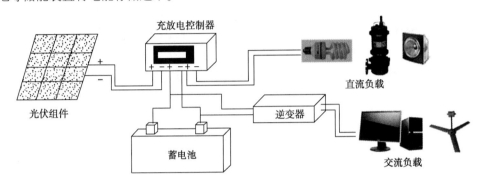

图 2-15　离网光伏发电系统结构

### 2. 离网光伏发电系统各部件功能

#### 1）光伏组件（光伏阵列）

光伏组件是光伏发电系统的核心部分。其作用是将太阳光的辐射能量转换为电能，并送往蓄电池中存储起来，也可以直接用于推动负载工作。当发电容量较大时，就需要用多块光伏组件串、并联后构成光伏组件方阵。目前应用的光伏组件主要是晶硅组件，晶硅组件分为单晶硅光伏组件、多晶硅光伏组件和非晶硅光伏组件等几种。

#### 2）蓄电池

蓄电池的作用主要是存储光伏组件发出的电能，并随时向负载供电。光伏发电系统对蓄电池的基本要求是：自放电率低、使用寿命长、充电效率高、深放电能力强、工作温度范围宽、少维护或免维护以及价格低廉。目前为光伏系统配套使用的主要是磷酸铁锂、钠离子、铅酸等电池，在小型、微型系统中，也可用镍氢电池、镍镉电池、锂电池或超级电容器。当需要大容量电能存储时，就需要将多节蓄电池串、并联起来构成蓄电池组。

#### 3）充放电控制器

充放电控制器的作用是控制整个系统的工作状态，其功能主要有：防止蓄电池过充电保护、防止蓄电池过放电保护、系统短路保护、系统极性反接保护、夜间防反充保护等。在温差较大的地方，控制器还具有温度补偿的功能。另外，控制器还有光控开关、时控开关等工作模式，以及充电状态、蓄电池电量等各种工作状态的显示功能。光伏控制器一般分为小功率、中功率、大功率和风光互补控制器等。

4）逆变器

逆变器是把光伏组件或者蓄电池输出的直流电转换成交流电供应给电网或者交流负载。逆变器按运行方式可分为离网逆变器和并网逆变器。离网逆变器用于离网运行的光伏发电系统，为独立负载供电；并网逆变器用于并网运行的光伏发电系统。对离网光伏发电系统可配置控制-逆变一体机。

## 2.3.4 并网光伏发电系统

所谓并网光伏发电系统就是光伏组件产生的直流电经过并网逆变器转换成符合市电电网要求的交流电之后直接接入公共电网。并网光伏发电系统有集中式大型并网光伏系统，也有分布式小型并网光伏发电系统。集中式大型并网光伏电站一般都是国家级电站，主要特点是将所发电能直接输送到电网，由电网统一调配向用户供电。但这种电站投资大、建设周期长、占地面积大。而分布式小型并网光伏发电系统，特别是光伏建筑一体化发电系统，由于投资小、建设快、占地面积小、政策支持力度大等优点，是目前分布式并网光伏发电的主流。常见的并网光伏发电系统一般有下列几种形式。

### 1. 有逆流并网光伏发电系统

有逆流并网光伏发电系统如图2-16所示。当光伏发电系统发出的电能充裕时，可将剩余电能馈入公共电网，向电网供电（卖电）；当光伏发电系统提供的电力不足时，由电网向负载供电（买电）。由于向电网供电时与电网供电的方向相反，所以称为有逆流光伏发电系统。

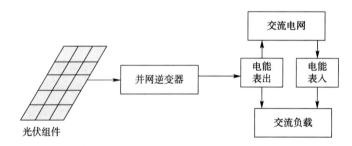

图2-16 有逆流并网光伏发电系统

### 2. 无逆流并网光伏发电系统

无逆流并网光伏发电系统如图2-17所示。光伏发电系统即使发电充裕也不向公共电网供电，但当光伏发电系统供电不足时，则由公共电网向负载供电。

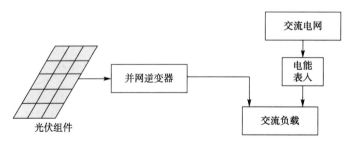

图2-17 无逆流并网光伏发电系统

### 3. 切换型并网光伏发电系统

切换型并网光伏发电系统如图 2-18 所示。所谓切换型并网光伏发电系统，实际上是具有自动运行双向切换的功能。一是当光伏发电系统因多云、阴雨天及自身故障等导致发电量不足时，切换器能自动切换到电网供电一侧，由电网向负载供电；二是当电网因某种原因，突然停电时，光伏发电系统可自动切换使光伏发电系统与电网分离，成为独立光伏发电系统工作状态。有些切换型并网光伏发电系统，还可以在需要时断开为一般负载供电，接通对应急负载供电。一般切换型并网光伏发电系统都带有储能装置。

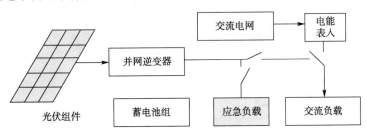

图 2-18　切换型并网光伏发电系统

### 4. 市电互补型光伏发电系统

所谓市电互补型光伏发电系统，就是在独立光伏发电系统中以光伏发电为主，以普通 220 V/380 V 交流电补充电能为辅，如图 2-19 所示。市电互补型光伏发电系统的光伏组件和蓄电池的容量都可以设计得小一些，基本上是当天有阳光则用光伏发电，遇到阴雨天时就用市电能量进行补充。我国大部分地区基本上全年都有三分之二以上的晴好天气，这样系统全年就有三分之二以上的时间用光伏发电，剩余时间用市电补充能量。这种形式既减小了光伏发电系统的一次性投资，又有显著的节能减排效果，是光伏发电在现阶段推广和普及过程中的一个过渡性的好办法。这种形式的原理与下面将要介绍的无逆流并网型光伏发电系统有相似之处，但还不能等同于并网应用。

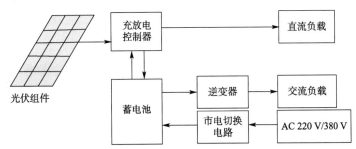

图 2-19　市电互补型光伏发电系统图

市电互补型光伏发电系统的应用举例。某市区路灯改造，如果将普通路灯全部换成光伏路灯，一次性投资很大，无法实现。而如果将普通路灯加以改造，保持原市电供电线路和灯杆不动，更换节能型光源灯具，采用市电互补光伏发电的形式，用小容量的光伏组件和蓄电池（仅够当天使用，也不考虑连续阴雨天数），就构成了市电互补型光伏路灯，投资减少一半以上，节能效果显著。

### 2.3.5 并网光伏发电系统的组成及各部件功能

#### 1. 并网光伏发电系统的组成

并网光伏发电系统主要包括光伏阵列、交直流汇流箱、直流柜、逆变器、升压系统等。光伏阵列将太阳光能转化为直流电能；通过直流汇流箱将多个光伏阵列所发的直流电进行汇流，用交流逆变器将其转换成为交流电，供交流负载使用。光伏发电的电能可以即发即用，也可以用公共电网作为电能存储起来。系统结构如图 2-20 所示。

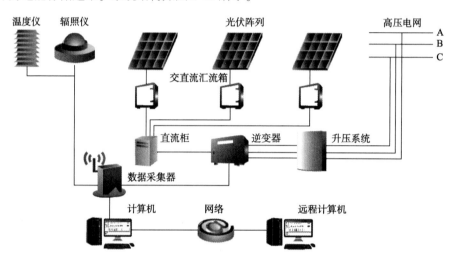

图 2-20 并网光伏发电系统结构

#### 2. 并网光伏发电系统各部件功能

##### 1）光伏阵列

光伏阵列为光伏发电系统提供能量，功能与离网光伏发电系统的光伏阵列的一样，一般而言并网光伏发电系统的光伏阵列数目较多。

##### 2）交直流汇流箱

交直流汇流箱的主要作用是将光伏阵列的多个组串的直流电进行汇流或组串式逆变器的交流电进行汇流。由于光伏阵列或逆变器电流较大，因此不能用导线直接连接实现汇流，需专用的汇流箱。汇流箱汇流还有防雷接地保护功能、直流配电功能与数据采集功能，并通过 RS-485 串口输出状态数据，与监控系统连接后实现组串运行状态监控。

##### 3）交直流配电柜

交直流配电柜的主要功能是将交直流汇流箱送过来的交直流电再进行汇流、配电与监测，同时还具备防雷、短路保护等功能。交直流配电柜内部安装了交直流输入断路器、漏电保护器、防反二极管、交直流电压表、光伏防雷器等器件，在保证系统不受漏电、短路、过载与雷电冲击等损坏的同时，方便客户操作和维护。

##### 4）逆变器

逆变器的主要功能是汇流、将直流电转化为交流电，除此之外，逆变器还具有自动运行和停机、最大功率跟踪控制、防孤岛效应、电压自动调整、直流检测、直流接地检测等功能。

5）升压系统

电网接入设备根据并入电网电压的等级配置。当用户侧并入 380 V 市电，一般配置低压配电柜即可；而对于并入大于 380 V 以上，如 10 kV、35 kV 及更高电压的光伏发电站，需配置低压开关柜、箱式变压器等实施设备。

6）光伏发电监控系统

光伏发电监控系统能实现发电设备运行控制、电站故障保护和数据采集维护等功能，并与电网调度协调配合，提高电站自动化水平和安全可靠性，有利于减小光伏对电网影响。监控系统一般用 RS-485 网络或无线技术实现数据通信。通过监测交直流汇流箱、交直流配电柜、逆变器等状态数据，对各个光伏阵列的运行状况、发电量进行实时监控。数据监控主机也可建成网络服务器实现数据在网上共享及远程监控。

## 拓展阅读　光伏助力乡村振兴

党的二十大报告指出，"发展乡村特色产业，拓宽农民增收致富渠道。巩固拓展脱贫攻坚成果，增强脱贫地区和脱贫群众内生发展动力。统筹乡村基础设施和公共服务布局，建设宜居宜业和美乡村。"

2021 年，国家能源局下发《关于组织申报整县（市、区）屋顶开发试点方案的通知》，结合我国当前实施的乡村振兴计划，进一步推进光伏与农村、农业深度融合，结合乡村优势产业，以"科技生态、绿色循环"为特色，为开启乡村振兴按下"快进"键，在光伏产业的辅助下，迈上乡村富裕的快速路。

大力发展分布式光伏发电。充分利用乡村自然资源条件，实现百姓富与生态美的完全统一，实现"惠民利民、能源共享、共同发展"，加快落实乡村单体建筑分布式屋顶光伏建设，优先在乡村综合体、乡村市场等建筑屋顶建设规模化分布式光伏发电系统，积极鼓励在现代农业园区、精品旅游景区和新型农村社区率先开展分布式光伏发电应用，积极建设分布式地面电站，大力支持家庭屋顶光伏建设，优先鼓励低收入家庭等建设家庭屋顶光伏。结合"美丽乡村"建设，推进镇村既有居民住宅和新建住宅屋顶建设家庭屋顶光伏，鼓励集中连片发展、推进光伏小康工程建设，打造"光伏＋旅游"模式，对重点特色小镇实施整体光伏布局，打造"光伏特色小镇"模式，实现"处处有光伏、家家用光伏、人人享光伏"的发展理念。

## 思考题

（1）阐述太阳光谱的能量分布。

（2）计算家庭所在地冬至日的赤纬角、理论日照时间。

（3）阐述光伏发电的原理。

（4）阐述光伏发电系统的分类，各类别的异同点。

# 第 3 章

→ **光伏发电单元**

光伏电站通常由若干个光伏发电单元组成，为了充分掌握光伏发电单元的相关知识，本章以光伏发电单元最核心的光伏电池工作原理等知识为起点，讲解了晶硅光伏电池及光伏组件的生产工艺流程、性能参数，再从光伏发电应用角度出发，依次讲解阵列运行方式、支架设计、阵列设计和光伏电站发电量计算等知识要点。

## 学习目标

（1）了解光伏电池工作原理及其工艺流程和现有制备技术。

（2）熟悉光伏组件生产工艺流程、分类，掌握影响光伏组件性能参数和输出特性的因素。

（3）熟悉光伏阵列运行方式和种类。

（4）掌握光伏阵列支架荷重的计算以及光伏阵列支架和基础设计的原则。

（5）掌握光伏阵列的方位角、倾角和间距设计原则和方法。

（6）掌握光伏组件发电量的计算。

（7）了解光伏电池和组件技术更新迭代的背景，以及对我国的分步实施碳达峰行动的贡献。

## 学习重点

（1）光伏阵列支架荷重的计算以及光伏阵列支架和基础设计。

（2）光伏阵列的方位角、倾角和间距设计。

（3）光伏组件发电量的计算。

## 学习难点

（1）光伏阵列支架荷重的计算。

（2）光伏阵列的方位角、倾角和间距的设计。

## 3.1　光伏电池

光伏发电系统中的光伏电池是利用半导体光伏效应制成的一种能将太阳辐射能直接转换为电能的转换器件，它是光伏单元的工作核心。1954 年贝尔实验室用单晶硅材料制成了第一只具有实用价值的光伏电池。经过发展，光伏电池在材料、结构、性能及应用等方面得到了长足的进步。

## 3.1.1 晶硅光伏电池工作原理

光伏电池的工作原理是利用半导体材料 PN 结的光电效应。在太阳光的照射下，一些特定的半导体内会产生自由电荷，这些自由电荷定向移动和积累并产生一定的电势，可以向外电路提供电流，这种现象被称为光生伏特效应或光伏效应。

当一个原子的最外围有 8 个电子的时候，原子会趋于一个稳定的状态，而原子本身会自发趋向于达到一个稳定的状态，所以会与相邻的原子进行一定程度上的结合。

以半导体硅材料为例，正常情况下硅原子只携带有 4 个电子，但是硅原子在共享了周边的电子之后，就形成了每个原子周围 8 个电子的稳固分子状态，这些相邻的电子就像结合在一起一样，无法自由移动。此时，如果有 5 个电子的磷原子被注入硅材料中，5 个电子的磷原子和 4 个电子的硅原子结合，就会产生一个多余的自由电子，这种掺杂就形成了电池片的 N 型区，N 型区的自由电子往往更容易移动。与 N 型掺杂类似，如果在硅片中注入 3 个电子的硼原子，3 个电子的硼原子与 4 个电子的硅原子结合，就会形成缺少一个电子的空穴区，这种空穴区称为 P 型区，与 N 型区相反，空穴区倾向于吸附一个自由电子。当光线照射在 PN 结上，光子激发电子-空穴对，空穴沿着电场线的方向到达 N 型区，电子逆着电场线的方向到达 P 型区；所以在光线照射的情况下，N 型区会带正电荷，P 型区会带负电荷，两边会形成电位差，也就是电压，当两端连接了负载的时候，光伏电池就会像普通电池一样产生电流，用以驱动负载工作。

## 3.1.2 晶硅光伏电池生产工艺流程

以常见的硅基光伏电池为例，要制作光伏电池，需要地球上第二丰富的硅元素的帮助，在普通的沙子中就可以找到这种常见的元素，但是沙子中的硅元素必须转化为 99.999 9% 纯度的硅晶体，才能够被用于制作光伏电池。要达到这一纯度，沙子就必须经过一个复杂的净化过程。未加工的硅转化为气态硅化合物的形式，再将其与氢混合，得到高度纯化的多晶硅。得到的多晶硅材料被熔化铸锭后，再切割成 150 ~ 220 μm 左右的薄片，就形成了光伏电池的原料太阳能硅片如图 3-1 所示。

（a）单晶硅片　　　　（b）多晶硅片

图 3-1　太阳能硅片

光伏电池又称太阳能电池（见图 3-2），是通过光电效应或者光化学效应直接把光能转化成电能的装置，是光伏组件发电的最小单元。按照太阳能电池的材质，太阳能电池可以大致分为两类，一类是晶体硅太阳能电池，主要包括单晶硅太阳能电池和多晶硅太阳能电池；另一类是薄膜太阳能电池，主要包括非晶硅太阳能电池、碲化镉太阳能电池及铜铟镓硒太阳能电池等。在能量转换效率和使用寿命等综合性能方面，晶硅电池优于非晶硅电池。故晶体硅太阳能电池是目前应用最广泛的太阳能电池，其主要制备工艺步骤：绒面制备、PN 结制备、减反射层沉积、丝网印刷和烧结。绒面制备是利用化学溶液对晶体硅表面进行腐蚀，在化学溶液中处理，形成绒面结构，增加了对入射光线的吸收；PN 结制备是在 P 型硅上，通过液相、固相或气相等技术，扩散形成 N 型半导体；然后沉积铝作为铝背场，再通过丝网印刷、烧结形成金属电极。传统的晶硅光伏电池制作工艺流程如图 3-3 所示。

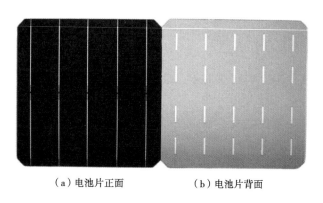

（a）电池片正面　　　　　　（b）电池片背面

图 3-2　光伏电池片

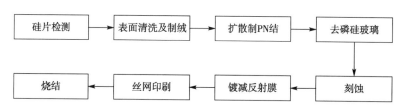

图 3-3　传统的晶硅光伏电池制作工艺流程

　　光伏电池的生产过程工艺对光伏下游应用端产品的性能、成本等关键指标起着至关重要的作用。随着光伏行业的发展，硅片尺寸由 125 mm × 125 mm 和 156 mm × 156 mm 发展到 166 mm × 166 mm、182 mm × 182 mm 和 210 mm × 210 mm，目前大尺寸硅片优势更加突出。因为硅片尺寸越大，在制造端可以有效提升硅片、电池和组件生产线的产出量，在产品端可以有效提升组件功率，在系统端可以减少支架、汇流箱、电缆等成本，大尺寸硅片推动了光伏全产业链成本下降，为终端带来更高价值。

　　光伏电池的光电转换效率是体现晶硅光伏发电系统技术水平的关键指标，为提升光伏电池的转换效率（见表 3-1），光伏电池的生产工艺也在不断地推陈出新。其中，黑硅技术就是有利于提高组件效率的技术之一，该技术主要是指针对常规制绒工艺表面反射率高并有明显线痕的缺陷的硅片，该技术增加了一道表面制绒工艺，降低了硅表面反射率，改善电池片对光吸收的能力从而提升电池片效率。黑硅技术主要分为干法黑硅和湿法黑硅两种。其中干法黑硅技术工艺稳定成熟，绒面结构均匀，有助于电池片效率更好提升，但需要新增成本较高的设备和工序，受限于设备的高资本支出，导致其推广运用受限。而湿法黑硅新增成本支出相对较小，同时可实现 0.3%～0.5% 的效率提升，从而得到了较为广泛的推广，尤其是在金刚线切割的硅片及类单晶硅片应用较为广泛。

表 3-1　2022—2030 年各种电池技术平均转换效率变化趋势

| 分　类 | | 2022 年 | 2023 年 | 2024 年 | 2025 年 | 2027 年 | 2030 年 |
|---|---|---|---|---|---|---|---|
| P 型多晶 | BSF P 型多晶黑硅电池 | 19.5% | 19.7% | — | — | — | — |
| | PERC P 型多晶黑硅电池 | 21.1% | 21.3% | — | — | — | — |
| | PERC P 型铸锭单晶电池 | 22.5% | 22.7% | 22.9% | — | — | — |
| P 型单晶 | PERC P 型单晶电池 | 23.2% | 23.3% | 23.4% | 23.5% | 23.6% | 23.7% |
| N 型单晶 | TOPCon 单晶电池 | 24.5% | 24.9% | 25.2% | 25.4% | 25.7% | 26.0% |
| | 异质结电池 | 24.6% | 25.0% | 25.4% | 25.7% | 25.9% | 26.1% |
| | XBC 电池 | 24.5% | 24.9% | 25.2% | 25.6% | 25.9% | 26.1% |

注：1. 均只记正面效率；2. 数据来源：《中国光伏产业发展路线图》2022—2023 年。

由于铝背场结构（Al-BSF）电池背面金属铝膜中的复合速度无法下降至 200 cm/s 以下，因此到达铝背层的红外辐射光只有 60%～70% 能被反射，产生了较多光电损失。为了减少光电损失，出现了钝化发射极和背面电池（PERC）技术，PERC 技术相比传统工艺新增了氧化铝沉积和激光设备，该技术是通过在电池背面附上介质钝化层，该钝化层在大大减少光电损失增加光吸收概率的同时可显著降低背表面复合电流密度，该技术具有成本较低、与现有电池生产线相容性高的优点，已经成为高效光伏电池的主流方向。在此工艺的基础上可进行改进或叠加至新增激光掺杂、新增激光打孔、双面印刷、钝化发射极背部局域扩散（PERL）、PE 双面掺杂双面钝化（PERT）、交指式背接触（IBC）、隧穿氧化钝化（TOPCon）等技术。

1）新增激光掺杂（SE）技术

SE 技术是指在金属栅线与硅片接触部位及其附近进行高浓度掺杂，对在电极以外的区域进行低浓度掺杂，以此降低硅片和电极之间的接触电阻，同时降低表面复合，提高少子寿命。与常规光伏电池相比，激光掺杂光伏电池的开路电压和短路电流都有明显的提升。

2）双面印刷（双面 PERC）

普通的 PERC 电池只能正面发电，PERC 双面电池则是将普通的 PERC 电池不透光的背面铝换成局部铝栅线，如图 3-4 所示，以实现电池背面透光，同时采用玻璃背板，制成 PERC 双面组件，这样来自地面等的反射光就能够被组件吸收，以此提升组件整体的发电量。

3）N 型 PERT 技术

常规 P 型电池由于使用硼掺杂的硅衬底，长时间光照后易形成硼氧键，在基体中捕获电子会形成复合中心，导致功率衰减，而 N 型 PERT 电池使用 N 型硅衬底，磷掺杂的基体使得电池几乎无光衰减。

4）交指式背接触（IBC）技术

交指式背接触（IBC）是把正负电极都置于电池背面，减少置于正面的电极反射一部分入射光带来的阴影损失。该技术可带来更多有效的电池发电面积，也有利于提升发电效率，外观上也更加美观。

5）隧穿氧化钝化（TOPCon）技术

TOPCon 技术是在电池背面制备一层超薄氧化硅，然后再沉积一层掺杂硅薄层，两者形成钝化接触结构。该技术可提升电池的开路电压和填充因子，大幅度提高电池的转换效率。目前实验室检测认证的电池效率达到 25.5%。

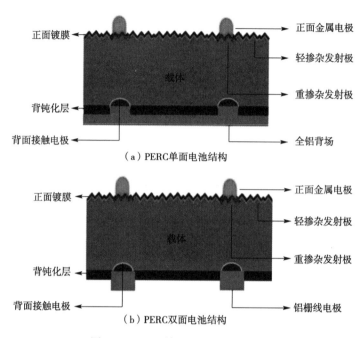

（a）PERC单面电池结构

（b）PERC双面电池结构

图3-4 PERC单、双面电池结构图

### 6）异质结（HIT）技术

晶体硅异质结太阳电池俗称异质结电池，该技术是在晶体硅上沉积非晶硅薄膜，该电池具有正反面光照后都能发电、低温制造工艺保护载流子寿命、高开路电压、温度特性好等优势。工艺步骤也相对简单，总共分为四个步骤：制绒清洗、非晶硅薄膜沉积、透明导电氧化物镀膜（TCO）制备、印刷电极制备。

另外，还有通过减小细栅宽度和提高主栅数的技术。在保持电池串联电阻不提高的条件下，采用在丝网印刷时减小细栅宽度，以降低遮光损失来提升电池片效率，与此同时还可以减少正面银浆的用量，从而降低电池片制造成本。在不影响电池遮光面积及串联工艺的前提下，提高主栅数目有利于缩短电池片内电流横向收集路径，同时减少电池功率损失，提高电池应力分布的均匀性以降低碎片率，提高导电性。所以，多主栅电池片（见图3-5）将成为市场主流。

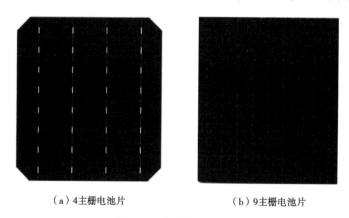

（a）4主栅电池片　　　　　　　（b）9主栅电池片

图3-5 多主栅电池片

# 3.2　光伏组件

光伏组件是光伏发电单元中最重要的组成部件，它主要由光伏电池片、钢化玻璃、EVA（乙烯-醋酸乙烯共聚物）胶膜、光伏背板、铝合金边框、接线盒等组成，如图 3-6 所示。这些组成材料和部件对光伏组件的质量、性能和使用寿命影响都很大。另外，光伏组件成本占到光伏发电系统建设总成本的 50% 以上，而且光伏组件质量的好坏，直接关系到整个光伏发电系统的质量、发电效率、发电量、使用寿命、收益率等。

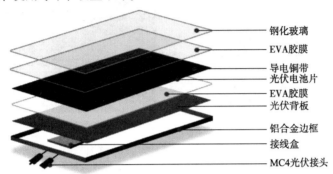

钢化玻璃
EVA胶膜
导电铜带
光伏电池片
EVA胶膜
光伏背板
铝合金边框
接线盒
MC4光伏接头

图 3-6　光伏组件结构图

## 3.2.1　晶硅光伏组件制备工艺流程

晶硅光伏组件制备主要工艺流程可分为：焊接、层叠、层压、EL 测试、装框、装接线盒、清洗、IV 测试、成品检验、包装等，流程如图 3-7 所示。其中，技术和价值最高的环节为焊接和层压。在焊接前需要对电池进行分选，分选出有色差、崩边、缺陷、缺角等外观不良的电池片，再对分选合格的电池片进行焊接，单焊是将互联条焊接到电池正面（负极）的主栅线上，串焊是通过互联条将电池片正面和周围电池片背面电极相互串焊在一起；再将串焊后的电池串与玻璃、背板材料等铺好叠放入层压机内，在真空状态下加热加压使电池串、玻璃和背板紧密黏合在一起然后降温固化；在以上过程中可能使电池片或电池串产生隐裂、碎片、虚焊、断栅等异常情况，所以需要放入 EL 测试仪进行检测，检测合格后进行装框和装接线盒，而后再进行清洗，清洗完毕后对组件的输出功率进行检验确定质量等级即 IV 测试，最后对包装前的组件做最后的外观检查，合格后进行包装。

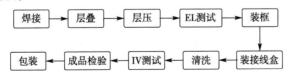

图 3-7　光伏组件制备的主要工艺流程

随着行业的发展，为了不断提高组件的光电转换效率和降低成本，组件工艺也在不断迭代更新，主要有半片技术和叠瓦技术。

1）半片技术

由于半片或更小片的电池片组件功率封装损失更小，故半片技术得以发展。半片技术是使用激光切割法沿着垂直于电池主栅线的方向将标准规格的电池片切成尺寸相同的两个半片电池片。由于电池片的电流和电池片面积有关，所以在半片电池片中，通过每根主栅的电流降低为原来的1/2，半片组件（见图3-8）内部功率耗损降低为整片组件的1/4。在相同的遮挡情况下，半片组件的阴影遮挡损失少于整片组件的阴影遮挡损失（见图3-9）。

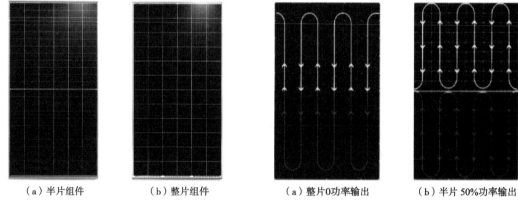

| （a）半片组件 | （b）整片组件 | （a）整片0功率输出 | （b）半片50%功率输出 |
|---|---|---|---|

图3-8　半片组件和整片组件　　　　　图3-9　半片组件与整片组件阴影遮挡时对比

2）叠瓦技术

叠瓦组件是将电池切割成4～5片，然后将电池正反面的边缘区域制成主栅，用专用导电胶使得前一电池片的前表面边缘和下一电池片的表面边缘互联（见图3-10），省去了焊带焊接。这样消除了电池片间隙，大幅提升了组件封装密度。叠瓦组件具有输出功率高、内部损耗低、热斑效应小等优势。

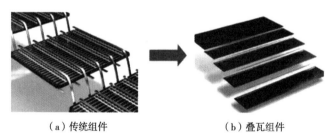

（a）传统组件　　　　　　　　　（b）叠瓦组件

图3-10　传统组件焊接和叠瓦组件焊接

## 3.2.2　光伏组件分类及其性能参数

### 1. 光伏组件分类

光伏组件可分为晶硅光伏组件、薄膜光伏组件和聚光光伏组件三种类型。

光伏发电系统在选择光伏组件时应依据选址地区的太阳辐射量、气候特征、场地面积等因素，经性价对比后再确定。如太阳辐射量较高、直射分量较大的地区宜选用晶硅光伏组件或聚光光伏组件，太阳辐射量较低、散射分量较大、环境温度较高的地区宜选用薄膜光伏组件。

#### 1）晶硅光伏组件

晶硅组件由晶硅光伏电池封装形成，具有单块组件发电功率高的优点，且设备投资较低，目前技术发展较为成熟，已占据光伏组件市场主导地位。从背板材料来看，晶硅组件可以进一步分为单玻组件和双玻组件。单玻组件采用不透光的复合材料（TPT、TPE 等）作为背板，而双玻组件使用玻璃代替了复材背板，双面均采用玻璃封装。相比单玻组件，双玻组件的生命周期更长，耐候性和耐腐蚀性更强，衰减也低于单玻组件；同时双玻组件具备更高的发电效率，正面背面均有发电能力，背面可接收周围环境的反射光、散射光并转换为电能。根据不同地面环境，双玻组件能够提高 10% ~ 30% 的发电量，因此双玻组件更适合用于居民住宅、化工厂、海边、水边、酸雨或者盐雾大的地区的光伏电站。根据中国光伏行业协会（CPIA）数据，截至 2022 年双玻组件在光伏组件中的应用占比约为 40.4%。

**2）薄膜光伏组件**

薄膜光伏组件主要可分为硅基薄膜组件、铜铟镓硒（CIGS）薄膜组件、碲化镉（CdTe）及其他薄膜电池组件。2022 年，全球薄膜太阳电池的产能 11 GW，产量约为 9.2 GW，同比增长 10.3%。从产品类型来看，2022 年碲化镉薄膜电池的产量约为 9.18 GW，在薄膜太阳电池中占比为 99%；铜铟镓硒薄膜电池的产量约为 30 MW，占比为 1%。薄膜太阳能电池是在玻璃、不锈钢或塑料衬底上附上非常薄的感光材料制成，制作材料吸光系数很高，从而大大降低了电池整体厚度。

**3）聚光光伏组件**

聚光光伏组件是专门用于聚光光伏发电系统的组件。聚光光伏技术是通过加入光学聚光部件，将阳光汇聚到一个面积很小的电池上，通过提高单位面积光照强度，从而提高系统输出功率。该技术降低了光伏材料的用量，提高了系统的输出功率。进而降低了发电成本，其维护成本也相对较低。

**2. 光伏组件性能参数**

光伏组件与光伏电池片的性能参数类似，主要有短路电流、开路电压、峰值电流、峰值电压、峰值功率、填充因子和转换效率等。

**1）短路电流 $I_{sc}$**

当将光伏组件的正负极短路，使 $U = 0$ 时，此时的电流就是电池组件的短路电流，短路电流的单位是 A，短路电流随着光强的变化而变化，短路电流与电池片的面积成正比。

**2）开路电压 $U_{oc}$**

当光伏组件的正负极不接负载时，组件正负极间的电压就是开路电压，开路电压的单位是 V。光伏组件的开路电压随电池片串联数量的增减而变化，开路电压与电池片的面积没有关系。

**3）峰值电流 $I_m$**

峰值电流又称最大工作电流或最佳工作电流。峰值电流是指光伏组件或光伏电池片输出最大功率时的工作电流，峰值电流的单位是 A。

**4）峰值电压 $U_m$**

峰值电压又称最大工作电压或最佳工作电压。峰值电压是指光伏组件或光伏电池片输出最大功率时的工作电压，峰值电压的单位是 V。组件的峰值电压随电池片串联数量的增减而变化。

**5）峰值功率 $P_m$**

峰值功率又称最大输出功率或最佳输出功率。峰值功率是指光伏组件在正常工作或测试条件下的最大输出功率，也就是峰值电流与峰值电压的乘积，即 $P_m = I_m U_m$。峰值功率的单位是 W。光伏组件的峰值功率取决于太阳辐照度、太阳光谱分布和组件的工作温度，因此光伏组件的测量要在标准条件下进行，测量标准条件是：辐照度为 1 000 W/m²、光谱 AM（大气质量）1.5、测试温度为 25 ℃。

6）填充因子

填充因子又称曲线因子，是指光伏组件的最大功率与开路电压和短路电流乘积的比值。填充因子是评价光伏组件所用电池片输出特性好坏的一个重要参数，它的值越高，表明所用光伏组件输出特性越趋于矩形，电池组件的光电转换效率越高。光伏组件的填充因子系数一般在 0.5 ~ 0.8 之间，也可以用百分数表示，即

$$FF = \frac{P_m}{I_{sc} U_{oc}} \tag{3-1}$$

7）转换效率

转换效率是指光伏组件受光照时的最大输出功率与照射到组件上的太阳能量功率的比值，即

$$\eta = \frac{P_m}{P_{in}} \times 100\% = \frac{I_m U_m}{A p_{in}} \times 100\% \tag{3-2}$$

式中，$A$ 表示电池组件有效面积；$p_{in}$ 表示单位面积的入射光功率，$p_{in} = 1\ 000\ \text{W/m}^2 = 100\ \text{mW/cm}^2$。

### 3. 影响光伏组件输出特性的因素

1）温度对光伏组件输出特性的影响

光伏组件温度较高时，工作效率下降。随着光伏组件温度的升高，开路电压减小，在 20 ~ 100 ℃范围，大约每升高 1 ℃，光伏组件的电压减小 2 mV；而光电流随温度的升高略有上升，大约每升高 1 ℃，电池的光电流增加千分之一。因此，温度每升高 1 ℃，功率大约减少 0.35%。不同的光伏组件，温度系数不一样，温度系数是光伏组件性能的评判标准之一。

2）光照强度对光伏组件输出特性的影响

光照强度与光伏组件的光电流成正比。当光照强度在 100 ~ 1 000 W/m² 范围内变化，光电流始终随光照强度的增长而线性增长；而光照强度对电压的影响很小，在温度固定的条件下，当光照强度在 400 ~ 1 000 W/m² 范围内变化，光伏组件的开路电压基本保持不变。所以，光伏组件的功率与光照强度也基本保持成正比。

3）阴影对光伏组件输出特性的影响

光伏组件在长期使用过程中难免会落上飞鸟、尘土、落叶等遮挡物，这些遮挡物在光伏组件面板上形成阴影。由于局部阴影的存在，光伏组件中某些电池单片的电流、电压发生了变化，其结果使光伏组件局部电流与电压之积增大，从而在这些光伏组件上产生了局部温度升高，这种现象称为"热斑效应"。据相关统计，热斑效应可以使光伏组件的实际使用寿命至少减少 10%。

热斑效应是指在一定条件下，一串联支路中被遮蔽的光伏组件，将被当作负载消耗其他有光照的光伏组件所产生的能量。被遮蔽的光伏组件此时会发热，故称为"热斑"。为了防止光伏组件由于热斑效应而遭受破坏，会在光伏组件的正负极间并联一个旁路二极管，以避免光伏组件所产生的能量被受遮蔽的组件所消耗。可以通过测试组件衰减前和衰减后输出特性曲线的变化或用红外摄像仪查看光伏组件是否出现"热斑效应"。

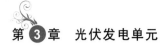

## 4. 典型组件性能参数

典型组件性能参数见表 3-2 ~ 表 3-6。

表 3-2 N 型半片全黑组件（54 版型）性能参数

| 性 能 参 数 | 内 容 | 性 能 参 数 | 内 容 |
|---|---|---|---|
| 电池片类型 | TOPCon | 最大功率 $P_{max}$/W | 430 |
| 电池片排列 | 108 片（6×18） | 开路电压 $U_{oc}$/V | 38.49 |
| 组件尺寸/mm | (1 722±2)×(1 134±2)×30 | 短路电流 $I_{sc}$/A | 14.25 |
| 正面玻璃 | 3.2 mm（玻璃厚度）高透，减反射镀膜钢化玻璃 | 最大功率点电压 $U_{mp}$/V | 31.84 |
| 背板 | 内黑外白 | 最大功率点电流 $I_{mp}$/A | 13.51 |
| 组件边框 | 阳极氧化膜铝合金黑色边框 | 组件效率 $\eta$/% | 22.0 |
| 接线盒 | IP68，3 个二极管 | 工作温度范围/℃ | −40 ~ +85 |
| 导线横截面积 | 4.0 mm² | 最大系统电压/V | DC 1500 |
| 导线长度 | 正极线长 1 200 mm，负极线长 1 200 mm | 最大熔丝额定值/A | 25 |
| $P_{max}$ 温度系数 | −0.30%/℃ | $U_{oc}$ 温度系数 | −0.25%/℃ |
| $I_{sc}$ 温度系数 | +0.046%/℃ | 标称工作温度（NMOT）/℃ | 45±2 |

表 3-3 N 型叠瓦双玻组件（54 版型）性能参数

| 性 能 参 数 | 内 容 | 性 能 参 数 | 内 容 |
|---|---|---|---|
| 电池片类型 | N 型 TOPCon 单晶硅电池 | 最大功率 $P_{max}$/W | 430 |
| 电池片排列 | 108 片（2×54） | 开路电压 $U_{oc}$/V | 38.4 |
| 组件尺寸/mm | 1 696×1 134×30 | 短路电流 $I_{sc}$/A | 13.98 |
| 玻璃 | 双玻，2.0 mm 钢化玻璃 | 最大功率点电压 $U_{mp}$/V | 32.8 |
| 组件边框 | 阳极氧化膜铝合金 | 最大功率点电流 $I_{mp}$/A | 13.14 |
| 接线盒 | IP68，3 个二极管 | 组件效率 $\eta$/% | 22.4 |
| 输出线 | 4.0 mm²，正极 288 mm，负极 280 mm | 工作温度范围/℃ | −40 ~ +85 |
| 静态荷载 | 正面 5 400 Pa/背面 2 400 Pa | 最大系统电压/V | DC 1500 |
| 工作温度/℃ | −40 ~ +85 | 最大熔丝额定值/A | 25 |
| 背面最大功率 $P_m$/W | 540 | 背面功率增益 | 30% |
| 背面短路电流 $I_{sc}$/A | 17.68 | 背面开路电压 $U_{oc}$/V | 47.0 |
| 最大功率点电流 $I_m$/A | 13.83 | 背面最大功率点电压 $U_m$/V | 39.0 |

表 3-4 P 型半片单玻常规组件（60 版型）性能参数

| 性 能 参 数 | 内 容 | 性 能 参 数 | 内 容 |
|---|---|---|---|
| 电池片类型 | TOPCon 电池 | 最大功率 $P_{max}$/W | 465 |
| 电池片排列 | 120 片（6×20） | 开路电压 $U_{oc}$/V | 41.72 |

| 性 能 参 数 | 内　　容 | 性 能 参 数 | 内　　容 |
|---|---|---|---|
| 组件尺寸/mm | （1 908 ± 2）×（1 134 ± 2）×35 | 短路电流 $I_{sc}$/A | 13.99 |
| 玻璃 | 3.2 mm 高透、减反射镀膜钢化玻璃 | 最大功率点电压 $U_{mp}$/V | 34.31 |
| 组件边框 | 阳极氧化膜铝合金 | 最大功率点电流 $I_{mp}$/A | 13.55 |
| 接线盒 | IP68，3 个二极管 | 组件效率 $\eta$/% | 21.5 |
| 输出线 | 4.0 mm²，正极 1 200 m，负极 1 200 mm | 工作温度范围/℃ | −40 ~ +85 |
| $P_{max}$ 温度系数 | − 0.34%/℃ | 最大系统电压/V | DC 1 500 |
| $U_{oc}$ 温度系数 | − 0.27%/℃ | 最大熔丝额定值/A | 25 |
| $I_{sc}$ 温度系数 | + 0.045%/℃ | 输出功率公差 | 0 ~ 1% |
| 标称工作温度（NMOT）/℃ | 45 ± 2 | | |

表 3-5　N 型半片单面组件（72 版型）性能参数

| 性 能 参 数 | 内　　容 | 性 能 参 数 | 内　　容 |
|---|---|---|---|
| 电池片类型 | N 型单晶 | 最大功率 $P_{max}$/W | 585 |
| 电池片排列 | 144 片（2×72） | 开路电压 $U_{oc}$/V | 42.52 |
| 组件尺寸/mm | 2 278×1 134×35 | 短路电流 $I_{sc}$/A | 13.76 |
| 玻璃 | 3.2 mm 高透镀膜钢化玻璃 | 最大功率点电压 $U_{mp}$/V | 51.16 |
| 组件边框 | 阳极氧化膜铝合金 | 最大功率点电流 $I_{mp}$/A | 14.55 |
| 接线盒 | IP68 | 组件效率 $\eta$/% | 22.65 |
| 输出线 | 4.0 mm²，正极 300 mm，负极 200 mm | 工作温度范围/℃ | −40 ~ +85 |
| $P_{max}$ 温度系数 | − 0.29%/℃ | 最大系统电压/V | DC 1 500 |
| $U_{oc}$ 温度系数 | − 0.25%/℃ | 最大熔丝额定值/A | 25 |
| $I_{sc}$ 温度系数 | + 0.045%/℃ | 输出功率公差 | 0 ~ 3% |
| 标称工作温度（NMOT）/℃ | 45 ± 2 | | |

表 3-6　N 型半片单面组件（78 版型）性能参数

| 性 能 参 数 | 内　　容 | 性 能 参 数 | 内　　容 |
|---|---|---|---|
| 电池片类型 | N 型单晶 | 最大功率 $P_{max}$/W | 630 |
| 电池片排列 | 156 片（2×78） | 开路电压 $U_{oc}$/V | 46.02 |
| 组件尺寸/mm | 2 465×1 134×35 | 短路电流 $I_{sc}$/A | 13.69 |
| 玻璃 | 3.2 mm 高透镀膜钢化玻璃 | 最大功率点电压 $U_{mp}$/V | 55.85 |
| 组件边框 | 阳极氧化膜铝合金 | 最大功率点电流 $I_{mp}$/A | 14.39 |
| 接线盒 | IP68 | 组件效率 $\eta$/% | 22.54 |
| 输出线 | 4.0 mm²，正极 300 mm，负极 200 mm | 工作温度范围/℃ | −40 ~ +85 |
| $P_{max}$ 温度系数 | − 0.29%/℃ | 最大系统电压/V | DC 1 500 |

续表

| 性能参数 | 内　容 | 性能参数 | 内　容 |
|---|---|---|---|
| $U_{oc}$ 温度系数 | − 0.25% /℃ | 最大熔丝额定值/A | 25 |
| $I_{sc}$ 温度系数 | + 0.045% /℃ | 输出功率公差 | 0 ~ 3% |
| 标称工作温度(NMOT)/℃ | 45 ± 2 | | |

注：以上表格中的电性能参数均在标准测试条件（STC）下，即辐照度为 1 000 W/m²，电池片温度为 25 ℃，AM = 1.5 条件下测得的。

# 3.3　光伏阵列运行方式选择

光伏电站的运行方式有两种，分别为固定式和跟踪式。选择何种方式应根据安装容量、安装场地面积和特点、负荷的类别和运行管理方式，以及技术经济比较确定。

## 3.3.1　固定式

光伏阵列不随着太阳入射角的变化而转动，以固定的方式接收太阳辐射为固定式。根据倾角的设定情况分为：最佳倾角固定式、倾角可调固定式和斜屋顶固定式。

### 1. 最佳倾角固定式

最佳倾角固定式以太阳辐射量最大倾角固定不变，全年累计辐射量最大。先计算出当地最佳安装角度，然后全部组件阵列采用该倾角固定安装，广泛应用于平屋面和地面电站。平顶屋面电站用的支架主要有混凝土基础支架（见图 3-11）和混凝土压载支架（见图 3-12）。

图 3-11　混凝土基础支架　　　　　　　图 3-12　混凝土压载支架

### 2. 倾角可调固定式

倾角可调固定式是根据太阳辐射角度变化，定期调整固定式支架倾角，以提高各季节辐射量，从而提高组件整体发电量。广泛适用于平屋面和地面电站。主要模式有：推拉式可调支架（见图 3-13）、圆弧式可调支架（见图 3-14）、千斤顶式可调支架（见图 3-15）和液压式可调支架（见图 3-16）。

### 3. 斜屋顶固定式

斜屋顶固定式以斜屋面倾角固定不变，太阳辐射量有一定的损失，广泛适用于瓦屋面和彩

钢瓦屋面电站。瓦屋顶安装系统主要由挂钩、导轨、压块以及螺栓等连接件组成。彩钢瓦屋顶主要用于工业厂房、仓库等。根据彩钢瓦形式不同，可以将其分为角弛型轻钢屋顶、直立锁边型钢屋顶以及梯型轻钢屋顶。

图 3-13　推拉式可调支架

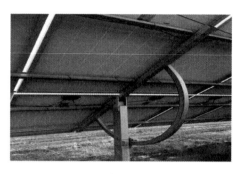

图 3-14　圆弧式可调支架

图 3-15　千斤顶式可调支架

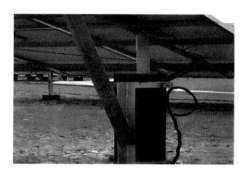

图 3-16　液压式可调支架

### 3.3.2　跟踪式

跟踪式是指通过支架系统的旋转对太阳入射方向进行实时跟踪，从而使光伏方阵受光面接收尽量多的太阳辐照量，以增加发电量。

#### 1. 单轴跟踪系统

单轴跟踪系统是绕一维轴旋转，使得光伏组件受光面在一维方向尽可能垂直于太阳光的入射角的跟踪系统。平单轴跟踪系统光伏方阵可以随着一根水平轴东西方向跟踪太阳，以此获得较大的发电量，广泛应用于低纬度地区。根据南北方向有无倾角可分为标准平单轴跟踪式（见图 3-17）和带倾角平单轴跟踪式（见图 3-18）。斜单轴跟踪系统（见图 3-19）追踪轴在东西方向转动的同时向南设置一定倾角，围绕该倾斜轴旋转追踪太阳方位角以获取更大的发电量，适合应用于较高纬度地区。

#### 2. 双轴跟踪系统

双轴跟踪系统（见图 3-20）绕二维轴旋转，使得光伏组件受光面始终垂直于太阳光的入射角的跟踪系统。对太阳光线实时跟踪，以保证每一时刻太阳光线都与组件板面垂直，以此来获得最大的发电量，适合在各个纬度地区使用。

图 3-17 标准平单轴跟踪式

图 3-18 带倾角平单轴跟踪式

图 3-19 斜单轴跟踪系统

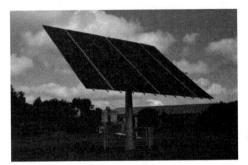

图 3-20 双轴跟踪系统

# 3.4 光伏阵列支架和基础的设计

光伏组件的发电量主要取决于接受的太阳光辐射量，即取决于光伏组件的安装角度。光伏阵列支架主要起到固定和支撑光伏组件的作用，使光伏组件以特定的角度在特定的时间对准太阳，尽可能多地接收太阳光，最大限度地利用太阳能发电。

光伏支架基础是将安装光伏组件的支架结构所承受的各种作用传递到地基上的结构组成部分。支架基础的选型与设计需综合考虑工程地质条件、水文条件、上部支架结构类型、荷载条件、施工工艺，并应结合工期要求和地方经验进行优化和调整。

## 3.4.1 光伏阵列支架设计

### 1. 光伏阵列支架荷重的计算

光伏阵列支架结构主要承受光伏组件和自身重量产生的恒荷载、风荷载、雪荷载、温度荷载、地震荷载以及施工检修荷载等作用。

支架是安装从下端到上端高度为 4 m 以下的光伏组件阵列时使用，结构设计时把允许应力设计作为基本，设计用的荷重是以等价静态荷重为前提。

作为光伏电池阵列用支架结构设计时的假想荷重，有持久作用的固定荷重和自然界外力的风压荷重、积雪荷重及地震荷重等，除此之外的其他荷重较小，可忽略不计。

（1）固定荷重（$G$）是组件质量（$G_M$）和支撑物等质量（$G_K$）的总和。

（2）风压荷重（$W$）是加在组件上的风压力（$W_M$）和加在支撑物上的风压力（$W_K$）的总和（矢量和）。

（3）积雪荷重（$S$）是指与组件面垂直的积雪荷重。

（4）地震荷重（$K$）是指加在支撑物上的水平地震力（在钢结构支架中，地震荷重一般比风压荷重要小）。

荷重条件和荷重组合见表3-7。多雪地区的荷重组合，把积雪荷重设为平时的70%，暴风时及地震时设为35%。

表3-7 荷重条件和荷重组合

| 荷重条件 | | 一般地方 | 多雪区域 |
|---|---|---|---|
| 长期 | 平时 | $G$ | $G+0.7S$ |
| 短期 | 积雪时 | $G+S$ | $G+S$ |
| | 暴风时 | $G+W$ | $G+0.35S+W$ |
| | 地震时 | $G+W$ | $G+0.35S+W$ |

**1）风压荷重**

在设计光伏阵列安装支架结构时，在假想荷重中最大的荷重一般是风压荷重（又称风荷重）。光伏阵列中因风引起的破坏多数在强风时发生。所以光伏阵列支架结构的设计要考虑风压荷重，防止因强风导致破坏。

作用于光伏阵列的风压荷重由下式计算：

$$W = C_W \times Q \times A_W \tag{3-3}$$

式中　$W$——风压荷重，N；

　　　$C_W$——风荷载体型系数；

　　　$Q$——设计用风压，N/m²；

　　　$A_W$——受风面积，m²（投影面积或者有效面积，与安装角度有关）。

其中设计用风压$Q$可用下式计算：

$$Q = Q_0 \times H \times I \tag{3-4}$$

式中　$Q_0$——基准风压，N/m²；

　　　$H$——高度修正系数；

　　　$I$——环境系数。

计算时相关系数选择可参考表3-8、表3-9、表3-10。

表3-8 风荷载体型系数（$C_W$）

| 安装形态 | 顺风 | 方阵倾角/(°) | 逆风 |
|---|---|---|---|
| 地面安装型 | 0.79 | 15 | 0.94 |
| | 0.87 | 30 | 1.18 |
| | 1.06 | 45 | 1.43 |
| 屋顶单装型 | 0.75 | 12 | 0.45 |
| | 0.61 | 20 | 0.40 |
| | 0.49 | 27 | 0.08 |

表 3-9 高度修正系数 ($H$)

| 距离地面高度/m | 地面粗糙度类别 | | | |
|---|---|---|---|---|
| | A | B | C | D |
| 5 | 1.17 | 1.00 | 0.74 | 0.62 |
| 10 | 1.38 | 1.00 | 0.74 | 0.62 |
| 15 | 1.52 | 1.14 | 0.74 | 0.62 |
| 20 | 1.63 | 1.25 | 0.84 | 0.62 |
| 30 | 1.80 | 1.42 | 1.00 | 0.62 |
| 40 | 1.92 | 1.56 | 1.13 | 0.73 |
| 50 | 2.03 | 1.67 | 1.25 | 0.84 |

表 3-10 环境系数 ($I$)

| 风无遮挡的空旷地带 | 风有少量遮挡 | 风有较大遮挡 |
|---|---|---|
| 1.15 | 0.9 | 0.7 |

2) 积雪荷重

设计支架时的积雪荷重由下式计算：

$$S = C_S \times P \times Z_s \times A_s \tag{3-5}$$

式中 $C_S$——坡度系数（见表 3-11）；

$P$——雪的平均单位质量，N/m²（一般的地方为 19.6 N 以上，多雪的区域为 29.4 N 以上）；

$Z_s$——地上垂直最深积雪量，cm；

$A_s$——积雪面积（阵列面的水平投影面积），m²。

表 3-11 坡度系数 ($C_S$)

| 积雪面的坡度 | 坡度系数 | 积雪面的坡度 | 坡度系数 |
|---|---|---|---|
| <30° | 1.0 | 50°~60° | 0.25 |
| 30°~40° | 0.75 | >60° | 0 |
| 40°~50° | 0.5 | | |

3) 地震荷重

设计支架时的地震荷重的计算，一般的地方由式（3-6）计算，多雪的区域由式（3-7）计算。

$$K = C_1 \times G \tag{3-6}$$

$$K = C_1 \times (G + 0.35S) \tag{3-7}$$

式中 $K$——地震荷重，N；

$C_1$——地震层抗剪系数；

$G$——固定荷重，N；

$S$——积雪荷重，N。

## 2. 光伏阵列支架材料及选型

光伏发电系统中，光伏阵列支架材料主要有铝合金、不锈钢、镀锌钢件、混凝土等，其中以不锈钢材料成本最高，耐候性好，可回收利用价值高。

铝合金支架一般用在民用建筑屋顶光伏应用上，铝合金具有耐腐蚀、质量小、美观耐用的特点，但其承载力低，无法应用在大型光伏电站项目上。另外，铝合金的价格比镀锌后的钢材稍高。

镀锌钢支架性能稳定，制造工艺成熟，承载力高，安装简便，广泛应用于民用、工业光伏电站中。其中，型钢规格统一，性能稳定，防腐性能优良，外形美观。组合型钢支架系统，其现场安装，只需要使用特别设计的连接件将槽钢拼装即可，施工速度快，无须焊接，从而保证了防腐层的完整性。缺点是连接件工艺复杂，种类繁多，对生产制造、设计要求高，因此价格不菲。镀锌钢的另一缺点是材料最终回收利用价值不如铝合金高。

混凝土支架主要用于大型光伏电站，由于其质量大，只能放置在基础好的野外区域，但稳定性高，可支撑大型光伏组件。

目前最普遍应用的是镀锌钢支架，主要采用型钢作为主材。所谓型钢，是一种有一定截面形状和尺寸的条形钢材，其主要类型有工字钢、槽钢、角钢、圆钢、方钢、H 型钢、C 型钢、矩形管等。

（1）角钢可按结构的不同需要组成各种不同的受力构件，也可作构件之间的连接件。广泛地用于各种建筑结构和工程结构，如房梁、桥梁、输电塔、起重运输机械、船舶、工业炉、反应塔、容器架以及仓库货架等。角钢属建造用碳素结构钢，是简单断面的型钢钢材，主要用于金属构件及厂房的框架等。在使用中，要求有较好的可焊性、塑性变形性及一定的机械强度。

（2）H 型钢是一种截面面积分配更加优化、强重比更加合理的经济断面高效型材，因其断面与英文字母"H"相同而得名。由于 H 型钢的各个部位均以直角排布，因此 H 型钢在各个方向上都具有抗弯能力强、施工简单、节约成本和结构质量小等优点，已被广泛应用。H 型钢分为宽翼缘 H 型钢（HW）、中翼缘 H 型钢（HM）、窄翼缘 H 型钢（HN）、薄壁 H 型钢（HT）、H 型钢桩（HU）等。

（3）C 型钢经热卷板冷弯加工而成，壁薄、自重轻、截面性能优良、强度高，与传统槽钢相比，同等强度可节约材料30%。C 型钢广泛用于钢结构建筑的檩条、墙梁，也可自行组合成轻量型屋架、托架等建筑构件。此外，还可用于机械轻工制造中的柱、梁和臂等。

（4）矩形管是一种中空的长条钢材，大量用作输送流体的管道，如石油、水、煤气、气等，另外，在高弯、抗扭强度相同时，质量较小，所以也广泛用于制造机械零件和工程结构。也常用作生产各种常规武器、枪管、炮弹等。在光伏支架系统中主要作为横梁使用。

## 3.4.2 光伏阵列支架基础设计

### 1. 支架基础设计基本原则

光伏阵列支架基础设计时应遵循以下原则：

（1）支架基础设计前应获得场地的岩土工程勘察文件、阵列总平面布置图、支架结构类型、使用条件及对基础承载力和变形的要求、施工条件、施工周期等资料。

（2）支架基础应按承载能力极限状态和正常使用极限状态进行设计。

（3）支架基础设计安全等级不应小于上部支架结构设计安全等级，结构重要性系数对于光伏发电站支架基础不应小于 0.95。

（4）支架基础设计使用年限不应小于电站设计使用年限，且不应小于25年。

（5）支架基础设计和施工应考虑电站全寿命周期对环境的影响，符合当地环境保护和水土保持要求，应减少土石方挖填，减少对地表植被和表层土的破坏。

（6）支架基础的设计和施工在满足安全性和可靠性的同时，宜采用新技术、新工艺、新材料。当场地地形起伏大、不宜大规模挖填、对生态恢复要求高或当冬季施工、施工工期紧时宜采用螺旋桩、型钢桩等基础。

（7）对于桩基础、锚杆基础宜选择有代表性的区域进行现场试验，确定施工工艺的可行性和设计参数的可靠性。

（8）支架基础结构混凝土强度等级不应低于C25；结构钢筋宜选用HRB400钢筋，也可选用HPB300钢筋；结构钢材宜选用Q235钢、Q345钢。

（9）支架基础结构所用的原材料及成品构件进场时应对品种、规格、外观和尺寸进行验收，应有产品合格证书及相关性能的检验报告，并应对必要的性能指标现场取样进行复验。原材料和成品构件进场后应分类保管，钢材、水泥等材料应储存在干燥场所，并应做好防护措施。

**2. 支架基础的分类与选型**

支架基础可根据承载性状分为桩基础、扩展式基础和锚杆基础。桩基础可分为预制桩基础和灌注桩基础。预制桩可分为钢桩、混凝土预制桩和预应力混凝土桩。钢桩按施工方式可分为螺旋桩和锤击（静压）型钢桩。扩展式基础可采用混凝土独立基础和条形基础，当采用条形基础时应采用配筋扩展式基础。

支架基础选型可根据下列因素综合确定：

（1）支架结构形式和所承受荷载的特征。

（2）土的性状及地下水条件。

（3）施工工艺的可行性。

（4）施工场地条件及施工季节。

（5）经济指标、环保性能和施工工期。

支架基础类型的选择可参考表3-12。同一阵列支架基础最好采用同类型基础形式。对于桩基础，可在桩顶处加设混凝土护墩或侧向支撑来提高基础的抗水平和抗弯承载力。

表 3-12　支架基础类型的选择

| 岩土条件 | | 螺旋桩 | 型钢桩 | 混凝土预制桩 | 预应力混凝土桩 | 灌注桩 | 混凝土独立基础 | 混凝土条形基础 | 锚杆基础 |
|---|---|---|---|---|---|---|---|---|---|
| 岩石 | 残积土 | ○ | ○ | △ | △ | △ | △ | △ | × |
| | 全风化 | ○ | ○ | △ | △ | △ | △ | △ | × |
| | 强风化 | × | × | × | × | ○ | △ | △ | × |
| | 中等风化～未风化 | × | × | × | × | × | × | × | ○ |
| 碎石土 | 漂石、块石 | × | × | × | × | ○ | × | × | × |
| | 卵石、碎石 | △ | × | × | × | ○ | △ | △ | × |
| | 圆砾、角砾 | ○ | △ | × | × | △ | △ | △ | × |

| 岩土条件 | | | 螺旋桩 | 型钢桩 | 混凝土预制桩 | 预应力混凝土桩 | 灌注桩 | 混凝土独立基础 | 混凝土条形基础 | 锚杆基础 |
|---|---|---|---|---|---|---|---|---|---|---|
| 砂土 | 密实程度 | 松散~稍密 | ○ | ○ | △ | △ | △ | △ | △ | × |
| | | 中密~密实 | ○ | ○ | × | × | △ | △ | △ | × |
| 粉土 | 稍密~密实 | | ○ | ○ | △ | △ | △ | △ | △ | × |
| 粘土 | 流塑~软塑 | | △ | × | ○ | ○ | × | × | × | × |
| | 可塑~坚硬 | | ○ | ○ | △ | △ | △ | △ | △ | × |
| 地下水 | 有 | | — | — | — | — | × | × | × | × |
| | 无 | | — | — | — | — | ○ | ○ | ○ | ○ |

注：表中符号"○"表示适用，"△"表示可以采用，"×"表示不适用，"—"表示此项无影响。

# 3.5 光伏阵列设计

## 3.5.1 光伏阵列方位角设计

光伏阵列的方位角是阵列的垂直面与正南方向的夹角（向东偏设定为负角度，向西偏设定为正角度）。一般情况下，阵列朝向正南（即方阵垂直面与正南的夹角为0°）时，光伏组件发电量是最大的。

太阳直径是地球的109倍，相对地球它不是点光源，而是一个面光源。除去地球南北极地区，太阳总是东升西落，但不是正东正西；运动轨迹北半球南倾、南半球北倾，如地处北半球中纬度地区，"夏至"前后太阳从东北方升起，于西北方落下，昼长夜短；"冬至"前后太阳从东南方升起，于西南方落下，昼短夜长。太阳辐照量随日出逐渐升高，正午前后最高，随后逐渐下降，至日落后为零。对于北半球来说，正午（不是北京时间）前后太阳位于正南上空。一般情况下，固定光伏阵列沿东西方向排列正向正南北方向时（北半球向南，南半球朝北），即方阵垂直面与正南的夹角为0°（北半球）时，才能获取年平均最大辐射量一年平均最大发电量。

如果受光伏组件设置场所如屋顶、土坡、山地、建筑物结构及阴影等的限制时，则应考虑与它们的方位角一致，以求充分利用现有地形和有效面积，并尽量避开周围建、构筑物或树木等产生的阴影。只要在正南±15°之内，都不会对发电量有太大影响，在偏离正南（北半球）30°时，阵列的发电量将减少10%~15%；在偏离正南（北半球）60°时，方阵的发电量将减少20%~30%。

## 3.5.2 光伏阵列倾角设计

确定了光伏阵列位置和方位角，再选择倾角。倾角是光伏阵列平面与水平面的夹角，如图3-21所示。最理想的倾角是阵列全年发电量尽可能大，而冬季和夏季发电量差异尽可能小的倾角。

光伏阵列倾角的设计主要取决于光伏发电系统所处纬度和对一年四季发电量分配的要求。不同类型的光伏发电系统，其最佳

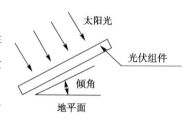

图3-21 光伏阵列倾角

安装倾角是有所不同的，见表3-13。所以，当光伏电站处高纬度时，光伏阵列相应的倾角也大。需要注意的是，如果电站安装在屋顶且可能有积雪的地方，在设计时也要考虑到屋顶的倾角及积雪滑落的倾角（斜率大于50%~60%）等方面的限制条件。一般情况下，会采用计算机辅助设计软件，结合当地纬度进行太阳能倾角的优化计算。

表3-13　全国部分城市光伏阵列最佳倾角参考值

| 城市 | 纬度φ/(°) | 斜面日均辐射量/(kJ/m²) | 日辐射量/(kJ/m²) | 独立系统推荐倾角/(°) | 并网系统推荐倾角/(°) |
|---|---|---|---|---|---|
| 哈尔滨 | 45.68 | 15 835 | 12 703 | $\phi+3$ | $\varphi-3$ |
| 长春 | 43.9 | 17 127 | 13 572 | $\phi+1$ | $\varphi-3$ |
| 沈阳 | 41.7 | 16 563 | 13 793 | $\phi+1$ | $\varphi-8$ |
| 北京 | 39.8 | 18 035 | 15 261 | $\phi+4$ | $\varphi-7$ |
| 天津 | 39.1 | 16 722 | 14 356 | $\phi+5$ | $\varphi-3$ |
| 呼和浩特 | 40.78 | 20 075 | 16 574 | $\phi+3$ | $\varphi-3$ |
| 太原 | 37.78 | 17 394 | 15 061 | $\phi+5$ | $\varphi-6$ |
| 乌鲁木齐 | 43.78 | 16 594 | 14 464 | $\phi+12$ | $\varphi-3$ |
| 西宁 | 36.75 | 19 617 | 16 777 | $\phi+1$ | $\varphi-1$ |
| 兰州 | 36.05 | 15 842 | 14 966 | $\phi+8$ | $\varphi-9$ |
| 银川 | 38.48 | 19 615 | 16 553 | $\phi+2$ | $\varphi-2$ |
| 西安 | 34.3 | 12 952 | 12 781 | $\phi+14$ | $\varphi-5$ |
| 上海 | 31.17 | 13 691 | 12 760 | $\phi+3$ | $\varphi-7$ |
| 南京 | 32 | 14 207 | 13 099 | $\phi+5$ | $\varphi-4$ |
| 合肥 | 31.85 | 13 299 | 12 525 | $\phi+9$ | $\varphi-5$ |
| 杭州 | 30.23 | 12 372 | 11 668 | $\phi+3$ | $\varphi-4$ |
| 南昌 | 28.67 | 13 714 | 13 094 | $\phi+2$ | $\varphi-6$ |
| 福州 | 26.08 | 12 451 | 12 001 | $\phi+4$ | $\varphi-7$ |
| 济南 | 36.68 | 15 994 | 14 043 | $\phi+6$ | $\varphi-2$ |
| 郑州 | 34.72 | 14 558 | 13 332 | $\phi+7$ | $\varphi-3$ |
| 武汉 | 30.6 | 13 707 | 13 201 | $\phi+7$ | $\varphi-6$ |
| 长沙 | 28.2 | 11 589 | 11 377 | $\phi+6$ | $\varphi-6$ |
| 广州 | 23.1 | 12 702 | 12 110 | $\phi+0$ | $\varphi-1$ |
| 海口 | 20.0 | 13 510 | 13 835 | $\phi+12$ | $\varphi-3$ |
| 南宁 | 22.82 | 12 734 | 12 515 | $\phi+5$ | $\varphi-4$ |
| 成都 | 30.7 | 10 304 | 10 392 | $\phi+2$ | $\varphi-8$ |
| 贵阳 | 26.6 | 10 235 | 10 327 | $\phi+8$ | $\varphi-8$ |
| 昆明 | 25.0 | 15 333 | 14 194 | $\phi+0$ | $\varphi-1$ |
| 拉萨 | 29.7 | 24 151 | 21 301 | $\phi+0$ | $\varphi+2$ |

注：表中φ表示当地纬度。

## 3.5.3　光伏阵列间距及串并联设计

光伏阵列前后间距或与前方遮挡物之间的间距如果不合理设计，则会影响光伏系统的发电量，尤其在冬季。

### 1. 光伏阵列间距设计

光伏阵列前后间距或与前方遮挡物之间的间距的设计与光伏系统所在纬度、前排阵列或遮挡物高度有关。设计时，一般要求冬至日要保证上午 9 点到下午 3 点之间前排组件阴影不对后排组件造成遮挡，如图 3-22 所示。

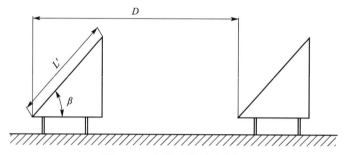

图 3-22　水平面阵列示意图

水平面上固定式光伏阵列间距可根据下列公式计算：

$$D = L' \cos \beta + \frac{L' \sin \beta\ (0.707 \tan \phi + 0.433\ 8)}{0.707 - 0.433\ 8 \tan \phi} \tag{3-8}$$

式中　$L'$——阵列倾斜面长度；

　　　$D$——两排阵列之间距离；

　　　$\beta$——阵列倾角；

　　　$\phi$——纬度。

具体地形固定式光伏方阵间距计算示意图如图 3-23 所示。

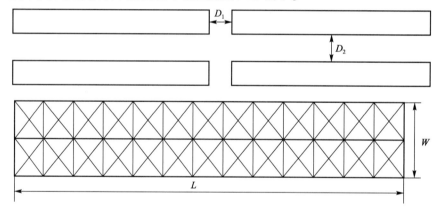

图 3-23　具体地形固定式光伏方阵间距计算示意图

具体地形固定式光伏方阵间距可根据以下公式计算：

影子倍率：

$$\tau = \frac{\cos \gamma}{\tan \alpha} \tag{3-9}$$

东西方向间距：

$$D_1 = \frac{L \sin \gamma \tan \theta_1}{\cos \gamma \tan \beta + \tan \alpha - \sin \gamma \tan \theta_1} \tag{3-10}$$

南北方向间距：

$$D_2 = \frac{W \sin \gamma - W \cos \beta \tan \theta_1 + (L + D_1)\ \tan \theta_2}{1 + \tau \tan \theta_2} \times \tau \tag{3-11}$$

式中　$L$——阵列长度；

$W$——阵列宽度；

$\beta$——阵列倾角；

$a$——太阳高度角；

$\gamma$——太阳方位角；

$\theta_1$——东西坡度（均取正值）；

$\theta_2$——南北坡度（南向取正值，北向取负值）；

$D_1$——东西方向净间距；

$D_2$——南北方向净间距。

## 2. 光伏组件串并联设计

光伏阵列的基本电路构成是由光伏组件集合体的光伏组件串、防止逆流元件、旁路元件和接线箱等构成的。光伏组件串是指由光伏组件串联连接构成的光伏阵列满足所需输出电压的电路。在电路中，各光伏组件串通过防止逆流元件相互并联连接。当每个单体的光伏组件性能一致时，多个光伏组件串联连接，可在不改变输出电流的情况下，使组件阵列的输出电压成比例地增加；而组件并联连接时，则可在不改变输出电压的情况下，使组件阵列的输出电流成比例地增加；串、并联混合连接时，既可增加组件阵列的输出电压，又可增加组件阵列的输出电流。

### 1）光伏组件串联设计

光伏组件串是在光伏发电系统中，将多个光伏组件以串联方式连接，形成具有所需直流输出电压的最小单元。

光伏组件串联数量是由光伏组件允许的最大系统电压、并网逆变器的最高输入电压、MPPT电压所确定；光伏方阵中，同一光伏组件串各光伏组件的电性能参数应保持一致。

（1）光伏组件串的耐受电压。光伏组件串的耐受电压为光伏组件的串联电压之和，即

$$组件的耐受电压 = N \times U_{oc} \tag{3-12}$$

考虑到温度的影响，一般用极限工作条件下的温度即

$$N \times U_{oc} \times [1 + K_v \times (t - 25)] \leqslant 光伏组件串的耐受电压 \tag{3-13}$$

式中　$N$——光伏组件的串联数（$N$ 为整数）；

　　$U_{oc}$——光伏组件的开路电压，V；

　　$K_v$——光伏组件的开路电压温度系数；

　　$t$——光伏组件工作条件下的极限低温，℃。

（2）逆变器最大直流输入电压。串联组件的开路电压在低温的时候要小于逆变器可以接受的最高直流输入电压，即

$$N \times U_{oc} \times [1 + K_v \times (t - 25)] \leqslant U_{dcmax} \tag{3-14}$$

式中　$N$——光伏组件的串联数（$N$ 为整数）；

　　$U_{oc}$——光伏组件的开路电压，V；

　　$K_v$——光伏组件的开路电压温度系数；

　$U_{dcmax}$——逆变器允许的最大直流输入电压，V。

（3）光伏组件串电压的 MPPT 匹配。串联光伏组件的工作电压值在逆变器的 MPPT 范围之内

$$U_{mpptmin} \leqslant U_{pm} \leqslant U_{mpptmax} \tag{3-15}$$

考虑到温度影响，进行温度修正：

低温时：

$$N \times U_{pm} \times [1 + K'_v \times (t - 25)] \leqslant U_{mpptmax} \tag{3-16}$$

高温时：

$$N \times U_{pm} \times [1 + K'_v \times (t' - 25)] \geqslant U_{mpptmin} \tag{3-17}$$

式中　$N$——光伏组件的串联数（$N$ 为整数）；

　　　$K'_v$——光伏组件的工作电压温度系数；

　　$U_{mpptmax}$——逆变器 MPPT 电压最大值，V；

　　$U_{mpptmin}$——逆变器 MPPT 电压最小值，V；

　　　$U_{pm}$——光伏组件的工作电压，V。

2）光伏组件并联设计

光伏组件并联数量主要由逆变器的额定功率以及最大直流输入电流确定。

（1）逆变器的额定功率。所有组串支路的功率之和宜等于或略高于（超配设计）逆变器的额定功率：

$$P_s = P_{max} \times N \tag{3-18}$$

$$NP_s = (1.0 \sim 1.3)P_e \tag{3-19}$$

式中　$N$——光伏组件的串联数（$N$ 为整数）；

　　　$P_{max}$——光伏组件最大功率；

　　　$P_s$——光伏组件串支路功率；

　　　$P_e$——逆变器额定功率。

（2）最大直流输入电流。所有光伏组件串支路的短路电流之和不能超过逆变器最大直流输入电流：

$$N \leqslant I_{in}/I_{sc} \tag{3-20}$$

式中　$I_{in}$——逆变器最大直流输入电流；

　　　$I_{sc}$——光伏组件串支路短路电流。

### 3. 组件排布设计

光伏方阵应根据站区地形、设备特点和施工条件等因素合理布置。大、中型地面光伏发电站的光伏方阵宜采用单元模块化的布置方式。

1）地面光伏发电站

（1）固定式布置的光伏方阵、光伏组件安装方位角宜采用正南方向。

（2）光伏方阵各排、列的布置间距应保证每天 9：00～15：00（当地真太阳时）时段内前、后、左、右互不遮挡。

（3）光伏方阵内光伏组件串的最低点距地面的距离不宜低于 300 mm，并应考虑当地的最大积雪深度、当地的洪水水位和植被高度。

2）与建筑相结合的光伏发电站

与建筑相结合的光伏发电站的光伏方阵应结合太阳辐照度、风速、雨水、积雪等气候条件及建筑朝向、屋顶结构等因素进行设计，经技术经济比较后确定方位角、倾角和阵列行距。

另外，大、中型地面光伏发电站的逆变升压室可结合光伏方阵单元模块化布置，推荐采用就地布置方式。

## 3.6　光伏电站发电量的计算

光伏电站发电量预测应根据站址所在地的太阳能资源情况，并考虑光伏发电站系统设计、光伏方阵布置和环境条件等各种因素后计算确定。有两种发电量计算方式，分别是通过光伏方阵的计划占用面积计算系统的年发电量和通过电池组件的安装容量计算系统的发电量。依据上述两种计算方式共有以下三种计算形式：

1）利用光伏方阵面积计算年发电量

年发电量（kW·h）＝当地水平面年总辐射能（kW·h/m²）×光伏方阵面积（m²）×光伏组件转换效率×修正系数，即

$$E_P = H_A \times A \times \eta \times K \tag{3-21}$$

式中，光伏方阵面积 $A$ 不仅仅是指占地面积，也包括光伏建筑一体化并网发电系统占用的屋顶、外墙立面等；光伏组件转换效率 $\eta$，根据生产厂家提供的电池组件参数选取。

2）利用光伏方阵安装容量计算年发电量

年发电量（kW·h）＝当地水平面年总辐射能（kW·h/m²）×光伏方阵安装容量（kW）×修正系数，即

$$E_P = H_A \times P \times K \tag{3-22}$$

3）利用峰值日照时数计算年发电量

年发电量（kW·h）＝当地年峰值日照时数（h）×光伏方阵安装容量（kW）×修正系数，即

$$E_P = t \times P \times K \tag{3-23}$$

以上三种算法中的 $K$ 为综合效率系数。综合效率系数 $K$ 包括：光伏组件类型修正系数、光伏方阵的倾角和方位角修正系数、光伏发电系统可用率、光照利用率、逆变器效率、集电线路损耗、升压变压器损耗、光伏组件表面污染修正系数、光伏组件转换效率修正系数。一般情况下：$K = K_1 \times K_2 \times K_3 \times K_4 \times K_5$。其中，$K_1$ 为组件长期运行的衰减系数，取 0.8；$K_2$ 为灰尘遮挡组件及温度升高造成组件功率下降修正，取 0.82；$K_3$ 为线路修正，取 0.95；$K_4$ 为逆变器效率，取 0.85或根据厂家数据；$K_5$ 为光伏方阵朝向及倾角修正系数，取 0.9 左右。

**拓展阅读** ▶▶▶ 光伏储能一体化实证平台助力光伏发电系统运行 ------

党的二十大报告强调要推动绿色发展，促进人与自然和谐共生；加快规划建设新型能源体系；积极参与应对气候变化全球治理；加快实施创新驱动发展战略；加快实现高水平科技自立自强。

近年来，随着光伏、储能技术的迅速发展，光伏电池及组件、逆变器、储能等关键设备、产品的理论研究、技术研发和实验室实验水平不断提升，但对户外实际运行的专业性、系统性研究较少，存在已建成光伏发电系统运行性能无法有效评估等问题。为此，国家能源局批准建设全球首个光伏、储能户外实证实验平台，是贯彻落实碳达峰、碳中和的重要举措。该实证实验平台位于黑龙江省大庆市，经过两年时间的建设，平台一期工程于 2022 年 1 月正式启动实证实验工作，填补了行业户外实证空白。平台总建设规模 105 万 kW，实证实验约 640 种方案。一期项目实证实验布置了 6 个实证实验对比区，实证实验方案 161 种，包括 4 个产品实证实验区：光伏组件、逆变器、支架、储能产品，以及 2 个系统实证实验区，即光伏系统、储能系统。每个实证实验区

几乎涵盖了当下国内主流的先进技术类型。该平台具有产品实证、技术实验、性能检测、质量认证、系统方案、创新实践、产业促进及国际合作八大定位。

以该平台 2022 年第四季度发布的部分实证实验成果为例：该平台 2022 年第四季度实证实验成果，从气象、组件、逆变器、支架、光伏系统、储能装置、光储系统等 7 个方面，切实反映光伏、储能装置及光储系统在第四季度低环境温度、低太阳高度角特征下的实证数据及设备性能，揭示不同工况条件下光储产品及系统存在的可靠性、环境适应性等问题。

在气象实证实验数据中，大庆基地第四季度相较于第三季度呈现出以下特点：太阳高度角降低，各月瞬时最大辐照降低；环境温度降低，平均温度为 -4.32 ℃，温度区间主要集中于 -15~10 ℃；以多云天为主，共有 40 天；雪地应用场景突出，从 11 月 24 日开始下雪，出现积雪现象，背面辐照占比明显增加。

从图 3-24 中的组件实证实验数据来看，N 型高效组件发电较优，不同厂家相同技术组件，由于工艺不同，发电量增益存在一定波动；相同日累计辐照量下，10 月发电量较小，12 月发电量较大；组件第四季度主要运行在 -20 ℃到 -10 ℃之间；不同技术路线组件，各月温度基本一致，差异较小；极端低温条件下，各月发电量差异较小，整体来看大尺寸组件发电量相对较高；不同尺寸电池片组件，实测电压均高于标称电压，整体运行电流趋势减小，电流呈上升趋势。

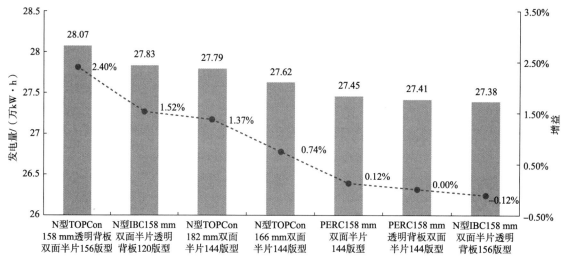

图 3-24　2022 年第四季度不同技术类型组件累计发电量对比

另外，在组件实证实验中发现一些问题，受背面反射增益影响，组件实际运行电流长时间高于最大功率点工作电流，对产品自身、配套设备等可靠性、安全性是否存在影响需进一步深度分析。双面组件受温度、地面反射介质等综合影响，实测功率高于正面理论功率，导致双面组件系统电站以正面理论功率核准电站的容量不准确。双面组件系统电站设计时应充分考虑背面增益，避免限功率运行。

从支架实证数据分析，不同类型支架单位兆瓦发电能力基本与辐照趋势一致，双轴支架累计单位兆瓦发电量最高，其次是斜单轴支架、固调支架，分别较固定支架单位兆瓦发电量高 14.03%、6.29% 和 1.20%，而在雪天典型天气下，固调支架累计发电量最高，其次是双轴支架，分别较固定支架高 4.10%、1.20%。

从该季度实证数据发现，高纬度、寒温带气候下固调支架结构发生了较大改变，导致固调支架角度调节难度大。固调支架原材料应以环境条件为基础进行选择。全维支架随着太阳高度角的降低，南北侧开始运行时间较晚，结束时间较早，整体的运行曲线与平单轴较为接近。结合大庆地区高纬度地理特性及冬季低太阳高度角现状，合理优化全维支架南北侧倾角控制策略可有效提升特定条件下输出能力。

从图 3-25 中的光伏系统匹配数据来看，四季度固定支架＋组串式逆变器＋双面组件组合方案发电量最高，平单轴支架＋组串式逆变器＋双面组件组合方案发电量最低。各种组合方案在各月运行出力曲线各不相同，集成不同类型支架，可改变原有支架的出力特性。通过配置不同类型支架容量比例，可一定程度上实现特定的输出功率曲线。

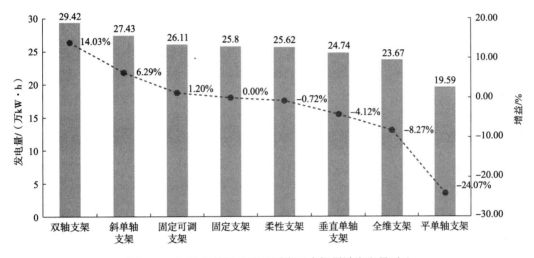

图 3-25 2022 年第四季度不同类型支架累计发电量对比

从光伏电站系统运行实证数据可以发现，系统效率随着辐照量变化而变化，此现象与双面组件、跟踪支架对发电量的影响关系密切，需要长期实证监测、积累数据、寻找规律、总结经验，研究适用光伏电站以双面组件、跟踪支架为主的系统效率计算公式。

该实证实验平台发布的数据成果可为新技术、新产品、新方案实际应用效果提供科学的检验对照数据支撑，为国家制定产业政策和技术标准提供科学依据，对于推动行业技术进步、成果转化、产业发展具有重要意义。

## 思考题

（1）目前涉及的光伏电池生产技术有哪些？

（2）光伏组件主要可以分为哪几类？

（3）影响光伏组件性能的参数有哪些？

（4）什么是组件转换效率？

（5）阴影对光伏组件输出特性有哪些影响？如何避免？

（6）如何计算光伏组件间的间距？它和哪些因素有关？

（7）如何计算光伏电站发电量？

# 第4章

→ 储能系统

近年来，我国储能技术取得长足的发展，在电力系统发、输、配、用等环节的应用规模也不断壮大，成为实现碳达峰、碳中和目标的重要支撑技术之一。随着碳中和成为全球共识，新能源在整个能源体系中的比重将快速增加，储能技术也迎来爆发式增长。本章从储能的目的与基本原理着手，系统讲解了光伏发电系统的各类储能技术。

## 学习目标

(1) 了解太阳能利用过程中，储能的目的。

(2) 掌握储能的基本原理。

(3) 掌握各类常见的储能技术及其原理。

(4) 熟悉各类常见储能技术的特点。

(5) 了解我国在储能领域的发展情况和发展规划。

## 学习重点

(1) 太阳能利用过程中，储能的目的。

(2) 抽水蓄能、电化学储能、压缩空气储能的工作原理。

(3) 各储能技术的特点及应用情况。

(4) 我国在储能领域的发展情况及未来发展规划。

## 学习难点

(1) 太阳能利用过程中，各类常见的储能技术的工作原理。

(2) 各类储能技术的特点及适用性。

## 4.1  储能的目的与基本原理

### 4.1.1  储能的目的

随着环境保护的观念在世界范围内越来越受重视，新能源的开发和利用越来越普及，许多国家都在加速发展新能源技术。我国更是顺应潮流，提出了二氧化碳排放力争于 2030 年前达到峰值，努力争取 2060 年前实现碳中和的"双碳"目标。在此背景下，光伏、风能、生物质能等可再生新能源的建设规模和速度逐渐加快，其发电接入电网的比例也日益增加。数据显示，2022年，全国风电、光伏发电新增装机突破 1.2 亿 kW，达到 1.25 亿 kW。全年可再生能源新增装机1.52 亿 kW，占全国新增发电装机的 76.2%，已成为我国电力新增装机的主体。截至 2022 年底，可再生能源装机突破 12 亿 kW，达到 12.13 亿 kW，占全国发电总装机的 47.3%。与此同时，新能源在保障能源供应方面发挥的作用越来越明显。2022 年我国风电、光伏发电量突破 1 万亿 kW·h，达到 1.19 万亿 kW·h，占全社会用电量的 13.8%。到 2050 年，新能源发电并网装机容量将达到20 亿 kW 以上，届时将成为中国第二大主力电源。

而我国的经济发展及用电量状况又与一次能源的分布呈现负相关，即经济发达、用电量高的地区一次能源少；经济欠发达、用电量低的地区一次能源多。例如：我国煤炭资源主要集中在华北、西北，共计占 78.9%，其他地区占 21.1%；90% 的石油资源分布在三北地区以及海洋大陆架；水能资源则主要分布在云、贵、川、渝、藏等地区，占全国的 66.7%；陆上风能和太阳能又主要分布在西北、东北、华北北部地区。资源与需求的不平衡性决定了我国新能源发电的接入电网的方式，多为集中式大规模接入电网。

大规模的新能源发电接入电网固然可以提升能源的整体清洁程度、有效减少污染，但是同时存在两个不可忽略的重要问题：一是，新能源的波动性和间歇性。以风力发电为例，以年为尺度来看，春秋冬季发电多，夏季发电少；以天为尺度来看，早晨傍晚发电多，中午和午夜发电少。对于太阳能发电，则是夏季秋季发电多、春季冬季发电少；白天发电多，傍晚和晚上不发电。根据这样的特性，如果不经处理直接将新能源发电接入电网，会给电网带来巨大的不稳定性。二是，可再生能源的消纳问题。上文已提及，我国的一次能源和经济发展格局呈逆向分布，即东部南部中部发电少、用电多，西部北部东北部用电少、发电多，大规模集中开发的风能、太阳能发电需要输送到其他地区的区域电网或跨省电网进行消纳，但是由于目前集中开发太阳能和风能的地区的电网调峰能力不足，可再生能源的消纳就成了一个大问题，以至于为此不得不在特定时间段使许多风力发电、光伏发电机组停止运行，以维持电网稳定。这使得部分地区的弃风率、弃光率惊人，造成了巨大的经济损失。

为了解决上述问题，储能的概念被引入新能源的开发之中。原因有三：其一，储能可以保证电力系统稳定。譬如，光伏电站系统中，太阳电池发电的输出功率曲线与负荷曲线之间存在较大差异，并且两者均存在某些不可预料的波动。通过储能系统的能量存储，可以起到很好的缓冲作用，从而使得电力系统即使在输入及负荷发生不可预料波动的情况下，仍然能够相对平稳的运行。其二，储能可将能量储存起来以备他用。譬如，可以在光伏发电无法正常运行的情况下（夜间、阴雨天）调用储能系统中储存的电能以满足负荷的需求，起到备用和过渡的作用。其三，储能还有助于提高电力的品质和可靠性。储能系统的存在可有效降低负载中电压低谷、电压尖峰、突发干扰等引起的电网波动对电力系统的影响，从而保证电力输出的品质与可靠性。

基于以上几点，储能目前成为可再生能源集中接入电网的一个重要节点，即把不稳定、不持续的能源先积累存储于储能系统，再通过适合电网运行的方式接入电网，这样能有效弥补可再生能源发电的缺点，使得电网更加清洁智能。

总之，由于能量的获得和能量的需求往往不一致，为了保证能量的利用过程能够连续进行，就需要对某种形式的能量进行储存，即储能。储能的目的就是要克服能量供应、需求在时间、空间上的差异。

### 4.1.2 储能的基本原理

世间万物是不断运动、变化、相互作用的，能量就是一切物质运动、变化、相互作用的度量，即表征物理系统做功本领的量度。在物理学中，能量是一个标量，国际单位是焦耳，简称"焦"。能量的主要性质包括：

（1）状态性，即能量总是处于一定的具体形式。

（2）可加性，即同种形式的能量可以相互叠加。

（3）传递性，即能量可以从一个物体传递到另一个物体。

（4）转换性，即能量可以从一种形式转换为另一种形式。

其中，能量的传递性与转换性是储能之所以能实现的基础。对应于物质的各种运动、变化及相互作用形式，能量也有各种不同的形式，常见的能量形式有机械能、化学能、内能、电能、光能和核能等。由于能量具有转换性，各种形式的能量之间可以相互转化，一些典型的转换关系如图4-1所示。并且，能量在传递与转换的过程中遵从能量守恒定律：能量既不会凭空产生，也不会凭空消失，只能从一个物体传递给另一个物体，或者从一种形式转换为另一种形式，并且传递和转换的过程中，能量的总值保持不变。

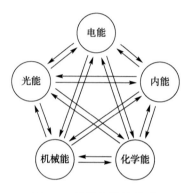

图 4-1　能量的转换关系

利用不同形式能量之间的相互转换，即可将某种形式的能量转换成另一种可储存的形式，从而实现能量的储存。更具体的描述如下：通过一定的介质或装置，将某种形式的能量转换成另一种在自然条件下比较稳定的存在形式，并可根据应用的需求以特定的形式释放能量，这就是储能的基本原理。

具体到光伏发电储能系统而言，其原理就是将光伏发电获得的电能通过特定的装置或介质转换为机械能或化学能等稳定存在的形式，并在需要的时间释放能量、重新转换获得电能。

# 4.2　光伏发电储能系统

### 4.2.1　光伏发电储能系统概述

当前的储能市场百花齐放，因为使用场景的多样性，配合着多种商业模式而兴起的多种储能方式接踵而来。按照储能时电能转化并储存的能量形式的不同，储能可分为机械储能、电化学储能、电磁储能、热储能、化学储能等储能方式，分别对应着不同的场景，如图4-2所示。就光伏发电储能系统而言，由于新能源规模化地接入电网、电力削峰填谷、参与调压调频、发展微电网等方面的需要，储能在未来电力系统中将是不可或缺的角色。目前，除了抽水蓄能较成熟之外，其他的储能方式均处于新兴阶段，属于新型储能技术，仍有进步空间。

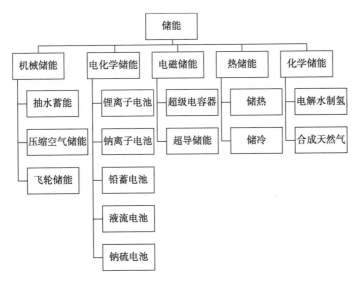

图 4-2　光伏发电储能技术分类

根据中国能源研究会储能专委会及中关村储能产业技术联盟的全球储能项目库的不完全统计，截至 2022 年底，全球已投运电力储能项目累计装机规模 237.2 GW，年增长率 15%。其中，抽水蓄能的累计装机占比 79.3%，仍为最主流的储能方式；新型储能的累计装机规模紧随其后，为 45.7 GW，占比 19.3%；新型储能中，锂离子电池占据绝对主导地位，市场份额达 94.4%。全球各类储能总装机分类占比如图 4-3 所示。

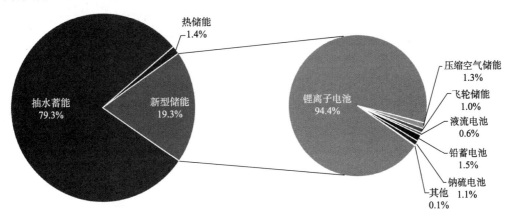

图 4-3　全球各类储能总装机分类占比（MW%，2000—2022）

中国电力储能市场占比与全球类似，如图 4-4 所示。截至 2022 年底，中国已投运电力储能项目累计装机规模 59.8 GW，占全球市场总规模的 25%，年增长率达 38%。其中，抽水蓄能的累计装机规模最大，占比 77.1%；新型储能继续高速发展，累计装机规模首次突破 10 GW，达到 13.1 GW/27.1 GW·h，功率规模年增长率达 128%，能量规模年增长率达 141%。此外，压缩空气储能、液流电池等其他技术路线的项目，在规模上有所突破，应用模式逐渐增多。

抽水蓄能与其他新型储能方式各有优缺点，在当前形势下，两者可互补发展。但从长远的可持续性来看，抽水蓄能电站容量大，寿命期长，运行成本低，安全可靠性高，仍应作为电力系统最主要的储能手段和调节电源；抽水蓄能以外的新型储能技术，具有精准控制、快速响应、灵活配置和四象限灵活调节功率等特点，能够为电力系统提供多时间尺度、全过程的平衡能力、支撑能力和调控能力，是构建以新能源为主体新型电力系统的重要支撑技术。各类储能技术的性能特征见表 4-1。

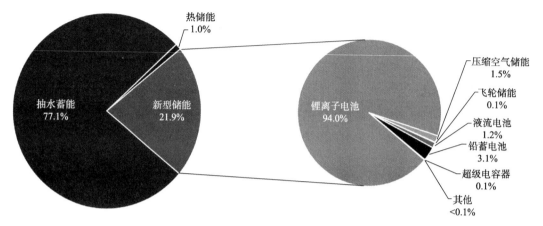

图 4-4　中国电力储能市场累计装机规模（MW%，2000—2022）

表 4-1　各类储能技术的性能特征

| 项目 | 储能技术 | 适用储能时长 | 响应时间 | 放电时长 | 综合效率 | 寿命 | 技术成熟度 |
|---|---|---|---|---|---|---|---|
| 机械储能 | 抽水蓄能 | 长时 | s ~ min 级 | 1 ~ 24 h | 75% ~ 85% | 60 ~ 70 年 | 成熟 |
| | 压缩空气储能 | 长时 | min 级 | 1 ~ 24 h | 70% ~ 80% | 30 ~ 40 年 | 成熟 |
| | 飞轮储能 | 短时 | ms ~ min 级 | ms ~ min 级 | 93% ~ 95% | 20 年以上 | 商业化早期 |
| 电化学储能 | 锂离子电池 | 短时/长时 | ms ~ min 级 | min ~ h 级 | 90% ~ 95% | 5 ~ 15 年 | 商业化 |
| | 钠离子电池 | 短时/长时 | ms ~ min 级 | min ~ h 级 | 90% ~ 95% | 5 ~ 15 年 | 商业化早期 |
| | 铅蓄电池 | 短时 | ms ~ min 级 | min ~ h 级 | 75% ~ 90% | 5 ~ 10 年 | 商业化 |
| | 液流电池 | 短时/长时 | ms 级 | h 级 | 60% ~ 85% | 10 ~ 15 年 | 商业化早期 |
| | 钠硫电池 | 短时 | ms 级 | h 级 | 80% ~ 90% | 10 ~ 15 年 | 商业化 |
| 热储能 | 显热储能 | 短时 | min 级 | h 级 | 20% ~ 30% | 20 年以上 | 成熟 |
| | 相变储能 | 长时 | s ~ min 级 | h 级 | 30% ~ 50% | 10 ~ 15 年 | 商业化早期 |
| | 热化学储能 | 超长时 | min 级 | h 级 | 20% ~ 40% | 10 ~ 20 年 | 开发阶段 |
| 电磁储能 | 超级电容器 | 短时 | ms 级 | ms ~ min 级 | 90% ~ 95% | 20 年以上 | 开发阶段 |
| | 超导储能 | 短时 | ms 级 | s 级 | 95% ~ 98% | 20 年以上 | 开发阶段 |
| 化学储能 | 电解水制氢 | 短时/长时 | ms ~ min 级 | h 级 | 67% ~ 70% | 10 ~ 20 年 | 开发阶段 |
| | 合成天然气 | 短时/长时 | ms ~ min 级 | h 级 | 60% ~ 65% | 10 ~ 20 年 | 开发阶段 |

新型储能技术中，电化学储能成本进入可行区，将快速发展。电化学储能技术中，锂离子电池性能大幅提升，电池能量密度提高 1 倍，循环寿命提高 2 ~ 3 倍；成本下降迅速，储能系统建设成本降至 1 200 ~ 1 800 元/(kW·h)；平准化度电成本降至 0.58 ~ 0.73 元/(kW·h)（按照储能每天充放电循环一次），产业链持续完善，基本实现国产化，已初步具备商业化发展条件。钠离子电池与锂离子电池的工作原理极其相似，不足之处在于，钠离子在传统电池的液态电解质中不容易移动，从而使其工作效率低于锂离子电池。但钠离子电池的安全性能较高，材料资源不

存在可得性壁垒，价格也低得多，更适合应用在中低速电动车和大规模储能领域，钠离子电池与锂离子电池是"补充"而非"替代"关系。液流电池方面，我国已攻克全钒液流电池卡脖子技术，基本能够实现关键材料、部件、单元系统和储能系统的国产化，成功研制循环寿命超过16 000 次的全钒液流电池系统，储能系统建设成本降至 2 500～3 900 元/(kW·h)。目前我国正在建设百兆瓦级项目试验示范。铅炭电池也取得较大进步，循环寿命达 5 000 次，储能系统建设成本降至 1 200 元/(kW·h)，有望实现兆瓦到数十兆瓦级应用。钠硫电池具有能量大、寿命长、效率高的优点，但由于其较高的工作温度，大规模应用仍然受限。

压缩空气储能方面，我国已在关键技术上取得较大突破，有望实现百兆瓦级的先进压缩空气储能技术，如建设中的湖北应城 300 兆瓦级压缩空气储能示范工程，该工程建成后将在非补燃压缩空气储能领域实现包括单机功率、储能规模、转换效率在内的三项世界第一。压缩空气储能技术具有建设成本低、占地面积小、安全稳定等优点，是目前唯一能与抽水蓄能相媲美的大规模长时物理储能技术。其他的新型储能技术，如飞轮储能、超级电容器储能、化学储能等尚未进入成熟期，目前应用于储能系统的规模尚小，有待技术进一步发展。

基于储能系统的上述发展现状，本节将着重介绍若干种较为主流的典型储能方式，还将简单介绍一些其他目前尚未大规模使用的储能技术。

## 4.2.2 抽水蓄能

### 1. 抽水蓄能发展历程及现状

1882 年，瑞士建成世界第一座抽水蓄能电站 Schaffhausen 电站。当时，抽水蓄能电站的主要目的为蓄水，用以调节电站水量的季节性不均匀。20 世纪 60 年代后，抽水蓄能电站开始迅速发展，抽水蓄能电站的主要功能变为电力系统的调峰、调频，成为应用于电力系统的大容量储能技术。自此，抽水蓄能技术就被大量运用，逐渐成为全世界应用最为广泛的储能技术。

在我国，抽水蓄能在储能领域同样是主导者。我国 20 世纪 60 年代后期才开始研究抽水蓄能电站的开发，1968 年和 1973 年先后在华北地区建成岗南和密云两座小型混合式抽水蓄能电站。我国抽水蓄能电站建设虽然起步比较晚，但由于后发效应，起点却较高，已经建设的大型抽水蓄能电站技术已处于世界先进水平。2021 年 12 月 30 日，服务北京绿色冬奥的国家电网丰宁抽水蓄能电站投产发电，是目前世界规模最大的抽水蓄能电站。丰宁电站位于河北省承德市丰宁县，紧邻京津冀负荷中心和冀北千万千瓦级新能源基地。丰宁电站建设创造了抽水蓄能电站四项"第一"。装机容量世界第一。共安装 12 台 30 万 kW 单级可逆式水泵水轮发电电动机组，总装机360 万 kW，为世界抽水蓄能电站之最，储能能力世界第一。12 台机组满发利用小时数达到 10.8 h，是华北地区唯一具有周调节性能的抽水蓄能电站。地下厂房规模世界第一。地下厂房单体总长度 414 m，高度 54.5 m，跨度 25 m，是最大的抽水蓄能电站地下厂房。地下洞室群规模世界第一。丰宁抽水蓄能电站地下洞室多达 190 条，总长度 50.14 km，地下工程规模庞大。丰宁电站实现了世界最大抽水蓄能电站自主设计和建设，书写了我国抽水蓄能发展史上的多个纪录，打造了抽水蓄能电站建设的新丰碑。

我国抽水蓄能电站装机容量世界第一，未来抽水蓄能将继续加快发展。我国已经建成丰宁、天荒坪、潘家口、十三陵、仙居、绩溪等一批大型抽水蓄能电站。目前，国家电网公司经营区抽水蓄能电站在运、在建规模分别达到 2 716 万 kW、4 798 万 kW。国家电网并网风电、太阳能发电装机合计 5 亿 kW，成为全球新能源装机规模最大、发展最快的电网。"十四五"期间，随着"双碳"目标深入实施，风电、太阳能发电等新能源将得到快速发展，这必然要求系统调节能力和保障手段的同步增强。2021 年以来，包括丰宁电站工程在内（见图 4-5、图 4-6），国家电网已先后投产 5 座抽水蓄能电站工程共 9 台机组，装机容量 285 万 kW，有力支撑了国家经济社会发展。加快建设抽水蓄能电站在构建新型电力系统、保障能源电力安全、促进清洁能源消纳中的战略意义和全局影响将更加凸显。

图 4-5　世界规模最大的抽水蓄能电站——丰宁电站

图 4-6　浙江天荒坪抽水蓄能电站

### 2. 抽水蓄能原理

抽水蓄能，按字面意思理解，即利用水作为储能介质，通过电能与水的重力势能相互转化，实现电能的储存和释放。如图 4-7 所示，在抽水蓄能电站运行过程中，当用电处在低谷时（一般为后半夜），利用电网中富余的电将水从地势较低的下水库抽到地势较高的上水库中储存，这个过程可将电能转化为水的重力势能，从而实现电能的储存；等到用电高峰的时候（一般为白天和前半夜），再将上水库的水放出来，水流顺势而下推动水轮机发电，能量由重力势能转化为电能而被利用，从而实现电能的释放。

（a）储能

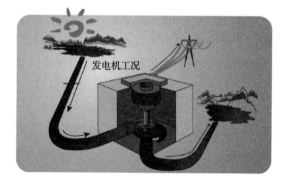

（b）释能

图 4-7　抽水蓄能工作原理

### 3. 抽水蓄能电站的构造

抽水蓄能电站与一般的水利发电站有许多相同之处，也有许多不同之处。最大的区别在于，抽水蓄能电站需要两个水库。典型的抽水蓄能电站构造示意图如图 4-8 所示，包括上水库、进

（出）水口、输水道、输水道调压井、厂房、主变洞、尾闸室、尾水道、尾水调压室、出（进）水口、下水库等组件。

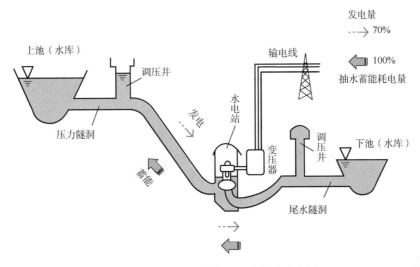

图 4-8 典型的抽水蓄能电站构造示意图

抽水蓄能电站的上水库是蓄存水量的工程设施，电网负荷低谷时段可将抽上来的水储存在库内，负荷高峰时段由水库放下来发电。进（出）水口、输水道、输水道调压井、尾水道、尾水调压室、出（进）水口等组成了抽水蓄能电站的输水系统。输水系统是输送水量的工程设施，在水泵工况（抽水）把下水库的水量输送到上水库；在水轮机工况（发电）将上水库放出的水量通过厂房输送到下水库。厂房、主变洞、尾闸室等则构成了地下厂房，是放置蓄能机组和电气设备等重要机电设备的场所，也是电厂生产的中心。最后是抽水蓄能电站的下水库，负荷低谷时段下水库可满足抽水水源的需要，负荷高峰时段下水库则可储存发电放水的水量。此外，还有开关站负责与外界电网对接，以提高输电线路运行稳定度。抽水蓄能电站各个组件的空间分布示意图如图 4-9 所示。

图 4-9 抽水蓄能电站各个组件的空间分布示意图

### 4. 抽水蓄能电站分类

抽水蓄能电站可按不同情况分为不同的类型。

**1）按电站有无天然径流分**

（1）纯抽水蓄能电站：没有或只有少量的天然来水进入上水库（以补充蒸发、渗漏损失），而作为能量载体的水体基本保持一个定量，只是在一个周期内，在上、下水库之间往复利用；厂房内安装的全部是抽水蓄能机组，其主要功能是调峰填谷、承担系统事故备用等任务，而不承担常规发电和综合利用等任务。

（2）混合式抽水蓄能电站：其上水库具有天然径流汇入，来水流量已达到能安装常规水轮发电机组来承担系统的负荷。因而其电站厂房内所安装的机组，一部分是常规水轮发电机组，另一部分是抽水蓄能机组。相应地，这类电站的发电量也由两部分构成，一部分为抽水蓄能发电量，另一部分为天然径流发电量。所以，这类水电站的功能，除了调峰填谷和承担系统事故备用等任务外，还有常规发电和满足综合利用要求等任务。

**2）按水库调节性能分**

（1）日调节抽水蓄能电站：其运行周期呈日循环规律。蓄能机组每天顶一次（晚间）或两次（白天和晚上）尖峰负荷，晚峰过后上水库放空、下水库蓄满；继而利用午夜负荷低谷时系统的多余电能抽水，至次日清晨上水库蓄满、下水库被抽空。纯抽水蓄能电站大多为日设计蓄能电站。

（2）周调节抽水蓄能电站：其运行周期呈周循环规律。在一周的 5 个工作日中，蓄能机组如同日调节蓄能电站一样工作。但每天的发电用水量大于蓄水量，在工作日结束时上水库放空，在双休日期间由于系统负荷降低，利用多余电能进行大量蓄水，至周一早上上水库蓄满。我国第一个周调节抽水蓄能电站为福建仙游抽水蓄能电站。

（3）季调节抽水蓄能电站：每年汛期，利用水电站的季节性电能作为抽水能源，将水电站必须溢弃的多余水量，抽到上水库蓄存起来，在枯水期内放水发电，以增补天然径流的不足。这样将原来是汛期的季节性电能转化成了枯水期的保证电能。这类电站绝大多数为混合式抽水蓄能电站。

**3）按站内安装的抽水蓄能机组类型分**

（1）四机分置式：这种类型的水泵和水轮机分别配有电动机和发电机，形成两套机组。已不采用。

（2）三机串联式：其水泵、水轮机和发电电动机（发电电动机是既可作为发电机使用，又可作为电动机使用的电机设备）三者通过联轴器连接在同一轴上。三机串联式有横轴和竖轴两种布置方式。

（3）二机可逆式：其机组由可逆水泵水轮机和发电电动机二者组成。这种结构为主流结构。

**4）按布置特点分**

① 首部式：厂房位于输水道的上游侧。

② 中部式：厂房位于输水道中部。

③ 尾部式：厂房位于输水道末端。

### 5. 抽水蓄能技术特点

抽水蓄能技术是目前最成熟、应用最广泛的大规模储能技术，具有技术成熟、运行成本低、储能量大、效率高、响应迅速、安全性高、寿命长等优点。效率方面，抽水蓄能一般约为 70% ~ 75%，最高可达 80% ~ 85%。可为电网提供调峰、填谷、调频、事故备用等服务，其良好的调节性能和快速负荷变化响应能力，对于有效减少新能源发电输入电网时引起的不稳定性具有重要意义。

但是，抽水蓄能电站也有一些不足，主要体现在选址上，建设抽水蓄能电站需要有水平间距小、上下水库高度差大的地形条件，岩石强度高、防渗水性能好的地质条件，以及充足的水源保证发电用水的需求。严苛的地理选址限制是影响抽水蓄能电站建设的主要因素。

### 6. 抽水蓄能发展规划

在全球应对气候变化，我国努力实现"2030 年前碳达峰、2060 年前碳中和"目标，加快能源绿色低碳转型的新形势下，抽水蓄能加快发展势在必行。

2021 年国家能源局发布的《抽水蓄能中长期发展规划（2021—2035 年）》指出："抽水蓄能是当前技术最成熟、经济性最优、最具大规模开发条件的电力系统绿色低碳清洁灵活调节电源，与风电、太阳能发电、核电、火电等配合效果较好。加快发展抽水蓄能，是构建以新能源为主体的新型电力系统的迫切要求，是保障电力系统安全稳定运行的重要支撑，是可再生能源大规模发展的重要保障。"

随着我国经济社会快速发展，产业结构不断优化，人民生活水平逐步提高，电力负荷持续增长，电力系统峰谷差逐步加大，电力系统灵活调节电源需求大。到 2030 年风电、太阳能发电总装机容量为 12 亿 kW 以上，大规模的新能源并网迫切需要大量调节电源提供优质的辅助服务，构建以新能源为主体的新型电力系统对抽水蓄能发展提出更高要求。抽水蓄能电站具有调峰、填谷、调频、调相、储能、事故备用和黑启动等多种功能，是建设现代智能电网新型电力系统的重要支撑，是构建清洁低碳、安全可靠、智慧灵活、经济高效新型电力系统的重要组成部分。

虽然抽水蓄能电站的选址要求严苛。但是，我国地域辽阔，建设抽水蓄能电站的站点资源比较丰富。预计到 2025 年，我国抽水蓄能投产总规模为 6 200 万 kW 以上；到 2030 年，投产总规模 1.2 亿 kW 左右；到 2035 年，能形成满足新能源高比例大规模发展需求的，技术先进、管理优质、国际竞争力强的抽水蓄能现代化产业，培育形成一批抽水蓄能大型骨干企业。

## 4.2.3　电化学储能

电化学储能是利用介质将电能储存起来并在需要时释放的储能技术及措施，而这个储能的介质就是电池。更具体地，电池又可分为一次电池和二次电池。一次电池就是日常生活中的干电池，它只能将化学能转变成电能，放电后不能再充电使其复原，不可重复使用。二次电池又称充电电池或者蓄电池，可以实现化学能和电能之间的多次转化，可以重复使用。用于电化学储能的介质便是可以重复使用的二次电池。

在电力系统中，人们常把大规模的电化学储能电站比喻为"超级大电池"。就像常用的充电宝一样，"超级大电池"在外部电能富余的时候充电，把电储存起来；在需要用电的时候，"超

级大电池"再把电放出来。因此,"超级大电池"有一个很重要的应用就是为电力系统"削峰填谷",保证供电的稳定性。这与光伏发电间歇性的特点十分契合。

电化学储能电站主要由电池组、电池管理系统(battery management system,BMS)、能量管理系统(energy management system,EMS)、储能变流器(power conversion system,PCS)以及其他电气设备构成,如图4-10所示。电池组是储能系统最主要的构成部分,成本占比最高。电池管理系统是电池组的"司令官",是电池和用户之间的纽带,主要负责电池的监测、评估、保护以及均衡等。能量管理系统负责整个储能系统内信息采集、监控等,全方位了解系统运行情况,保证系统安全。储能变流器可以理解为一个超大号的充电器,但与手机充电器的区别在于,储能变流器是双向的:既可以向内为电池充电,又可以向外供电,即储能变流器可控制储能电池组的充电和放电,并进行交直流的变换。

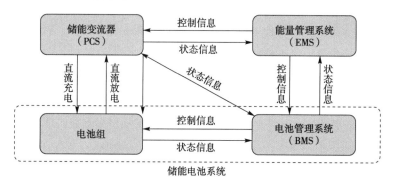

图4-10 电化学储能电站组成

电化学储能电站的电池组一般采用电池舱的方式构建,即电池组由若干电池舱组成,如图4-11所示。电池舱采用标准集装箱进行安装,其中包含若干电池簇。电池簇由多个电池模组组成,电池模组又由若干个单体电池采用串并联的方式组织而成。电池舱的组成结构如图4-12所示。所以,一个电化学储能电站的电池组最终是由许许多多个单体电池组成的。

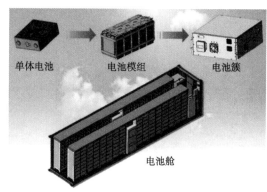

图4-11 电化学储能电站及电池舱　　　　图4-12 电池舱的组成结构

依据所用单体电池的不同,电化学储能系统可分为锂离子电池、钠离子电池、铅蓄电池(铅酸电池及铅炭电池的总称)、液流电池、钠硫电池等。不同的电池类型都有各自的特点,为大规模储能应用的不同需求提供了多样化的选择。其中,锂离子电池是目前产业化应用最为广泛的电化学储能技术路线,其他电池系统也在逐渐发展成熟。

虽然各类二次电池的工作方式不同，但是其储能原理都类似，都是基于某种可逆的化学反应，在加电时，通过电压驱动化学反应进行，实现电能到化学能的转换；待到用电时，逆反应的发生则可驱动电子在外界电路中流动，即实现储存的化学能到电能的转换。各种常用的电化学储能技术简单介绍如下。

**1. 锂离子电池**

锂离子电池以碳材料作为负极，以含锂的化合物（如磷酸铁锂、钴酸锂、锰酸锂、镍钴锰酸锂等）作正极，以锂盐的有机物溶液作为电解液。

如图 4-13 所示，锂离子电池的充放电过程主要依靠锂离子在正极和负极之间往返嵌入和脱嵌，充电时，$Li^+$ 从正极脱嵌，经过电解质嵌入负极，使负极处于富锂状态；放电时，则相反。而在锂离子的嵌入和脱嵌过程中，会同时伴随着与锂离子等当量电子的嵌入和脱嵌，由此即可实现电能与化学能的相互转换。以磷酸铁锂电池为例，其充放电过程中的化学反应如下：

充电过程：正极 $LiFePO_4 \rightarrow Li_{1-x}FePO_4 + xLi^+ + xe^-$

负极 $6C + xLi^+ + xe^- \rightarrow Li_xC_6$

放电过程：正极 $Li_{1-x}FePO_4 + xLi^+ + xe^- \rightarrow LiFePO_4$

负极 $Li_xC_6 \rightarrow 6C + xLi^+ + xe^-$

总反应方程式为 $LiFePO_4 + 6C \underset{放电}{\overset{充电}{\rightleftharpoons}} Li_{1-x}FePO_4 + Li_xC_6$。

（a）充电　　　　　　　　　　　　（b）放电

图 4-13　锂离子电池工作原理

最初锂离子电池的正极所用的金属材料是钴。不过钴的产量几乎与锂同样少，也是稀有金属，制造成本高。因此，开始使用廉价且环境负荷小的材料，例如锰、镍、铁等金属。根据正极所用的材料的不同，锂离子电池分为钴系锂离子电池、锰系锂离子电池、磷酸铁系锂离子电池、三元系锂离子电池等种类。

钴系锂离子电池正极使用钴酸锂。钴酸锂比较容易合成，便于使用，因而锂离子电池最早量产的是钴酸锂电池。但由于钴是稀有金属，价格昂贵，其应用受限。

锰系锂离子电池正极使用锰酸锂。优点是电压能与钴系锂离子电池差不多，而且制造成本廉价。缺点是存在容量衰减问题，缩短了电池的使用寿命。

磷酸铁系锂离子电池正极使用磷酸铁锂。磷酸铁系锂离子电池的优点在于即使内部发热，结构也难以损坏，安全性高，而且以铁为原料，制造成本比锰系更低。但是电压比其他的锂离子电池低且理论比容量较低。

三元系锂离子电池是为了减少钴的用量，使用钴、镍、锰三种材料制造的电池。目前三元系锂离子电池中大多镍的比例较高。虽然三元系锂离子电池电压比钴系、锰系略低，但能有效降低成本。此外，三元材料的合成制备较难、稳定性低，并且安全性不高。

1）锂离子电池分类

按锂离子电池的外形分：方形锂离子电池（如常用的手机电池电芯）和柱形锂离子电池；按锂离子电池外包材料分：铝壳锂离子电池、钢壳锂离子电池、软包锂离子电池；按锂离子电池正极材料分：钴酸锂（$LiCoO_2$）电池、锰酸锂（$LiMn_2O_4$）电池、磷酸铁锂（$LiFePO_4$）电池、三元（$LiNi_aCo_bMn_cO_2$）锂离子电池等。

2）锂离子电池优点

（1）比能量大。具有高储存能量密度，目前已达到 460～600 W·h/kg，是铅酸电池的 6～7 倍。

（2）使用寿命长。使用寿命可达到 6 年以上，以磷酸亚铁锂为正极的电池在 1C 的充放电倍率下，可使用 10 000 次以上。

（3）额定电压高（单体工作电压为 3.7 V 或 3.2 V）。约等于 3 只镍镉或镍氢充电电池的串联电压，便于组成电池电源组。

（4）具备高功率承受力。其中，电动汽车用的磷酸亚铁锂离子电池可以达到 15～30 C 充放电的能力，便于高强度的启动加速。

（5）自放电率很低。这是该电池最突出的优越性之一，目前一般可做到 2%～5%／月，不到镍氢电池的 1/20；且无记忆效应。

（6）质量小。相同体积下，质量为铅酸产品的 1/5～1/6。

（7）高低温适应性强。可以在 −20～+60 ℃ 的环境下使用，经过工艺上的处理，可以在 −45 ℃ 环境下使用。

（8）绿色环保。不论生产、使用和报废，都不含有、也不产生任何铅、汞、镉等有毒有害重金属元素和物质。

（9）生产基本不消耗水。对缺水国家或地区而言，十分有利。

3）锂离子电池的缺点

（1）安全性差，有发生爆炸的危险。

（2）钴酸锂的锂离子电池不能大电流放电，安全性较差。

（3）锂离子电池均需保护线路，防止电池被过充过放电。

（4）在不使用的状态下，存储一段时间后，其部分容量会永久丧失。

（5）生产要求条件高，成本高。

4）锂离子电池技术术语

（1）电池容量：电池的容量由电池内活性物质的数量决定，通常用毫安时（mA·h）或者（A·h）表示。例如 1 000 mA·h 就是能以 1 A 的电流放电 1 h，换算为所含电荷量大约为 3 600 C。

（2）标称电压：电池正负极之间的电势差称为电池的标称电压。标称电压由极板材料的电极电位和内部电解液的浓度决定。一般情况下，单元锂离子电池标称电压为 3.6 V、磷酸铁锂电池为 3.2 V。

（3）充电终止电压：可充电电池充足电时，极板上的活性物质已达到饱和状态，再继续充电，蓄电池的电压也不会上升，此时的电压称为充电终止电压。锂离子电池为 4.2 V、磷酸铁锂电池为 3.55～3.60 V。

（4）放电终止电压：放电终止电压是指蓄电池放电时允许的最低电压。放电终止电压和放电率有关，一般来讲，单元锂离子电池放电终止电压为 2.7 V、磷酸铁锂电池放电终止电压为 2.0～2.5 V。

（5）电池内阻：电池内阻由极板的电阻和离子流的阻抗决定，在充放电过程中，极板的电阻是不变的，但离子流的阻抗将随电解液浓度和带电离子的增减而变化。一般来讲，单元锂离子电池的内阻为 80～100 mΩ、磷酸铁锂电池的内阻 <20 mΩ。

（6）自放电率：自放电率是指在一段时间内，电池在没有使用的情况下，自动损失的电量占总容量的百分比。一般在常温下，锂离子电池自放电率为每月只有 5%～8%。

### 2. 钠离子电池

钠和锂属同一主族元素，在电池工作中均表现出相似的电化学充放电行为，据此，采用同体系材料的钠离子电池被开发出来。钠离子电池是一种依靠钠离子在正负极间移动来完成充放电工作的二次电池，如图 4-14 所示。钠离子电池在充电过程中，钠离子从正极脱出并嵌入负极活性物质中；放电时，则发生相反的过程，钠离子从负极脱出重新回到正极活性物质中，同时为了保持电中性，等摩尔量的电子通过外部电路，起到驱动负荷的作用。

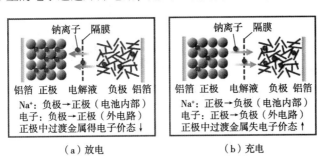

图 4-14　钠离子电池工作原理

相较于锂离子，钠离子的相对原子质量及离子半径更大，因而其扩散速率更低。反映在电池性能上，则表现为钠离子电池的理论容量及反应动力学特征较锂离子电池更为逊色。但钠的储量比锂丰富得多，并且不存在获取壁垒，因此钠离子电池成本比锂离子电池低得多。安全性方面，钠离子电池的内阻比锂离子电池高，在短路时发热量更少，温升较低；热失控过程中容易钝化失活，热稳定性较高，在安全性方面具备先天优势。此外，钠离子电池在快充方面具备优势，能够适应响应型储能和规模供电。

### 3. 铅蓄电池

铅蓄电池是铅酸电池与铅炭电池的总称，是最早被开发并广泛应用的二次电池。

铅酸电池的正负极活性物质分别是二氧化铅和铅，电解液是硫酸水溶液。放电时，正极的二氧化铅与硫酸发生反应，生成硫酸铅和水；负极的金属铅，与硫酸进行反应，生成硫酸铅和氢离子。电池放电后两极物质都转化为硫酸铅，称为"双极硫酸盐化"。充电时，正负极的硫酸铅则又反应分别生成二氧化铅与铅，回到原始状态，从而实现反复充放电，由此实现储能与释能。铅酸电池的反应方程式为：$Pb + PbO_2 + 2H_2SO_4 \underset{充电}{\overset{放电}{\rightleftharpoons}} 2PbSO_4 + 2H_2O$。

性能较好的铅酸电池可以反复充放电上千次，直至活性物质脱落到不能再用，随着放电的继续进行，铅酸电池中的硫酸逐渐减少，水分增多，电解液的相对密度降低；反之，充电时铅酸电池中水分减少，硫酸浓度增大，电解液相对密度上升。大部分的铅酸电池的电解液放电后的密度为 $1.1 \sim 1.3 \ kg/cm^3$，充满电后的密度为 $1.23 \sim 1.3 \ kg/cm^3$，所以在实际工作中，可以根据电解液相对密度的高低判断铅酸电池充放电的尺度。在正常情况下，铅酸电池不要放电过度，不然将会使活性物质（正极的二氧化铅，负极的海绵状铅）与混在一起的细小硫酸铅结晶成较大的结晶体，增大了极板电阻。按规定，铅酸电池放电深度（即每一充电循环中的放电容量与电池额定电容量之比）不能超过额定容量的75%，以免在充电时，很难复原，缩短铅酸电池的寿命。

单体铅酸电池的标称电压是 $2.0 \ V$，在应用中，经常用 6 个单体铅酸电池串联起来组成标称电压是 $12 \ V$ 的铅酸电池，还有 $24 \ V$、$36 \ V$、$48 \ V$ 等。传统的铅酸电池循环寿命为 $500 \sim 600$ 次，阀控式密封铅酸电池循环寿命为 $1\ 000 \sim 1\ 200$ 次。铅酸电池的原料易得、结构简单、价格相对低廉、维护方便、高倍率放电性能良好、高低温性能好、可在 $-40 \sim +60 \ ℃$ 的环境下工作。但存在比能量低、循环寿命短、不宜深度放电的缺点，且制造过程容易污染环境。

常见的铅酸电池结构如图 4-15 所示，主要由正极板、隔板、负极板、电池槽（盛装有电解液）、电池盖、安全阀、正接线柱、负接线柱等部分组成。

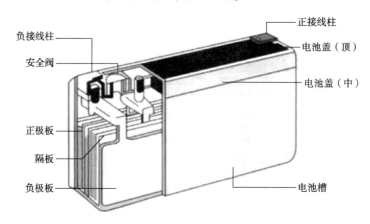

图 4-15　常见的铅酸电池结构

1）铅酸电池的基本概念

（1）铅酸电池充电。铅酸电池充电是指通过外电路给铅酸电池供电，使电池内发生化学反应，从而把电能转化成化学能而存储起来的操作过程。

（2）过充电。过充电是指对已经充满电的铅酸电池或铅酸电池组继续充电。

（3）放电。放电是指在规定的条件下，铅酸电池向外电路输出电能的过程。

（4）自放电。铅酸电池的能量未通过外电路放电而自行减少，这种能量损失的现象称为自放电。

（5）活性物质。在铅酸电池放电时发生化学反应从而产生电能的物质，或者说是正极和负极存储电能的物质统称为活性物质。

（6）放电深度。放电深度是指铅酸电池在某一放电速率下，电池放电到终止电压时实际放出的有效容量与电池在该放电速率的额定容量的百分比。放电深度和电池循环使用次数关系很大，放电深度越大，循环使用次数越少；放电深度越小，循环使用次数越多。经常使电池深度放电，会缩短电池的使用寿命。

（7）极板硫化。电池放电后要及时充电，如果铅酸电池长时期处于亏电状态，极板就会形成 $PbSO_4$ 晶体，这种大块晶体很难溶解，无法恢复原来的状态，将会导致极板硫化无法充电。

（8）相对密度。相对密度是指电解液与水的密度的比值。相对密度与温度变化有关，25 ℃时，充满电的电池电解液相对密度值为 1.265 $g/cm^3$，完全放电后降至 1.120 $g/cm^3$。每个电池的电解液密度都不相同，同一个电池在不同的季节，电解液密度也不一样。

2）铅酸电池常用技术术语

（1）电池的容量。处于完全充电状态下的铅酸电池在一定的放电条件下，放电到规定的终止电压时所能给出的电量称为电池容量，以符号 C 表示。常用单位是安时（A·h）。通常在 C 的下角处标明放电时率，如 $C_{10}$ 表明是 10 小时率的放电容量，$C_{60}$ 表明是 60 小时率的放电容量。

电池容量分为实际容量和额定容量。实际容量是指电池在一定放电条件下所能输出的电量。额定容量（标称容量）是按照国家或有关部门颁布的标准，在电池设计时要求电池在一定的放电条件下（如在 25 ℃环境下以 10 小时率电流放电到终止电压），应该放出的最低限度的电量值。

（2）放电率。放电率指电池放电时电流的大小，常用时率和倍率两种方法表征。时率是指以一定放电电流放完额定容量所需要的小时数。时率以放电的时间表示放电率，数值上等于电池的额定容量（A·h）除以规定的放电电流（A）所得的小时数，即放电时率 = 额定容量/放电电流。例如：额定容量为 100 A·h 的电池用 20 A 放电时，其放电时率为 5 h。倍率是放电率的另一种表示法，放电倍率 = 放电电流/额定容量。例如：额定容量为 100 A·h 的电池用 20 A 放电时，其放电倍率为 0.2 C。时率和倍率互为倒数关系。电池的放电倍率越高，放电电流越大，放电时间就越短，放出的相应容量越少。

（3）终止电压。终止电压是指在电池放电过程中，电压下降到不宜再放电时（非损伤放电）的最低工作电压。为了防止电池不被过放电而损害极板，在各种标准中都规定了在不同放电倍率和温度下放电时电池的终止电压。单体铅酸电池，一般 10 小时率和 3 小时率放电的终止电压为每单体 1.8 V，1 小时率的终止电压为每单体 1.75 V。由于铅酸电池本身的特性，即使放电的终止电压继续降低，铅酸电池也不会放出太多的容量，但终止电压过低对电池的损伤极大，尤其当放电达到 0 V 而又不能及时充电时将大大缩短铅酸电池的寿命。对于光伏发电系统使用的铅酸电池，针对不同型号和用途，放电终止电压设计也不一样。终止电压视放电速率和需要而规定。通常，小于 10 h 的小电流放电，终止电压取值稍高一些；大于 10 h 的大电流放电，终止电压取值稍低一些。

（4）电池电动势。电池电动势指的是正负极的平衡电位之差。电池电动势的大小取决于电池的本性及电解质的性质与活度，而与电池的几何结构等无关。与电池电动势数值相近的电池参数是开路电压。开路电压指的是电池不放电时，电池两极之间的电位差。通常开路时并非平衡电极电位，而是稳定电极电位。电池的开路电压一般均小于它的电动势，但一般可近似认为电池的开路电压就是电池电动势。

（5）浮充寿命。电池的浮充寿命是指电池在规定的浮充电压和环境温度下，电池寿命终止时浮充运行的总时间。

（6）循环寿命。电池经历一次充电和放电，称为一个循环（一个周期）。在一定的放电条件下，电池使用至某一容量规定值之前，电池所能承受的循环次数，称为循环寿命。影响电池循环寿命的因素是综合因素，不仅与产品的性能和质量有关，而且还与放电率和深度、使用环境和温度及使用维护状况等外在因素有关。

（7）过充电寿命。过充电寿命是指采用一定的充电电流对电池进行连续过充电，一直到电池寿命终止时所能承受的过充电时间。其寿命终止条件一般设定在容量低于 10 小时率额定容量的 80%。

（8）自放电率。电池在开路状态下的储存期内，由于自放电而引起活性物质损耗，每天或每月容量降低的百分数称为自放电率。自放电率指标可衡量电池的储存性能。

（9）电池内阻。电池的内阻不是常数，而是一个变化的量，它在充放电的过程中随着时间不断变化，这是因为活性物质的组成、电解液的浓度和温度都在不断变化。铅酸电池的内阻很小，在小电流放电时可以忽略，但在大电流放电时，将会有数百毫伏的电压降损失，必须引起重视。电池内阻分为欧姆内阻和极化内阻两部分。欧姆内阻主要与电极材料、隔膜、电解液、接线柱等之间的接触情况有关，也与电池尺寸、结构及装配因素有关。极化内阻是由电化学极化和浓差极化引起的，是电池放电或充电过程中两电极进行化学反应时极化产生的内阻。极化内阻大小除与电池制造工艺、电极结构及活性物质的活性有关外，还与电池工作电流大小和温度等因素有关。电池内阻严重影响电池工作电压、工作电流和输出能量，因而内阻越小的电池性能越好。

（10）比能量。比能量是指电池单位质量或单位体积所能输出的电能，单位分别是 $W \cdot h/kg$ 或 $W \cdot h/L$。比能量有理论比能量和实际比能量之分，前者指单位质量电池反应物质完全放电时理论上所能输出的能量，实际比能量为单位质量电池反应物质所能输出的实际能量。由于各种因素的影响，电池的实际比能量远小于理论比能量。比能量是综合性指标，它反映了电池的质量水平，表明生产厂家的技术和管理水平，常用比能量来比较不同厂家生产的电池。该参数对于光伏发电系统的设计非常重要。

**3）铅酸电池型号识别**

JB/T 2599—2012 规定了铅酸电池名称、型号编制与命名办法。

（1）蓄电池型号字母及数字。蓄电池型号采用汉语拼音或英语字母的大写字母及阿拉伯数字表示；蓄电池型号优先采用汉语拼音，当汉语拼音无法表述时方可用英语字头，英语字头为国际电工委员会（IEC）所提及的英文铅酸蓄电池词组。

（2）型号组成。蓄电池型号由三部分组成，第一部分为串联的单体蓄电池数；第二部分为蓄电池用途、结构特征代号；第三部分为标准规定的额定容量。以 6-QA-100 蓄电池为例，该蓄电池为 6 个单体串联的额定容量为 100 A·h 的干式荷电起动型蓄电池，6 表示 6 个单体、-表示连接线（可省略）、Q 表示起动型、A 表示干式荷电、100 表示额定容量。

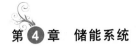

（3）型号组成各部分的编制规则。串联的单体蓄电数，是指在一只整体蓄电池槽或一个组装箱内所包括的串联蓄电池数目（单体蓄电池数目为 1 时，可省略）；蓄电池用途、结构特征代号应符合表 4-2、表 4-3 的规定。

表 4-2　蓄电池按其用途划分

| 序号 | 蓄电池类型（主要用途） | 型号 | 汉字及拼音或英语字头 | | |
|---|---|---|---|---|---|
| | | | 汉字 | 拼音 | 英语 |
| 1 | 起动型 | Q | 起 | qi | |
| 2 | 固定型 | G | 固 | gu | |
| 3 | 牵引（电力机车）用 | D | 电 | dian | |
| 4 | 内燃机车用 | N | 内 | nei | |
| 5 | 铁路客车用 | T | 铁 | tie | |
| 6 | 摩托车用 | M | 摩 | mo | |
| 7 | 船舶用 | C | 船 | chuan | |
| 8 | 储能用 | CN | 储能 | chu neng | |
| 9 | 电动道路车用 | EV | 电动车辆 | | electric vehicles |
| 10 | 电动助力车用 | DZ | 电助 | dian zhu | |
| 11 | 煤矿特殊 | MT | 煤特 | mei te | |

表 4-3　蓄电池按其结构特征划分

| 序号 | 蓄电池特征 | 型号 | 汉字及拼音或英语字头 | | |
|---|---|---|---|---|---|
| 1 | 密封式 | M | 密 | mi | |
| 2 | 免维护 | W | 维 | wei | |
| 3 | 干式荷电 | A | 干 | gan | |
| 4 | 湿式荷电 | H | 湿 | shi | |
| 5 | 微型阀控式 | WF | 微阀 | wei fa | |
| 6 | 排气式 | P | 排 | pai | |
| 7 | 胶体式 | J | 胶 | jiao | |
| 8 | 卷绕式 | JR | 卷绕 | juan rao | |
| 9 | 阀控式 | F | 阀 | fa | |

为了提高铅酸电池的循环使用寿命并改善其充电特性，人们在铅酸电池的基础上发展出了新型铅蓄电池——铅炭电池。通过在普通铅酸电池的负极中加入一定量高比表面积碳材料（如活性炭、活性炭纤维、碳气凝胶或碳纳米管等），形成了碳电极和海绵铅负极的并联结构，如图 4-16 所示。铅负极仍发挥铅酸电池的作用，碳电极则与正极构成一个电容器。这样，将铅酸电池和超级电容器合二为一成为铅炭电池。铅炭电池既继承了铅酸电池的比能量以及优良充放电性能的优势，又继承了超级电容器高比功率的优点。而且高比表面积碳材料的高导电性和对铅基活性物质的分散性，提高了铅活性物质的利用率，有效阻止了负极的硫酸盐化现象，可以有效地保护负极板，大大提高了电池使用寿命（铅炭电池循环寿命可达 2 500 次）。

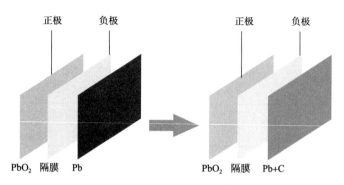

图 4-16　铅炭电池构造示意图

由于使用了铅炭技术，铅炭电池的性能远优于传统的铅酸电池，在各种应用领域中有着更强的竞争力。在各应用领域中，铅炭电池目前已取代了铅酸电池的地位。特别地，因其成本低、安全性高等突出优势，大容量铅炭储能电池可广泛用于太阳能、风能、风光互补等各种新能源储能系统，智能电网、微电网系统、无市电、恶劣电网地区的供电储能系统，电力调频及负荷跟踪系统、电力削峰填谷系统以及生活小区储能充电系统等，是主流储能电池之一。尤其在对安全性要求较高的领域，铅炭电池的优势比锂离子电池更强。

### 4. 液流电池

液流电池全称氧化还原液流电池，是一种新型的蓄电池，通过存在于溶液中正、负极电解质活性物质各自发生可逆的氧化还原反应，实现电能与化学能之间的相互转化。充电时，正极电解液中的活性物质价态升高，发生氧化反应；负极电解液中的活性物质则价态降低，发生还原反应，从而将电能转化为正、负极活性物质的化学能储存起来；放电过程则与之相反。与一般电池不同的是，液流电池的正极和（或）负极的活性物质为含氧化还原电对的电解质溶液，电解质溶液（储能介质）存储在电池外部的电解液储液罐中，电池内部则由具有选择透过性的离子交换膜分隔成彼此相对独立的两室（正极侧与负极侧），电池工作时正、负极电解液在各自专用的循环泵的驱动下实现循环流动，以通过各自反应室参与电化学反应，如图 4-17 所示。

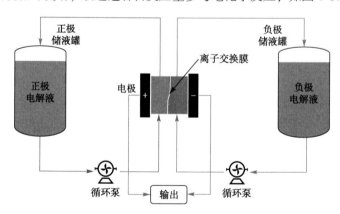

图 4-17　液流电池工作原理

液流电池系统由能量单元（电解液）、功率单元、输运系统、控制系统、附加设施等部分组成，其中能量单元和功率单元是核心模块。实际使用时，液流电池多采取多体叠加的方式，实现电解液的高效输送，如图 4-18 所示。

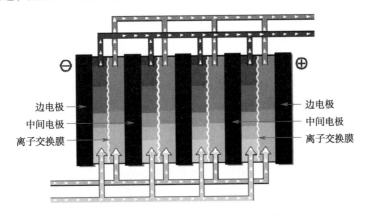

图 4-18 液流电池的多体叠加示意图

根据电化学反应中活性物质的不同，液流电池又分为铁铬液流电池、锌溴液流电池、有机液流电池、全钒液流电池等。铁铬液流电池属于早期技术，存在正、负电解液易混的问题。锌溴液流电池能量密度高，但腐蚀性强、对环境有污染。有机液流电池能量密度高，但稳定性较差，技术尚不成熟。全钒液流电池的技术成熟、综合性能好，是目前最常用的液流电池种类，其工作原理如图 4-19 所示。

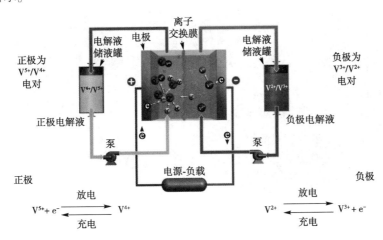

图 4-19 全钒液流电池工作原理

全钒液流电池又称钒电池，以金属钒离子为活性物质，利用钒不同价态之间的转化来实现电能与化学能的相互转化。之所以选择钒作为核心工作元素，是因为钒的基态电子组态为 [Ar] $3d24S2$，具有丰富多变的氧化价态，+2、+3、+4、+5 价的钒离子都能在酸性水溶液环境中稳定存在，并且正负极的还原电位恰好与水的电化学窗口适配。此外，不同价态的水合钒离子特征光谱迥异，易于辨识：二价钒为紫色、三价钒为深绿色、四价钒为蓝色、五价钒为黄色，可以用分光光谱进行浓度定量分析，从而对电解液的荷电状态进行实时监测。

具体地，全钒液流电池以 +4、+5 价态的钒离子溶液作为正极的活性物质电对，以 +2、+3 价态的钒离子溶液作为负极的活性物质电对。电解液基质一般为硫酸水溶液，其作用是维持电解液的低 pH 以抑制钒离子的水解，并增加电解液的电导率、降低欧姆极化。正负极电解液分别储存在各自的电解液储液罐中。在对电池进行充、放电时，正负极电解液在离子交换膜两侧分别发生各自的氧化还原反应，如图4-19中化学方程式所示。具有选择透过性的离子交换膜不允许钒离子通过，从而分离正负极电解液，防止短路；但允许电荷载体（$H^+$、$SO_4^{2-}$）自由通过，保证正负极电荷平衡，并减少电池内阻。同时，通过循环泵的驱动，储液罐中的电解液不断送入正极室和负极室内，以维持离子的浓度，充分完成化学反应，实现电池的充放电。

全钒液流电池存在初装成本高、转换效率低、能量密度低、体积大、对环境温度要求苛刻等缺点。但全钒液流电池寿命长，可长达20年；电解液可回收循环使用；电池容量设计灵活性强（可以通过电解液浓度和用量灵活调整储能容量），可用于建造千瓦级到百兆瓦级储能电站；不易燃烧，安全性好；可超深度放电（100%）而不对电池造成伤害；起动快，可在几毫秒内实现充放电切换，十分适合作为储能电池，在产业链完善后，有望成为中大规模储能领域的主流技术之一。

2022年10月30日，由中科院大连化学物理研究所储能技术研究部提供技术支撑的迄今全球功率最大、容量最大的百兆瓦级液流电池储能调峰电站正式并网发电，如图4-20所示。该项目是国家能源局批准建设的首个国家级大型化学储能示范项目，总建设规模为200 MW/800 MW·h，对加快推进我国大规模储能在电力调峰及可再生能源并网中的应用具有重要意义。该项目的建成实现了我国液流电池储能技术向发达国家的输出，体现了我国在该领域的国际领先地位。

图4-20　百兆瓦级大连液流电池储能调峰电站

### 5. 钠硫电池

钠硫电池采用硫作为正极，金属钠作为负极，以钠和硫的化学反应来实现电能与化学能相互转换，反应方程式为$2Na + xS \underset{充电}{\overset{放电}{\rightleftharpoons}} Na_2S_x$。钠硫电池的工作原理图如图4-21所示，放电时熔融钠负极失电子变成钠离子，钠离子经固体电解质到达硫正极形成多硫化钠。电子经外电路到达正极参与反应。充电时钠离子重新经过电解质回到负极，过程与放电时相反。与一般的二次电池不同，工作中的钠硫电池是由处于熔融状态的正负极活性物质及固体电解质组成，正极活性物质为熔融态的硫和多硫化钠熔盐，负极活性物质为熔融态的金属钠，固体电解质为固态氧化铝陶瓷（$\beta\text{-}Al_2O_3$）。充放电时，固体电解质兼隔膜的氧化铝陶瓷需工作在 $300 \sim 350\ ^\circ\mathrm{C}$ 的温度下，只有在此温度下，负极离解出的钠离子方可通过固体电解质进入正极参与反应。

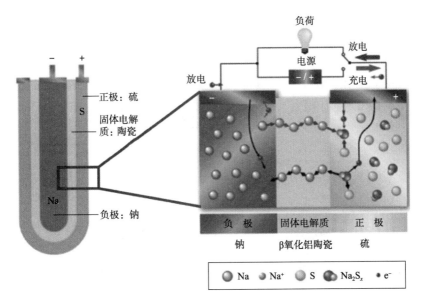

图 4-21　钠硫电池的工作原理图

　　钠硫电池体积小、寿命长、效率高、能量密度高，可同时用于提高电力质量和调峰，具有很好的经济性。但是，钠硫电池需要在高温下（300～350 ℃）工作，并且使用了易燃物的钠和硫作为材料，使其安全性低、长期运行可靠性不足。此外，钠硫电池还存在制造成本高、规模化成套技术缺乏等问题。

## 4.2.4　压缩空气储能

　　压缩空气储能系统是基于燃气轮机技术的储能系统。燃气轮机是由可高速旋转的叶轮构成的动力机械，可将燃料燃烧产生的热能直接转换成机械能对外输出做功。燃气轮机由压缩机、燃烧室和膨胀机等组成，压缩机和膨胀机均为可高速旋转的叶轮机械，是能量转换的关键部件。其基本工作过程为环境空气被压缩机压缩到高压，然后压缩空气和燃料流入燃烧室进行燃烧，产生高压高温气流，在膨胀机内膨胀从而对外做功。由于压缩机和膨胀机安装在一根轴上，压缩机消耗的能量由膨胀机提供，如果压缩机和膨胀机安装在不同的轴上，则压缩过程和膨胀过程可以分开，这就形成了压缩空气储能技术（压缩空气储能系统）的基本雏形。

　　压缩空气储能系统主要由压缩系统、膨胀系统、发电及储气罐四大部分构成。其工作原理是，在用电低谷，利用多余的电能驱动空气压缩机压缩空气并存于储气室（如报废的矿井、岩洞、废弃的油井或者人造的储气罐）中，将电能转化为压缩空气的势能与内能储存起来；在需要时，高压空气从储气室释放驱动燃气轮机发电，从而释放压缩空气的势能与内能，转化为电能，如图 4-22 所示。压缩空气储能具有储能容量大、周期长、效率高和单位投资较小等优点，缺点在于能量密度低、转换效率不高，并且依赖特定地质条件。

　　气体压缩时产生热量，因此压缩后的空气温度较高。相反地，气体膨胀会吸收热，膨胀过程中气体温度会降低。根据储能过程中控制热量的方式不同，压缩空气储能可分为非绝热式、绝热式两种。非绝热式压缩空气储能不干预空气压缩过程的产热及膨胀过程的吸热；而绝热式压缩空气储能则调控空气压缩过程的产热及膨胀过程的吸热。非绝热式压缩空气储能压缩空气时很

大一部分能量，在压缩空气过程中转化为热能，而这部分热能没能得到有效利用，导致这种方式储能效率低下。要想解决这个问题，有两种途径：一是，补燃，即在释放能量阶段中，额外加入燃料作为热源，加热膨胀过程中的气体，防止其温度降低过多，从而辅助动能的转化；二是，将压缩过程中产生的热量通过储热器存储起来，待发电过程中用这部分热量预热压缩空气，达到回收热量的目的，即绝热式压缩空气储能。这两种技术中，补燃式的压缩空气储能属于传统压缩空气储能，非补燃的绝热式压缩空气储能属于先进压缩空气储能。

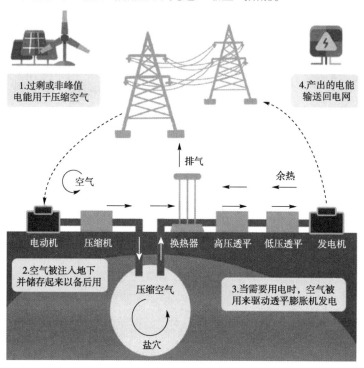

图 4-22　压缩空气储能工作原理

先进压缩空气储能方面，我国处于世界领先水平。以中国科学院工程热物理研究所为代表的国内研究机构，先后开展了先进绝热压缩空气储能（AA-CAES）、超临界压缩空气储能系统（SC-CAES）、液态压缩空气（LAES）研究等，通过空气的液态或高压储存，消除对大型储气洞穴的依赖；通过压缩热回收再利用，摆脱化石燃料依赖；通过高效压缩、膨胀、超临界蓄冷蓄热提高系统效率，从而同时解决了传统压缩空气储能系统的主要技术瓶颈。

2022 年 5 月 15 日，世界首个非补燃压缩空气储能电站——江苏金坛盐穴压缩空气储能国家试验示范项目（见图 4-23）整套设备实现连续 4 天满负荷、满时长"储能—发电"试运行，各项指标优良，标志着大规模压缩空气储能技术全流程验证成功，该项目已具备投入商业运行的条件。该项目是我国压缩空气储能领域唯一的国家示范项目，是世界首座非补燃式压缩空气储能电站，也是国内首次利用盐穴资源的发电项目。电站一期建设 1 套 6 万 kW×5 h 非补燃式压缩空气储能发电系统，发电年利用小时数约 1 660 h，储能容量 30 万 kW·h，换电效率达 60%以上，投运后将为江苏电网提供 ±6 万 kW 调峰能力，每年增加调峰电量约 1 亿 kW·h。该项目极大提高了电能转换效率，全过程无燃烧、无排放，为新型电力系统构建提供了技术支撑和基础装备，助力碳达峰、碳中和目标实现。

图 4-23 江苏金坛盐穴压缩空气储能国家试验示范项目

## 4.2.5 热储能

热储能系统中，热能被储存在隔热容器的媒介中，需要的时候转化回电能，也可直接利用而不再转化回电能。热量以显热、潜热或两者兼有的形式储存。显热储能是靠储热介质的温度升高来储存能量的。每一种物质均具有一定的热容，在物质形态不变的情况下随着温度的变化，它会吸收或放出热量，显热储能技术就是利用物质的这一特性，其储热效果和材料的比热容、密度等因素关系密切。潜热储能则利用材料在发生物相变化时吸收或释放大量的潜热来进行热量的储存。物质从一种相态转变成另一种相态（即相变）的过程中，伴有能量的吸收或释放，这部分能量称为相变潜热。故而，潜热储能又称为相变储能。

热储能技术的要素有两个方面：其一是热能的转化，即热能在不同载体之间的传递及与其他形式的能量之间的转化；其二为热能的储存，即热能在物质载体上的存在状态。虽然热储能有显热储热、潜热储热等多种形式，但其储存的热能本质上均为物质中原子或分子热运动的能量。因而从热力学角度分析，对应于热力学中的第一定律和第二定律，热储能系统均有量和质两个衡量特征。以显热储热为例，热能储存的量数学上表现为物质载体的比热容和储热前后温度变化的乘积。具体地，如果储热材料的定压比热容大小恒定为 $C_p$，储热材料在储热前后的温度变化为 $\Delta T$，那么在该过程中所储存的热量的大小为 $\Delta Q = C_p \Delta T$。可见，给定物质载体，其储存热量的大小只与前后温差有关而与温度的绝对值无关，而温度的绝对值决定了其利用，所以储存热量的大小不能直接反映与能量利用密切相关的标准——品位（即能量的实用价值）。故而需要借助热力学中的另一个参数——有用功来衡量所储存热量的品位。在当前能源供应日益紧张的情况下，高效、高品位的热储能技术越来越引起人们的兴趣，即更加注重储能的质而非简单关注量的大小，而能量密度是衡量这种质的最有效标准。

储热材料的研究目前主要是集中于显热储热材料和相变材料，尤以储热密度高、储热装置结构紧凑的高温相变材料为主，如熔盐，即盐类熔化形成的熔融体。常见的熔盐包括碱金属、碱土金属的卤化物、硝酸盐、硫酸盐等。各种混合盐类可以在中高温工作区域内通过调节不同盐类的配比来控制物质的熔融温度。此外，熔融盐具有工作温度高、使用温度范围广、传热能力强、热稳定性好、系统压力小、经济性较好等一系列的优点，目前已成为光热电站传热和储热介质的首选。储热介质吸收太阳辐射或其他载体的热量储存于介质内部，环境温度低于介质温度时热量即释放。储热技术的性能除了受到储热介质密度等状态量的影响外，还受到介质本身在热量交换和转化等过程性能的影响。这些过程量包括介质的换热性能及流动性能等，即在理论上表现为传热学和流体力学方面的特征。

熔盐储能分为储热与放热两个工作过程。储热过程中，采用智能互补系统将风电、光伏、夜间低谷电、工业废热等作为加热熔盐的能源，通过加热熔盐存储可再生能源或低谷电能。放热过程中，在换热系统中高温熔盐与水换热，产生水蒸气，驱动涡轮机工作，对外发电，如图 4-24 所示。此外，释放的能量不仅能用来发电，还可根据用热终端不同需求工况，通过换热系统，为终端提供蒸汽、高温热力、供暖等。

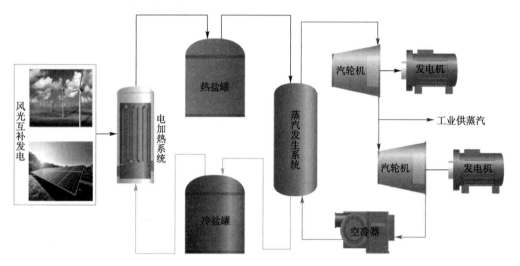

图 4-24　熔盐储能工作原理

熔盐作为储热介质，成本较低，工作状态稳定，储热密度高，储热时间长，适合大规模中高温储热，单机可实现 100 MW·h 以上的储热容量。熔盐储能的劣势来自熔盐本身固有的缺陷，如腐蚀性和相变过程中的液体泄漏，这些缺点的存在要求相应的储热装置材料具有较高的抗腐蚀要求，也是熔盐储能发展受限的主要原因。此外，熔盐是通过储存热量的方式来储存能量的，如果需要储存的是电能，整个流程中需要完成"电能—热能—电能"的转换，能量转换效率很低。能量转换方式决定了熔盐储能只有应用在热发电的场景（如光热发电、火电厂改造等）或者应用在终端能量需求为热能而非电能的场景（如清洁供热）才会有经济优势。

## 4.2.6　其他储能方式

### 1. 飞轮储能

飞轮储能是一种新兴电能存储技术，通过在低摩擦环境中高速旋转的飞轮来存储动能，并利用互逆式双向电机（电动机/发电机）实现电能与高速旋转飞轮的动能之间相互转换。飞轮储能系统是将能量以高速旋转飞轮的转动动能的形式来存储起来的装置。它有三种模式：充电模式、放电模式、保持模式。充电模式即飞轮转子从外界吸收能量，使飞轮转速升高将能量以动能的形式存储起来，充电过程飞轮做加速运动，直到达到设定的转速；放电模式即飞轮转子将动能传递给发电机，发电机将动能转化为电能，再经过电力控制装置输出适合于用电设备的电流和电压，实现机械能到电能的转化，此时飞轮将做减速运动，飞轮转速将不断降低，直到达到设定的转速；保持模式即当飞轮转速达到预定值时，既不吸收能量也不向外输出能量，如果忽略自身的能量损耗，其能量保持不变。由此，整个飞轮系统实现了能量的输入、输出以及存储。

飞轮储能系统的基本结构由飞轮转子、轴承、电机（电动机/发电机）、电力电子转换装置、真空室等五个部分组成，结构示意图如图 4-25 所示。其中，飞轮转子作为飞轮电池的关键部件，一般选用强度高、密度相对较小的材料制作而成，根据外形不同，可分为圆轮、圆盘或圆柱刚体等类型；轴承是飞轮装置的轴系支承部件，由于磁悬浮支承轴承和组合式轴承可以降低摩擦损耗，提高系统效率而成为支承技术的研究热点，尤其是组合式轴承结合了机械轴承和磁悬浮轴承的优点，已经引起了飞轮储能系统研究和开发者的广泛关注；电机作为一个集成部件，具有电动机和发电机的功能，可以在电动和发电两种模式下自由切换，以实现机械能和电能的相互转换；电力电子转换装置主要是对输入或输出的电能进行变换控制，通过对电力电子控制装置的操作可以实现对飞轮电机各种工作要求的控制；真空室主要作用是为飞轮提供真空环境以降低风阻损耗并在飞轮高速旋转破裂时保护周围人员和设备。

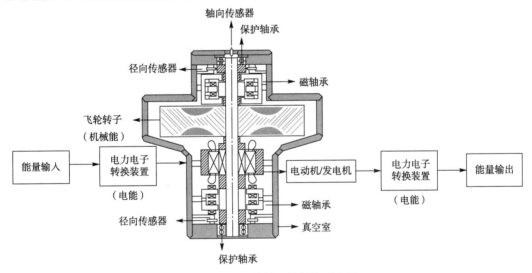

图 4-25 飞轮储能系统结构示意图

飞轮储能具有储能密度高，瞬时功率大，寿命周期长，充放电次数与充放电深度无关，能量转换效率高，绿色环保等优点。缺点则是飞轮储能技术成本较高，且技术较为复杂，长期被国外垄断，直到近年来我国逐步打破国外在该领域的技术垄断。

2022 年 11 月，国家能源集团宁夏电力公司牵头完成的"大电量高功率磁悬浮储能飞轮关键技术研究与应用"科技成果，通过工业和信息化部工业信息安全发展研究中心组织的成果鉴定，技术整体达到国际先进水平。成果应用于宁夏电力灵武公司 2×600 MW 热电联产机组，以其为核心关键技术建设 22 MW/4.5 MW·h 全球容量最大磁悬浮飞轮储能系统。

**2. 超级电容器储能**

超级电容器是一种介于传统电容器和蓄电池之间的新型储能器件，其既具有电容器快速充放电的特性，又具备电池的储能特性。超级电容器的电容量达到法拉级别，是传统电容器的数百甚至上百万倍；同时，超级电容器继承了传统电容器高功率密度、充放电时间短、宽温度范围、寿命长等优点，可反复循环使用。

超级电容器主要由集流体、电极、电解质以及隔膜等几部分组成。超级电容器通过外加电场极化电解质，使电解质中荷电离子分别在带有相反电荷的电极表面形成双电层，从而实现储能，如图4-26所示。其储能过程是物理过程，没有化学反应，且过程完全可逆，这与蓄电池电化学储能过程不同。超级电容器储能机制有两种：双电层电容与赝电容。

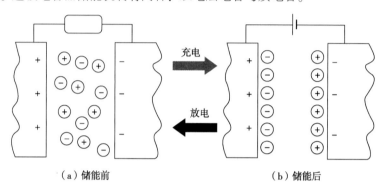

（a）储能前　　　　　　　　　　　（b）储能后

图4-26　超级电容器工作原理

双电层电容基于界面双电层理论的原理，即插入电解质溶液中的金属电极表面与液面两侧会出现符号相反的过剩电荷，从而使相间产生电位差。如果在电解液中同时插入两个电极，并在其间施加一个小于电解质溶液分解电压的电压，这时电解液中的正、负离子在电场的作用下会迅速向两极运动，并分别在两电极的表面形成紧密的电荷层，即双电层，它所形成的双电层和传统电容器中的电介质在电场作用下产生的极化电荷相似，从而产生电容效应，紧密的双电层近似于平板电容器，但是，由于紧密的电荷层间距比普通电容器电荷层间的距离小得多，因而具有比普通电容器更大的容量。双电层电容器没有传统的电介质，而是使用绝缘层隔开。这个绝缘层可以让电解液中的正、负离子通过。该电解液本身不能传导电子，所以，当充电结束后，电容器内部不会发生漏电（电子不会从一极流向另外一极）。当放电的时候，电极上的电子通过外部电路从一极流向另外一极。结果是电极与电解液中的离子吸附显著降低。从而使电解液中的正、负离子重新均匀分布开来。

赝电容又称法拉第准电容，是在电极表面及其附近的体相中的二维或准二维空间上，电活性物质进行欠电位沉积，发生高度可逆的化学吸附、脱附或氧化还原反应等快速可逆的法拉第反应，产生和电极充电电位有关的电容。这是金属氧化物、金属碳化物、导电聚合物超级电容器能量存储的主要机制。尽管这些反应与电池中反应很相似，两者电荷都经过了双电层电容，不同的是赝电容的形成更多的是由特殊的热力学行为导致的。赝电容的循环伏安曲线、恒流放电曲线与双电层电容相似。与双电层电容不同的是，赝电容能量密度较高，但受限于电化学反应动力学以及反应的不可逆性，导致赝电容的充放电功率、循环寿命都比双电层电容要小。需要指出的是，由于活性官能团的存在，大部分超级电容器电极都存在着赝电容。

超级电容器具有寿命长、充放电速率快、输出功率高、比功率高等优点，但是较低的能量密度、较高的自放电限制了其在储能领域的独立应用，而适合与其他储能手段联合使用。

### 3. 化学储能

化学储能主要是指利用氢或合成天然气作为二次能源的载体。利用多余的电，通过电解水，将水分解为氢和氧，从而获得氢。以后可直接用氢作为能量的载体，也可以再将氢与二氧化碳反应合成甲烷（天然气），以合成天然气作为能量的载体。通过这个过程将间歇波动、富余电能转化为化学能储存起来；在电力输出不足时，利用氢或甲烷通过燃料电池或其他发电装置发电回馈至电网系统。即通过"可再生能源发电—水电解制氢（再制天然气）—发电"的步骤，利用电能与化学能之间的相互转化，实现能量储存与释放的过程。

化学储能存在全过程能量转化效率较低的问题。电解水制氢能量转化效率一般为 65% ~ 75%，进一步合成天然气的能量转化效率一般为 60% ~ 65%。而由氢或天然气再重新生成电能，能量又将损耗一部分。总的来看，电—氢—电的全过程能量转化效率仅 30% ~ 40%，电—氢—天然气—电的全过程能量转化效率仅 25% ~ 30%。这是化学储能发展的最大阻碍之一，提高化学储能的全过程能量转化效率是亟须突破的重点。但是，化学储能潜力巨大。从化学储能与其他储能的比较上来看，电化学储能的容量是兆瓦级，储能时间是 1 天以内；抽水蓄能容量是吉瓦级，储能时间是 1 周 ~ 1 个月；而化学储能的容量是太瓦级，储能时间可以达到 1 年以上。化学储能不仅容量巨大、储能时间长，还可以做到跨区域长距离储能。此外，从用途上看，化学储能不仅可以重新转换为电能，还可以用于燃料、化工原料等其他用途。总之，化学储能兼具安全性、灵活性和规模性特质，无论是从能量维度、时间维度还是从空间维度，化学储能都是潜力极大的储能方式。

### 拓展阅读　能源系统未来趋势——综合智慧能源

能源是现代经济社会发展的基础和命脉，党中央高度重视能源工作。党的二十大对以中国式现代化全面推进中华民族伟大复兴做出战略部署，并对能源高质量发展提出明确要求。党的二十大报告指出，"深入推进能源革命，加强煤炭清洁高效利用，加大油气资源勘探开发和增储上产力度，加快规划建设新型能源体系，统筹水电开发和生态保护，积极安全有序发展核电，加强能源产供储销体系建设，确保能源安全。"这是党中央对新时代新征程能源高质量发展的新部署和新要求。这一部署既集中体现了新时代党的创新理论在能源领域的具体成果，也科学确立了新征程能源事业的新使命新任务；既与能源安全新战略一脉相承，又赋予其新的时代内涵；既遵循现代能源发展演进的一般规律，也是立足国情的能源发展道路，具有重大的现实意义和深远的历史意义。

在建设新型能源体系的任务要求下，新型能源体系将在现有能源体系上不断升级演进和变革重塑，综合智慧能源便是一种新的能源系统形态，如图 4-27 所示。综合智慧能源是以数字化、智慧化能源生产、储存、供应、消费和服务等为主线，追求横向"电、热、冷、气、水、氢"等多品种能源协同供应，实现纵向"源、网、荷、储、用"等环节之间互动优化，构建"物联网"与"互联网"无缝衔接的能源网络，并面向终端用户提供能源一体化服务的产业。

综合智慧能源有两个方面的重要特点。第一，"综合"：强调能源一体化解决方案，从用户

侧出发，实现多种能源品种的融合。在"综合"的要求下，电源的形式将不再是以火力发电为主，而是融合了水力发电、太阳能发电、风力发电、核能发电等多种形式，并以新能源为主；电力系统的模式也不再局限于传统的集中式，而是变为集中式与分布式并举。第二，"智慧"：强调数字化、智慧化，以平台为中心利用物联网、大数据、人工智能等技术，推进能源供给、消费的优化组合、有机协调，同步实现能源系统效率提升。在"智慧"的要求下，电力系统需要通过储能的灵活性调节实现电源、电网、负荷、储能各个环节的协调互动，实现系统安全、稳定、可靠地运行。

图 4-27　综合智慧能源

综合智慧能源主要通过三个层面的机制实现有效运行。

首先，需要对源、网、荷、储、用的特性进行分析，即分析源、网、荷、储、用各个环节的当前状态和具备的能力。例如，对太阳能发电、风力发电等电源，根据其设备性能参数分析发电情况及对电网的影响；对于负荷，根据采集的负荷数据，对负荷的特性进行辨识，计算负荷的相关指标；对电网，分析其有功调节能力、无功调节能力、负载率、可靠性等指标。

其次，对发电功率、负荷功率等进行预测。借助风光预测系统及高精度天气预报等服务，根据现场采集的监控数据、环境数据及其历史统计数据，对超短时、短时、长时风电和光伏的输出功率做出预测，制定预期发电曲线；对于负荷预测，通过对历史负荷数据、气象因素、节假日、特殊事件等信息分析的基础上，挖掘负荷变化规律，制定负荷预测变化曲线。

最后，制定源、网、荷、储、用的协调优化功能。储能的作用得到充分体现，储能作为灵活性资源，可实时"查漏补缺"，并解决改变电能的时域特性。根据系统的需要实现调峰、调频、调压、备用等多重作用。

综合智慧能源应用场景广泛，既可应用于大型企业、办公园区等智慧园区，也可为居民住宅、医院、酒店、办公楼等建筑提供低碳智慧化解决方案。随着"双碳"工作思路逐步清晰，从顶层设计转向落地实施，从概念走向产业，新技术的攻关、新业态的催生，都在助力综合智慧能源系统发展。综合智慧能源是实现"双碳"目标的战略选择，是构建新型电力系统的重要基础，是能源安全战略的关键支撑，是能源企业数字化转型的必然方向。

我国是综合智慧能源建设领域的领先者。2022 年 6 月 29 日，由中国三峡新能源股份有限公司牵头投资建设的三峡乌兰察布新一代电网友好绿色电站示范项目一期工程建设完成，正式交付并投入使用。该项目是全国首个"源网荷储"项目、国内首个储能配置规模达到千兆瓦时的新能源场站，也是全球规模最大的"源网荷储"一体化示范项目。该项目位于内蒙古乌兰察布市四子王旗境内，总建设规模 200 万 kW，包括 170 万 kW 风电项目和 30 万 kW 光伏发电项目，配套建设 55 万 kW×2 h 储能系统，并建设 1 个智慧联合调度中心和 4 个升压储能一体化站。项目建成后，年发电量将达到近 64 亿 kW·h。

三峡乌兰察布新一代电网友好绿色电站示范项目以储能等新技术为突破口，通过"风光储"联合优化调度运行，有效解决电力系统综合效率不高、"源网荷储"各环节协调不够、各类电源互补互济不足等问题，是推动实现"碳达峰、碳中和"目标的生动范例。

# 思考题

(1) 简要说明储能的目的。

(2) 储能的基本原理是什么？

(3) 简要描述抽水蓄能的工作原理。

(4) 简要说明电化学储能电站的构造。

(5) 锂离子电池的工作方式是怎样的？

(6) 简要描述液流电池的工作原理及突出优势。

(7) 热储能应用在电储能的效果如何？

(8) 压缩空气储能是如何运作的？

(9) 简要分析超级电容器储能的优缺点。

# 控制、逆变及汇流配电系统

在光伏发电系统中，控制器的功能是实现能量存储与释放，逆变器的功能是将直流转交流，汇流箱及配电柜是保证光伏组件有序连接、汇流以及电能及电力线路的合理分配，这些电气设备在光伏发电系统中均起着不可或缺的作用。本章将详细介绍光伏控制器、逆变器、汇流箱与配电柜等设备的工作原理、功能、分类、特点、技术参数。

## 学习目标

（1）了解控制器的作用与分类。

（2）熟悉光伏控制器的工作原理及功能。

（3）掌握光伏控制器的选型。

（4）熟悉光伏逆变器的作用与分类。

（5）掌握光伏逆变器的工作原理及功能。

（6）掌握光伏逆变器的选型。

（7）熟悉汇流箱及配电柜的工作原理及功能。

（8）汇流箱及配电柜的设计与选型。

## 学习重点

（1）光伏控制器的工作原理及功能。

（2）光伏控制器的选型。

（3）光伏逆变器的工作原理及功能。

（4）光伏逆变器的选型。

（5）汇流箱及配电柜的工作原理及功能。

（6）汇流箱及配电柜的设计与选型。

## 学习难点

（1）光伏控制器的工作原理。

（2）光伏逆变器的工作原理。

# 5.1　光伏控制器

控制器是光伏发电系统的核心部件之一。党的二十大报告指出，"尊重自然、顺应自然、保护自然，是全面建设社会主义现代化国家的内在要求。"合理的能源控制亦是响应国家号召。在小型光伏发电系统中，控制器主要用来充放电、保护蓄电池。在大中型光伏发电系统中，控制器主要担负的功能是根据日照强弱及负荷的变化，不断对蓄电池组的工作状态进行切换和调节，使其在充电、放电或浮充电等多种工况下交替运行，从而保证光伏电站工作的连续性和稳定性。通过检测蓄电池组的荷电状态，发出蓄电池组继续充电、停止充电、继续放电、减少放电或停止放电的指令，保护蓄电池组不过度充电和放电。光伏控制器可以单独使用，也可以和逆变器等合为一体。在特殊的应用场合中，对于小型光伏发电系统，光伏控制器决定了一个系统功能。光伏控制器外形如图 5-1 所示。

（a）小功率光伏控制器　　　（b）中功率光伏控制器　　　（c）大功率光伏控制器

图 5-1　光伏控制器外形

## 5.1.1　光伏控制器工作原理及功能

### 1. 光伏控制器工作原理

光伏控制器主要是通过 MCU 主控制器来对整个充放电过程进行控制。它可以实时监测光伏组件电压、蓄电池电压、工作环境温度，并能发出 MOSFET 功率开关管 PWM（脉冲宽度调制）驱动信号，对开关管的通断实施控制。它可以实现防止过充、过放、短路过载保护、反接保护、雷电保护以及温度补偿功能。

### 2. 光伏控制器功能

光伏控制器功能如下：

（1）防止蓄电池过充电和过放电，延长蓄电池寿命。

（2）防止光伏组件或电池方阵、蓄电池极性接反。

（3）防止负载、控制器、逆变器和其他设备内部短路。

（4）具有防雷击功能。

（5）具有温度补偿功能。

（6）显示光伏发电系统的各种工作状态，包括蓄电池（组）电压、负载状态、电池方阵工作状态、辅助电源状态、环境温度状态、故障报警等。

## 5.1.2 光伏控制器分类及特点

用于光伏发电系统的光伏控制器按电路方式不同分为并联型、串联型、脉宽调制型、多路控制型、两阶段双电压控制型和最大功率跟踪型；按光伏组件输入功率和负载功率不同可分为小功率型、中功率型、大功率型及专用控制器（如草坪灯控制器）等；按放电过程控制方式不同，可分为常规过放电控制型和剩余电量（SoC）放电全过程控制型。对于应用了微处理器的电路，实现了软件编程和智能控制，并附带有自动数据采集、数据显示和远程通信功能的控制器，称为智能控制器。

### 1. 光伏控制器按照功率大小分类

光伏控制器按照功率大小，可以分为小功率、中功率、大功率光伏控制器，其主要性能特点如下：

**1）小功率光伏控制器**

（1）采用低损耗、长寿命的 MOSFET 场效应管等电子开关元件作为控制器的主要开关器件。

（2）采用 PWM 控制技术实现对蓄电池进行快速充电和浮充充电（一种连续、长时间的恒电压充电方法，又称连续充电），使光伏发电能量得以充分利用。

（3）具有单路、双路负载输出和多种工作模式。其主要工作模式有：普通开/关工作模式（即不受光控和时控的工作模式）、光控开/光控关工作模式、光控开/时控关工作模式。双路负载控制器控制关闭的时间长短可分别设置。

（4）具有多种保护功能，包括蓄电池和光伏组件接反、蓄电池开路、蓄电池过充电和过放电、负载过电压、夜间防反充电、控制器温度过高等多种保护。

（5）用 LED 指示灯对工作状态、充电状况、蓄电池电量等进行显示，并通过 LED 指示灯颜色的变化显示系统工作状况和蓄电池的剩余电量等的变化。

（6）具有温度补偿功能。其作用是在不同的工作环境温度下，能够对蓄电池设置更为合理的充电电压，防止过充电和欠充电状态而造成电池充放电容量过早下降甚至过早报废。

**2）中功率光伏控制器**

一般把额定负载电流大于 15 A 的光伏控制器划分为中功率光伏控制器。其主要性能特点如下：

（1）具有自动/手动/夜间功能：可编制程序设定负载的控制方式为自动或手动方式。手动方式时，负载可手动开启或关闭。当选择夜间功能时，控制器在白天关闭负载；检测到夜晚时，延迟一段时间后自动开启负载，定时时间到，又自动地关闭负载，延迟时间和定时时间可编程设定。

（2）具有快速充电功能：当电池电压低于一定值时，快速充电功能自动开始，光伏控制器将提高电池的充电电压；当电池电压达到理想值时，开始快速充电倒计时程序，定时时间到后，退出快速充电状态，以达到充分利用太阳能的目的。

（3）具有蓄电池过充电、过放电、输出过载、过电压、温度过高等多种保护功能。

（4）中功率光伏控制器同样具有普通充放电工作模式（即不受光控和时控的工作模式）、光控开/光控关工作模式、光控开/时控关工作模式等。

（5）采用 LCD 液晶屏显示工作状态和充放电等各种重要信息，如电池电压、充电电流和放电电流、工作模式、系统参数、系统状态等。

（6）具有浮充电压的温度补偿功能。

**3）大功率光伏控制器**

大功率光伏控制器采用微电脑芯片控制系统，具有下列性能特点：

（1）具有 LCD 液晶点阵模块显示，可根据不同的场合通过编程任意设定、调整充放电参数及温度补偿系数，具有中文操作菜单，方便用户调整。

（2）可适应不同场合的特殊要求，可避免各路充电开关同时开启和关断时引起的振荡。

（3）可通过 LED 指示灯显示各路光伏充电状况和负载通断状况。

（4）有 1～18 路光伏组件输入控制电路，控制电路与主电路完全隔离，具有极高的抗干扰能力。

（5）具有电量累计功能，可实时显示蓄电池电压、负载电流、充电电流、光伏电流、蓄电池温度、累计光伏发电量（单位：A·h 或 W·h）、累计负载用电量（单位：W·h）等参数。

（6）具有历史数据统计显示功能，如过充电次数、过放电次数、过载次数、短路次数等。

（7）用户可分别设置蓄电池过充电保护和过放电保护时负载的通断状态。

（8）各路充电电压检测具有"回差"控制功能，可防止开关器件进入振荡状态。

（9）具有蓄电池过充电、过放电、输出过载、短路、浪涌、光伏组件接反或短路、蓄电池接反、夜间防反充等一系列报警和保护功能。

（10）配接有 RS-232/485 接口，便于远程遥信、遥控；PC 监控软件可测实时数据、报警信息显示、修改控制参数，能够读取一段时间的每日蓄电池最高电压、蓄电池最低电压、光伏发电量、负载用电量等历史数据。

另外，参数设置具有密码保护功能且用户可修改密码，具有过电压、欠电压、过载、短路等保护报警功能。具有多路无源输出的报警或控制接点，包括蓄电池过充电、蓄电池过放电、其他发电设备启动控制、负载断开、控制器故障、水淹报警等；工作模式可分为普通充放电工作模式（阶梯型逐级限流模式）和一点式充放电工作模式（PWM 工作模式）。其中一点式充放电工作模式分四个充电阶段，控制更精确，更好地保护蓄电池不被过充电，对光伏发电予以充分利用；具有不掉电实时时钟功能，能显示和设置时钟；具有雷电防护功能和温度补偿功能。

**2. 光伏控制器按照电路方式分类**

虽然光伏控制器的控制电路根据光伏系统装机容量不同其复杂程度有所差异，但其基本原理一样。图 5-2 所示为光伏控制器基本电路。该电路由光伏组件、控制器、蓄电池和负载组成。开关 1 和开关 2 分别为充电控制开关和放电控制开关。开关 1 闭合时，由光伏组件通过控制器给蓄电池充电，当蓄电池出现过充电时，开关 1 能及时切断充电回路，使光伏组件停止向蓄电池供电，开关 1 还能按预先设定的保护模式

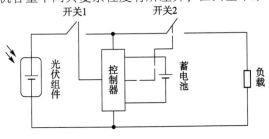

图 5-2 光伏控制器基本电路

自动恢复对蓄电池的充电。当开关 2 闭合时，由蓄电池给负载供电，当蓄电池出现过放电时，开关 2 能及时切断放电回路，蓄电池停止向负载供电，当蓄电池再次充电并达到预先设定的恢复充电点时，开关 2 又能自动恢复供电，开关 1 和开关 2 可以由各种开关元件构成，如各种晶体管、晶闸管、固态继电器、功率开关器件等电子式开关和普通继电器等机械式开关。下面就不同的电路方式对各类常用控制器的电路原理和特点进行介绍。

1）并联型光伏控制器

并联型光伏控制器又称旁路型光伏控制器，它是利用并联在光伏组件两端的机械或电子开关器件控制充电过程。当蓄电池充满电时，把光伏组件输出分流到旁路电阻或功率模块上去，然后以热能的形式消耗掉；当蓄电池电压回落到一定值时，再断开旁路恢复充电。由于这种方式消耗热能，所以一般用于小型、小功率系统。

并联型光伏控制器电路原理如图 5-3 所示。并联型光伏控制器电路中充电回路的开关器件 S1 并联在光伏组件或光伏阵列的输出端，控制器检测电路监控蓄电池的端电压，当充电电压超过蓄电池设定的充满断开电压值时，开关器件 S1 导通，同时防反充二极管 VD1 截止，使光伏组件或光伏阵列输出电流直接通过 S1 旁路泄放，不再对蓄电池进行充电，从而保证蓄电池不被过充电，起到防止蓄电池过充电的保护作用。

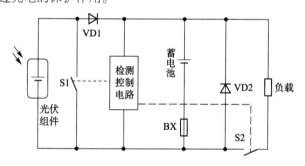

图 5-3　并联型光伏控制器电路原理

开关器件 S2 为蓄电池放电控制开关，当蓄电池的供电电压低于蓄电池的过放电保护电压时，S2 关断，对蓄电池进行过放电保护。当负载因过载或短路使电流大于额定工作电流时，控制开关 S2 也会关断，起到输出过载或短路保护的作用。

检测控制电路随时对蓄电池的电压进行检测，当电压大于充满保护电压时，S1 导通，电路实行过充电保护；当电压小于过放电电压时，S2 关断，电路实行过放电保护。

电路中的 VD2 为蓄电池接反保护二极管，当蓄电池极性接反时，VD2 导通，蓄电池将通过 VD2 短路放电，短路电流将熔丝熔断，电路起到防蓄电池接反保护作用。

开关器件、VD1、VD2 及熔丝 BX 等一般和检测控制电路共同组成控制器电路。该电路具有线路简单、价格便宜、充电回路损耗小、控制器效率高的特点，当防过充电保护电路动作时，开关器件要承受光伏组件或方阵输出的最大电流，所以要选用功率较大的开关器件。

2）串联型光伏控制器

串联型光伏控制器是利用串联在充电回路中的机械或电子开关器件控制充电过程。当蓄电池充满电时，开关器件断开充电回路，停止为蓄电池充电；当蓄电池电压回落到一定值时，充电电路再次接通，继续为蓄电池充电。串联在回路中的开关器件还可以在夜间切断光伏电池供电，取代防反充二极管。串联型光伏控制器同样具有结构简单、价格便宜等特点，但由于控制开关是串联在充电回路中的，电路的电压损失较大，使充电效率有所降低。

串联型光伏控制器的电路原理如图5-4所示。它的电路结构与并联型光伏控制器的电路结构相似，区别仅仅是将开关器件 S1 由并联在光伏电池输出端改为串联在蓄电池充电回路中。控制器检测电路监控蓄电池的端电压，当充电电压超过蓄电池设定的充满断开电压值时，SI 关断，使光伏电池不对蓄电池进行充电，从而保证蓄电池不被过充电，起到防止蓄电池过充电的保护作用，其他元件的作用和并联型光伏控制器相同。

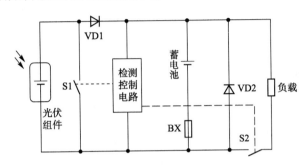

图 5-4　串联型光伏控制器的电路原理

串、并联型光伏控制器的检测控制电路实际上就是蓄电池过欠电压的检测控制电路，主要是对蓄电池的电压随时进行采样检测，并根据检测结果向过充电、过放电开关器件发出接通或关断的控制信号。控制器检测控制电路原理如图5-5所示。该电路包括过电压检测控制和欠电压检测控制两部分电路，由带回差控制的运算放大器组成。其中 IC1 等为过电压检测控制电路，IC1 的同相输入端输入基准电压，反相输入端接被测蓄电池，当蓄电池电压大于过充电电压值时，IC1 输出端 G1 输出为低电平，使开关器件 S1 接通（并联型光伏控制器）或关断（串联型光伏控制器），起到过电压保护的作用。当蓄电池电压下降到小于过充电电压值时，IC1 的反相输入电位小于同相输入电位，则其输出端 G1 又从低电平变为高电平，蓄电池恢复正常充电状态。过充电保护与恢复的门限基准电压由 RP1 和 R1 配合调整确定。IC2 等构成欠电压检测控制电路，其工作原理与过电压检测控制电路相同。

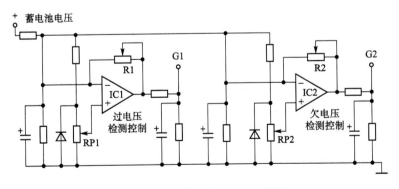

图 5-5　控制器检测控制电路原理

**3）脉宽调制型光伏控制器**

脉宽调制型（PWM）光伏控制器电路原理如图5-6所示。该控制器以脉冲方式开关光伏组

件的输入，当蓄电池逐渐趋向充满时，随着其端电压的逐渐升高，PWM 电路输出脉冲的频率和时间都发生变化，使开关器件的导通时间延长、间隔缩短，充电电流逐渐趋近于零。当蓄电池电压由充满点向下降时，充电电流又会逐渐增大。与前两种光伏控制器电路相比，脉宽调制充电控制方式虽然没有固定的过充电电压断开点和恢复点，但是电路会控制当蓄电池端电压达到过充电控制点附近时，其充电电流要趋近于零。这种充电过程能形成较完整的充电状态，其平均充电电流的瞬时变化更符合蓄电池当前的充电状况，能够增加光伏系统的充电效率并延长蓄电池的总循环寿命。另外，脉宽调制型光伏控制器还可以实现光伏系统的最大功率跟踪功能，因此可作为大功率光伏控制器用于大型光伏发电系统中。脉宽调制型光伏控制器的缺点是控制器的自身工作有 4%~8% 的功率损耗。

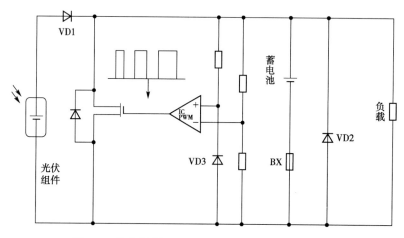

图 5-6　脉宽调制（PWM）型光伏控制器电路原理

**4）多路型光伏控制器**

多路型光伏控制器一般用于几千瓦以上的大功率光伏发电系统，将光伏方阵分成多个支路接入控制器。当蓄电池充满时，控制器将光伏方阵各支路逐路断开；当蓄电池电压回落到一定值时，控制器再将光伏方阵逐路接通，实现对蓄电池组充电电压和电流的调节。这种控制方式属于增量控制法，可以近似达到脉宽调制型光伏控制器的效果，路数越多，增幅越小，越接近线性调节。但路数越多，成本也越高，因此确定光伏方阵路数时，要综合考虑控制效果和控制器的成本。

多路型光伏控制器电路原理如图 5-7 所示。当蓄电池充满电时控制电路将控制机械或电子开关从 S1 至 S$n$ 顺序断开光伏电池方阵各支路 Z1 至 Z$n$。当第一路 Z1 断开后，如果蓄电池电压已低于设定值，则控制电路等待；直到蓄电池电压再次上升到设定值后，再断开第二路，再等待；如果蓄电池电压不再上升到设定值，则其他支路保持接通充电状态。当蓄电池电压低于恢复点电压时，被断开的光伏方阵支路依次顺序接通，直到天黑之前全部接通。图 5-7 中 VD1 至 VD$n$是各个支路的防反充二极管，A1 和 A2 分别是充电电流表和放电电流表，V 为蓄电池电压表。

**5）智能型光伏控制器**

智能型光伏控制器采用 CPU 或 MCU 等微处理器对光伏发电系统的运行参数进行高速实时采集，并按照一定的控制规律由单片机内程序对单路或多路光伏组件进行切断与接通的智能控制。

中、大功率的智能型光伏控制器还可通过单片机的 RS-232/485 接口通过计算机控制和传输数据，并进行远距离通信和控制。

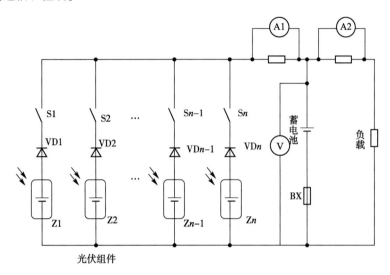

图 5-7 多路型光伏控制器电路原理

智能型光伏控制器除了具有过充电、过放电、短路、过载、防反接等保护功能外，还可以通过最大功率点跟踪（MPPT）技术，实时优化太阳能电池板的工作状态，提高系统的整体性能。智能型光伏控制器还具有高精度的温度补偿功能。智能型光伏控制器电路原理如图 5-8 所示。

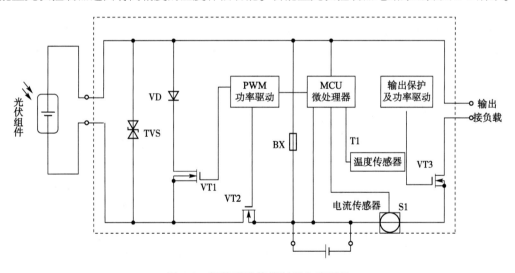

图 5-8 智能型光伏控制器电路原理

**6）最大功率点跟踪型光伏控制器**

最大功率点跟踪型光伏控制器的原理是将光伏方阵的电压和电流检测后相乘得到的功率，判断光伏方阵此时的输出功率是否达到最大，若不在最大功率点运行，则调整脉冲宽度、调制输出占空比、改变充电电流，再次进行实时采样，并做出是否改变占空比的判断。通过这样的寻优跟踪过程，可以保证光伏方阵始终运行在最大功率点。最大功率点跟踪型光伏控制器可以使光伏方阵始终保持在最大功率点状态，以充分利用光伏方阵的输出能量。同时，采用 PWM 调制方式，使充电电流成为脉冲电流，以减少蓄电池的极化，提高充电效率。

图 5-9 所示为光伏阵列输出功率特性曲线。由图 5-9 可知，当光伏阵列的工作电压小于最大功率点电压 $U_{max}$ 时，光伏阵列的输出功率随光伏阵列端电压上升而增加；当光伏阵列的工作电压大于最大功率点电压 $U_{max}$ 时，光伏阵列的输出功率随端电压上升而减小。最大功率点跟踪的实现实质上是一个自寻优过程，即通过控制端电压，使光伏阵列能在各种不同的日照和温度环境下智能化输出最大功率。

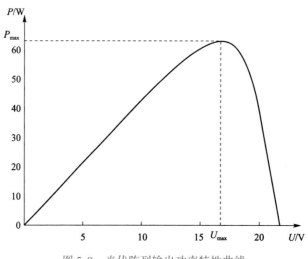

图 5-9　光伏阵列输出功率特性曲线

光伏阵列的开路电压和短路电流在很大程度上受日照强度和温度的影响，系统工作点也会因此飘忽不定，这必然导致系统效率的降低。为此，光伏阵列必须实现最大功率点跟踪控制，以便光伏阵列在任何当前日照下不断获得最大功率输出。

### 5.1.3　光伏控制器的技术参数

光伏控制器要根据系统功率、系统直流工作电压、电池方阵输入路数、蓄电池组数、负载状况以及用户的特殊要求等确定光伏控制器的类型。在小型光伏发电系统中，光伏控制器要用来保护储能蓄电池，一般小功率光伏发电系统采用单路脉宽调制型控制器；在大、中型系统中，光伏控制器须具有更多的保护和监测功能，使蓄电池充、放电控制器发展成系统控制器，因而，大功率光伏发电系统采用多路输入型光伏控制器或带有通信功能和远程监测控制功能的智能型光伏控制器。随着光伏控制器在控制原理和所使用元器件的进展，目前先进的系统控制器已经使用微处理器，实现软件编程并选择在本系统中适用和有用的功能，抛弃多余的功能。

光伏控制器因控制电路、控制方式不同而异，从设计和使用角度，按光伏方阵输入功率和负载功率的不同，可选配小功率型、中功率型、大功率型，或者专用光伏控制器。光伏控制器选配的主要技术参数如下。

#### 1. 系统工作电压

系统工作电压，即额定工作电压，是指光伏发电系统中的蓄电池或蓄电池组的工作电压。这个电压要根据直流负载的工作电压或交流逆变器的配置选型确定，一般为 12 V、24 V，中、大功率光伏控制器也有 48 V、110 V、200 V 等。

### 2. 额定输入电流

光伏控制器的额定输入电流取决于光伏组件或方阵的输出电流，选型时光伏控制器的额定输入电流应等于或大于光伏组件或方阵的输出电流。

### 3. 最大充电电流

最大充电电流是指光伏组件或方阵输出的最大电流。根据功率大小分为 5 A、6 A、8 A、10 A、12 A、15 A、20 A、30 A、40 A、50 A、70 A、100 A、150 A、200 A、250 A、300 A 等多种规格。有些厂家用光伏组件最大功率来表示这一内容，间接体现最大充电电流这一技术参数。

### 4. 光伏控制器的额定负载电流

光伏控制器的额定负载电流也就是光伏控制器输出到直流负载或逆变器的直流输出电流，该数据要满足负载或逆变器的输入要求。

### 5. 光伏方阵输入路数

光伏控制器的输入路数要多于或等于光伏电池方阵设计的输入路数；小功率光伏控制器一般只有一路光伏方阵单路输入；大功率光伏控制器通常采用多路输入，每路输入的最大电流等于额定输入电流/输入路数，因此，各路光伏电池方阵的输出电流应小于或等于光伏控制器每路允许输入的最大电流值。一般大功率光伏控制器可输入 6 路，最多的可接入 12 路、18 路。

### 6. 电路自身损耗

光伏控制器的电路自身损耗也是其主要技术参数之一，又称空载损耗（静态电流）或最大自消耗电流。为了降低光伏控制器的损耗，提高光伏电源的转换效率，光伏控制器的电路自身损耗要尽可能低。光伏控制器的最大自身损耗不得超过其额定充电电流的 1% 或 0.4 W。根据电路不同，电路自身损耗一般为 5~20 mA。

### 7. 蓄电池过充电保护电压（HVD）

蓄电池过充电保护电压又称充满断开或过电压关断电压，一般可根据需要及蓄电池类型的不同，设定在 14.1~14.5 V（12 V 系统）、28.2~29 V（24 V 系统）和 56.4~58 V（48 V 系统）之间，典型值分别为 14.4 V、28.8 V 相 57.6 V。蓄电池充电保护的关断恢复电压（HVR）一般设定为 13.1~13.4 V（12 V 系统）、26.2~26.8 V（24 V 系统）和 52.4~53.6 V（48 V 系统）之间，典型值分别为 13.2 V、26.4 V 和 52.8 V。

### 8. 蓄电池的过放电保护电压（LVD）

蓄电池的过放电保护电压又称欠电压断开或欠电压关断电压，一般可根据需要及蓄电池类型不同，设定在 10.8~11.4 V（12 V 系统）、21.6~22.8 V（24 V 系统）和 43.2~45.6 V（48 V 系统）之间，典型值分别为 11.1 V、22.2 V 和 44.4 V。蓄电池过放电保护的关断恢复电压（LVR）一般设定为 12.1~12.6 V（12 V 系统）、24.2~25.2 V（24 V 系统）和 48.4~50.4 V（48 V 系统）之间，典型值分别为 12.4 V、24.8 V 和 49.6 V。

### 9. 蓄电池充电浮充电压

蓄电池充电浮充电压一般为 13.7 V（12 V 系统）、27.4 V（24 V 系统）和 54.8 V（48 V 系统）。

## 10. 温度补偿

光伏控制器一般都具有温度补偿功能，以适应不同的环境工作温度，为蓄电池设置更为合理的充电电压。光伏控制器的温度补偿系数应满足蓄电池的技术要求，其温度补偿值一般为 $-20 \sim -40$ mV/℃。

## 11. 工作环境温度

控制器的使用或工作环境温度范围随厂家不同一般在 $-20 \sim +50$ ℃之间。

除上述主要技术数据要满足设计要求以外，使用环境温度、海拔、防护等级和外形尺寸等参数以及生产厂家和品牌也是光伏控制器配置选型时要考虑的因素。目前市场中常见的光伏控制器技术性能参数见表 5-1 ~ 表 5-3。

表 5-1　小型光伏控制器技术性能参数

| 型　　号 | HP2410 |
| --- | --- |
| 额定电流 | 10 A |
| 电流显示功能 | 无 |
| 系统电压 | 12 V/24 V 自动识别 |
| 空载损耗 | $<10$ mA/12 V； $<12$ mA/24 V |
| 光伏输入电压 | $<55$ V |
| 蓄电池端最大允许电压 | $<35$ V |
| 超电压保护 | 17.0 V |
| 均衡充电电压 | 14.6 V |
| 提升充电电压 | 14.4 V |
| 浮充电压 | 13.8 V |
| 充电返回电压 | 13.2 V |
| 过放返回电压 | 12.6 V |
| 过放电压 | 11.0 V |
| 均衡充电间隔 | 30 d |
| 均衡充电时间 | 1 h |
| 提升充电时间 | 2 h |
| 温度补偿 | $-3.0$ mV/℃ |
| 光控判断时间 | 1 min |
| 工作温度 | $-25 \sim +55$ ℃ |
| 防护等级 | IP30 |
| 净重 | 100 g |
| 保护功能 | 电池板短路、电池板以及蓄电池反接保护，过温保护，负载过载、短路保护 |

表 5-2　中型光伏控制器技术性能参数

| 型　产 | SMC30 |
| --- | --- |
| 系统电压 | 12 V/24 V/48 V |
| 最大充电电流 | 30 A |
| 最大负载电流 | 30 A |
| 最大太阳能板电压 | 100 V |
| 最大太阳能板功率 | 12 V 系统为 480 W |
| | 24 V 系统为 960 W |
| | 48 V 系统为 1 920 W |
| 最大蓄电池电压 | 60 V |
| 蓄电池类型 | 铅酸电池（开口、密封、胶体） |
| 显示 | LCD |
| 充电技术 | PWM |
| 质量 | 1 850 g |
| 尺寸 | 195 mm×176 mm×85 mm |

表 5-3　大型光伏控制器技术性能参数

| 型　号 | YX-K480200 |
| --- | --- |
| 额定系统电压 | 480 V |
| 最大充电电流 | 200 A |
| 光伏阵列极限电压 | 800 V |
| 均充电压 | 560.8 V |
| 浮充电压 | 541.6 V |
| 过电压断开电压 | 612.0 V |
| 过电压恢复电压 | 580.0 V |
| 均充恢复电压 | 522.4 V |
| 均充维持时间 | 120 min |
| 静态损耗 | <0.5 W |
| 工作环境温度 | −25 ~ +55 ℃ |
| 工作海拔 | ≤4 000 m，超过 4 000 m 需降额 |
| 防护等级 | IP32 |
| 产品尺寸 | 420 mm×345 mm×157 mm |
| 设备净重 | 12 kg |

## 5.2　逆变系统

　　把交流电能变换成直流电能的过程称为整流，把完成整流功能的电路称为整流电路，把实现整流过程的装置称为整流设备或整流器。与之相对应，把直流电能变换成交流电能的过程称为逆变，把完成逆变功能的电路称为逆变电路，把实现逆变过程的装置称为逆变设备或逆变器。党的二十大报告强调"坚持创新在我国现代化建设全局中的核心地位"。近年来，受经济全球化的影响，中国的逆变器凭借自身市场优势，竞争力不断增强，以全球性的成本优势，使得出口市场越来越开放，技术手段也得到了不断的改进。

### 5.2.1　逆变器的分类

　　有关逆变器分类的方法很多，可以按宏观、逆变器输出交流电能的频率、逆变器输出相数、逆变器主电路的形式、逆变器控制方式、逆变器开关电路工作方式、逆变器输出波形和隔离方式等方式进行分类。

　　（1）按宏观可分为普通型逆变器、逆变/控制一体机、邮电通信专用逆变器、航天及军队专用逆变器。

　　（2）按逆变器输出交流电能的频率可分为工频、中频及高频逆变器。工频逆变器的频率为50 ~ 60 Hz，中频逆变器的频率一般为 400 Hz 到十几千赫，高频逆变器的频率一般为十几千赫到几兆赫。

　　（3）按逆变器输出相数可分为单相、三相及多相逆变器。

（4）按逆变器主电路的形式可分为单端式、推挽式、半桥式及全桥式逆变器。

（5）按逆变器控制方式可分为调频式（PFM）及调脉宽式（PWM）逆变器。

（6）按逆变器开关电路工作方式可分为谐振式、定频硬开关式及定频软开关式逆变器。

（7）按逆变器输出波形可分为方波、阶梯波、正弦波逆变器。

（8）按隔离方式可分为离网逆变器和并网逆变器。

① 离网逆变器。离网逆变器应用在离网光伏发电系统当中，主要应用在偏远地区、交通信号灯等，如图 5-10 所示。

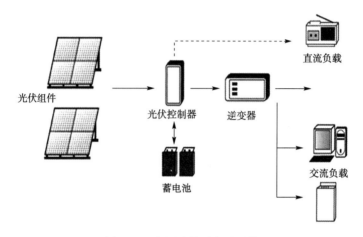

图 5-10　离网光伏逆变器系统

② 并网逆变器。并网光伏发电系统是与电网相连并向电网输送电力的光伏发电系统。该系统通过光伏组件将接收来的太阳辐射能量经过高频直流转换后变成高压直流电，经过逆变器逆变转换后向电网输出与电网电压同频、同相的正弦交流电流，如图 5-11 所示。随着应用场合的不同，光伏并网逆变器的拓扑也出现多种变化，从小功率的单相并网到大功率的三相多电平并网逆变器技术，其选用的半导体器件及控制算法的要求也趋于严格。从能量等级上，主要使用以下几种：微型/组件逆变器、组串式光伏并网逆变器、集中式光伏并网逆变器（电站型）。

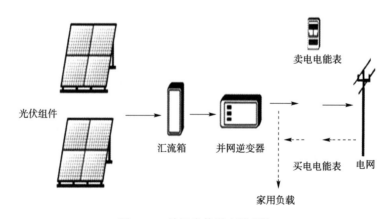

图 5-11　并网光伏逆变器系统

## 5.2.2  逆变器工作原理及相关介绍

逆变器的工作原理是通过逆变电路中的功率半导体开关器件的导通和关断作用，把直流电变换成交流电。单相逆变器的基本电路有推挽式、半桥式和全桥式三种，虽然电路结构不同，但工作原理类似。电路中都使用具有开关特性的半导体功率器件，由控制电路周期性地对功率器件发出开关脉冲控制信号，控制各个功率器件轮流导通和关断，再经过变压器耦合升压或降压后，整形滤波输出符合要求的交流电。逆变器简单原理图如图 5-12 所示。

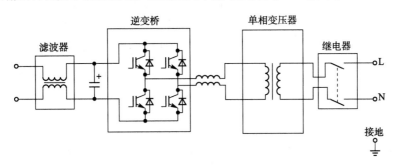

图 5-12  逆变器简单原理图

### 1. 单相推挽逆变器电路

单相推挽逆变器电路工作原理如图 5-13 所示，该电路由两只共负极功率开关和一个带有中心抽头的升压变压器组成。若输出端接阻性负载时，当 $t_1 \leqslant t \leqslant t_2$ 时，VT1 功率管加上栅极驱动信号 $u_{g1}$，VT1 导通，VT2 截止，变压器输出端输出正电压；当 $t_3 \leqslant t \leqslant t_4$ 时，VT2 功率管加上栅极驱动信号 $u_{g2}$ 时，VT2 导通，VT1 截止，变压器输出端输出负电压。因此变压输出电压 $U_o$ 为方波，如图 5-14 所示。

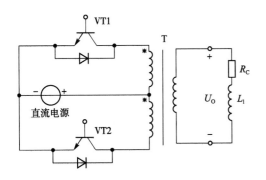

图 5-13  单相推挽逆变器电路工作原理

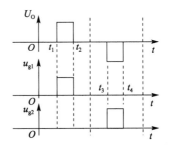

图 5-14  单相推挽逆变电路输入/输出电压波形

### 2. 单相半桥式逆变器电路

单相半桥式逆变器电路工作原理如图 5-15 所示，该电路由两只功率开关管、两只储能电容器等组成。当功率开关管 VT1 导通时，电容 $C_1$ 上的能量释放到负载 $R$ 和 $L$ 上；当 VT2 导通时，电容 $C_2$ 的能量通过变压器释放到负载 $R$ 和 $L$ 上；VT1、VT2 轮流导通时，在负载两端获得了交流电源。单相半桥式逆变器电路输入/输出电压如图 5-16 所示。

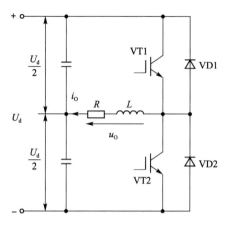

图 5-15　单相半桥式逆变器电路工作原理

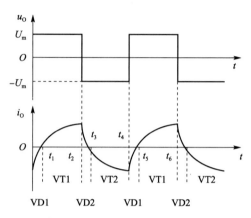

图 5-16　单相半桥式逆变器电路输入/输出电压

### 3. 全桥式逆变器电路

全桥式逆变器电路工作原理图如图 5-17 所示。该电路由两个半桥电路组成，开关功率管 VT1 和 VT2 互补，VT3 和 VT4 互补，当 VT1 与 VT3 同时导通时，负载电压 $U_o = U_d$；当 VT2 与 VT4 同时导通时，负载电压 $U_o = -U_d$；VT1、VT3 和 VT2、VT4 轮流导通，负载两端得到交流电能，若负载具有一定电感，即负载电流落后于电压，在 VT1、VT3 功率管加上驱动信号，由于电流的滞后，此时 VT1、VT3 仍处于导通续流阶段，当经过电角度 $\varphi$ 时，电流仍过零，电源向负载输送有功功率，同样当 VT2、VT4 加上栅极驱动信号时，VT2、VT4 仍处于续流状态，此时能量从负载馈送回直流侧，经过电角度 $\varphi$ 后，VT2、VT4 才真正流过电流。综上所述，VT1、VT3 和 VT2、VT4 分别工作半个周期，波形图如图 5-18 所示。

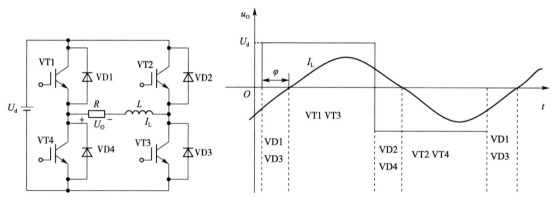

图 5-17　全桥逆变电路工作原理　　　　　图 5-18　全桥式逆变电压、电流波表

### 4. 逆变结构

上述几种电路都是逆变器的最基本电路，在实际应用中，除了小功率光伏逆变器主电路采用这种单级的（DC-AC）转换电路外，中、大功率逆变器主电路都采用两级（DC-DC-AC）或三级（DC-AC-DC-AC）的电路结构形式。一般来说，中、小功率光伏系统的光伏组件或方阵输出的直流电压都不太高，而且功率开关管的额定耐压值也都比较低，因此逆变电压也比较低，要得

到 220 V 或者 380 V 的交流电，无论是推挽式还是全桥式的逆变电路，其输出都必须加工频升压变压器，由于工频升压变压器体积大、效率低、质量大，因此只能在小功率场合应用。随着电力电子技术的发展，新型光伏逆变器电路都采用高频开关技术和软开关技术实现高功率密度的多级逆变。这种逆变电路的前级升压电路采用推挽逆变电路结构，但工作频率都在 20 kHz 以上，升压变压器采用高频磁性材料做铁芯，因而体积小、质量小。

低电压直流电经过高频逆变后变成了高频高压交流电，又经过高频整流滤波电路后得到高压直流电（一般均在 300 V 以上），再通过工频逆变电路实现逆变得到 220 V 或者 380 V 的交流电，整个系统的逆变效率可达到 90% 以上，目前大多数正弦波光伏逆变器都是采用这种三级的电路结构。其具体工作过程是：首先将光伏方阵输出的直流电（如 24 V、48 V、110 V、220 V 等）通过高频逆变电路逆变为波形为方波的交流电，逆变频率一般在几千赫到几十千赫，再通过高频升压变压器整流滤波后变为高压直流电，然后经过第三级 DC-AC 逆变为所需要的 220 V 或 380 V 工频交流电，如图 5-19 所示。

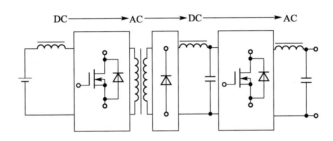

图 5-19 逆变器的三级电路结构原理示意图

图 5-20 是逆变器将直流电转换成交流电的转换过程示意图。半导体功率开关器件在控制电路的作用下以（1/100）s 的速度开关，将直流切断，并将其中一半的波形反向而得到矩形的交流波形，然后通过电路使矩形的交流波形平滑，得到正弦交流波形。

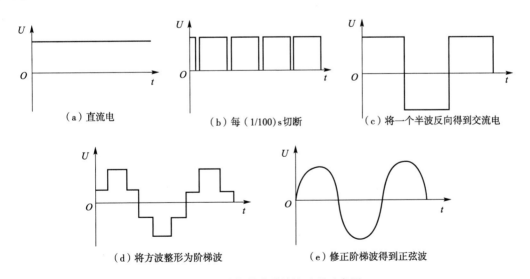

图 5-20 逆变器波形转换过程示意图

### 5. 不同波形单相逆变器优缺点

逆变器按照输出电压波形的不同，可分为方波逆变器、阶梯波逆变器和正弦波逆变器，其输出波形如图 5-21 所示。在光伏发电系统中，方波和阶梯波逆变器一般都用在小功率场合。这三种不同输出波形逆变器的优缺点如下：

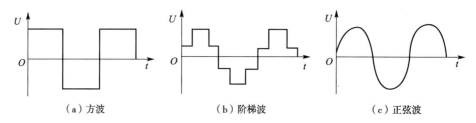

（a）方波　　　　　　　　（b）阶梯波　　　　　　　　（c）正弦波

图 5-21　逆变器输出波形示意图

（1）方波逆变器。方波逆变器输出的波形是方波，又称矩形波。尽管方波逆变器所使用的电路不尽相同，但共同的优点是线路简单（使用的功率开关管数量最少）、价格便宜、维修方便，其设计功率一般在数百瓦到几千瓦之间。缺点是调压范围窄、噪声较大。方波电压中含有大量高次谐波，带感性负载，如电动机等用电器中将产生附加损耗，因此效率低，电磁干扰大。方波逆变器不能应用于并网发电的场合。

（2）阶梯波逆变器。阶梯波逆变器又称修正波逆变器。阶梯波波形比方波波形有明显改善，波形类似于正弦波，波形中的高次谐波含量少，故可以带包括感性负载在内的各种负载。用无变压器输出时，整机效率高。缺点是线路较为复杂。为把方波修正成阶梯波，需要多个不同的复杂电路，产生多种波形叠加修正而成。这些电路使用的功率开关管也较多，电磁干扰严重。阶梯波逆变器不能应用于并网发电的场合。

（3）正弦波逆变器。正弦波逆变器输出的波形与交流市电的波形相同。这种逆变器的优点是输出波形好、失真度低、干扰小、噪声低、保护功能齐全、整机性能好、技术含量高。缺点是线路复杂、维修困难、价格较高。

### 6. 三相电压型逆变器电路

三个单相逆变器电路可组合成一个三相逆变器电路。应用最广的是三相桥式逆变器电路，可看成由三个半桥逆变电路组成。

三相电压型桥式逆变电路如图 5-22 所示。每桥臂导电 180°，同一相上下两桥臂交替导电，各相开始导电的角度差 120°，任一瞬间有三个桥臂同时导通，每次换流都是在同一相上下两桥臂之间进行，又称纵向换流。

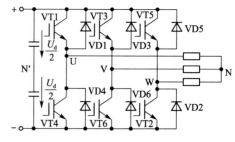

图 5-22　三相电压型桥式逆变电路

其工作波形如图 5-23 所示。

负载线电压满足：

$$\begin{cases} U_{UV} = U_{UN'} - U_{VN'} \\ U_{VW} = U_{VN'} - U_{WN'} \\ U_{WU} = U_{WN'} - U_{UN'} \end{cases}$$

（a）

负载相电压满足：

$$\begin{cases} u_{UN} = u_{UN'} - u_{NN'} \\ u_{VN} = u_{VN'} - u_{NN'} \\ u_{WN} = u_{WN'} - u_{NN'} \end{cases}$$

（b）

（c）

负载中性点和电源中性点间电压满足：

$$u_{NN'} = \frac{1}{3}(u_{UN'} + u_{VN'} + u_{WN'}) - \frac{1}{3}(u_{UN} + u_{VN} + u_{WN})$$

（d）

（e）

负载三相对称时有：

$$u_{UN} + u_{VN} + u_{WN} = 0$$

（f）

可得

$$u_{NN'} = \frac{1}{3}(u_{UN'} + u_{VN'} + u_{WN'})$$

（g）

（h）

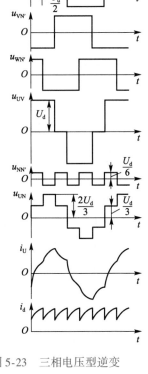

图 5-23　三相电压型逆变电路的工作波形

### 7. 逆变器命名方式

正弦波系列逆变器型号命名由五部分组成：正弦波系列逆变器代号、输入直流额定电压、输出容量额定值、区分代号、安装使用方式。第一部分用字母 SN 表示正弦波系列逆变器；第二部分用数字表示输入直流额定电压（单位为 V）；第三部分用数字表示输出容量额定值（单位为 V·A）；第四部分用数字或字母表示区分代号，见表 5-4。

表 5-4　区分代号、安装使用方式

| 字　母 | 含　义 |
|---|---|
| 省略 | 表示单相输出 |
| C | 表示单相输出带市电旁路 |
| 3 | 表示三相输出 |
| 3C | 表示三相输出带市电旁路 |
| S | 表示单相输出，光伏、风力发电专用 |
| 3S | 表示三相输出，光伏、风力发电专用 |
| CS | 表示单相输出带市电旁路（功率大于 10 kW 为接触器切换），光伏、风力发电专用 |

例如：型号为 SN22010K3CSD1 的逆变器表示为 220 V 输出，容量 10 kW，三相光伏专用正弦波逆变器。

### 5.2.3 逆变器的技术参数

#### 1. 输出电压的稳定度

光伏系统中，光伏组件发出的电能先由蓄电池储存起来，然后经过逆变器逆变成 220 V 或 380 V 的交流电。但是蓄电池受自身充放电的影响，其输出电压的变化范围较大，如标称 12 V 的蓄电池，其电压值可在 10.8~14.4 V 之间变动（超出这个范围可能对蓄电池造成损坏）。对于一个合格的逆变器，输入端电压在这个范围内变化时，其稳态输出电压的变化量应不超过额定值的 ±5%；当负载发生突变时，其输出电压偏差不应超过额定值的 ±10%。

#### 2. 输出电压的波形失真度

正弦波逆变器应规定允许的最大波形失真度（或谐波含量）。通常以输出电压的总波形失真度表示，其值应不超过 5%（单相输出允许 10%）。由于逆变器输出的高次谐波电流会在感性负载上产生涡流等附加损耗，如果逆变器波形失真度过大，会导致负载部件严重发热，不利于电气设备的安全，并且严重影响系统的运行效率。

#### 3. 额定输出频率

对于包含电机之类的负载，如洗衣机、电冰箱等，由于其电机最佳频率工作点为 50 Hz，频率过高或者过低都会造成设备发热，降低系统运行效率和使用寿命，所以逆变器的输出频率应是一个相对稳定的值，通常为工频 50 Hz，正常工作条件下其偏差应在 ±1% 以内。

#### 4. 负载功率因数

负载功率因数表征逆变器带感性负载或容性负载的能力。正弦波逆变器的负载功率因数为 0.7~0.9，额定值为 0.9。在负载功率一定的情况下，如果逆变器的功率因数较低，则所需逆变器的容量就要增大，一方面造成成本增加，同时光伏系统交流回路的视在功率增大，回路电流增大，损耗必然增加，系统效率也会降低。

#### 5. 逆变器效率

逆变器的效率是指在规定的工作条件下，其输出功率与输入功率之比，以百分数表示。一般情况下，光伏逆变器的标称效率是指纯阻负载，负载率 80% 情况下的效率。由于光伏系统总体成本较高，因此应该最大限度地提高光伏逆变器的效率，降低系统成本，提高光伏系统的性价比。目前主流逆变器标称效率在 80%~95% 之间，对小功率逆变器要求其效率不低于 85%。在光伏系统实际设计过程中，不但要选择高效率的逆变器，同时还应通过系统合理配置，尽量使光伏系统负载工作在最佳效率点附近。

#### 6. 额定输出电流（或额定输出容量）

额定输出电流表示在规定的负载功率因数范围内逆变器的输出电流。有些逆变器产品给出的是额定输出容量，其单位以 V·A 或 kV·A 表示。逆变器的额定容量是当输出功率因数为 1（即纯阻性负载）时，额定输出电压与额定输出电流的乘积。

#### 7. 起动特性

起动特性表征逆变器带负载起动的能力和动态工作时的性能。逆变器应保证在额定负载下可靠起动。

8. 噪声

电力电子设备中的变压器、滤波电感、电磁开关及风扇等部件均会产生噪声。逆变器正常运行时，其噪声应不超过 80 dB，小型逆变器的噪声应不超过 65 dB。

## 5.2.4 逆变器的简单选型

逆变器的选用，首先要考虑具有足够的额定容量，以满足最大负荷下设备对电功率的要求。对于以单一设备为负载的逆变器，其额定容量的选取较为简单。

当用电设备为纯阻性负载或功率因数大于 0.9 时，选取逆变器的额定容量为用电设备容量的 1.1 ~ 1.15 倍即可。同时逆变器还应具有抗容性和感性负载冲击的能力。

对一般电感性负载，如电机、电冰箱、空调、洗衣机、大功率水泵等，在起动时，其瞬时功率可能是其额定功率的 5 ~ 6 倍，此时，逆变器将承受很大的瞬时浪涌。针对此类系统，逆变器的额定容量应留有充分的余量，以保证负载能可靠起动，高性能的逆变器可做到连续多次满负荷起动而不损坏功率器件。小型逆变器为了自身安全，有时需采用软起动或限流起动的方式。

另外，逆变器还要有一定的过载能力，当输入电压与输出功率为额定值，环境温度为 25 ℃时，逆变器连续可靠工作时间应不低于 4 h；当输入电压为额定值，输出功率为额定值的 125% 时，逆变器安全工作时间应不低于 1 min；当输入电压为额定值，输出功率为额定值的 150% 时，逆变器安全工作时间应不低于 10 s。

例如，光伏系统中主要负载是 150 W 的电冰箱，正常工作时选择额定容量为 180 W 的交流逆变器即能可靠工作，但是由于电冰箱是电感性负载，在起动瞬间其功率消耗可达额定功率的 5 ~ 6 倍之多，因此逆变器的输出功率在负载起动时可达到 800 W，考虑到逆变器的过载能力，选用 500 W 逆变器即能可靠工作。

当系统中存在多个负载时，逆变器容量的选取还应考虑几个用电负载同时工作的可能性，即"负载同时系数"。

## 5.2.5 典型逆变器

目前市场中较为常见的逆变器有集中式逆变器、组串式逆变器、微型逆变器。

1. 集中式逆变器

集中式逆变器是市面上较为常见的一种光伏逆变器种类（见图 5-24），其工作原理是将多个光伏组件工作产生的直流电流进行汇流和最大功率峰值跟踪（MPPT），而后集中逆变进行直交流电转换与升压，从而实现并网发电。集中式逆变器一般采用单路 MPPT，单个 MPPT 配有 2 ~ 16 组光伏组串，每路 MPPT 功率可达到 125 ~ 1 000 kW，单体容量通常在 500 kW 以上，表 5-5 为集中式逆变器的主要技术参数。

图 5-24 集中式逆变器

表 5-5　集中式逆变器的主要技术参数

| 项　目 | | 单位 | 数　据 | |
|---|---|---|---|---|
| 直流输入参数 | 推荐的最大光伏功率 | kW | 500 | |
| | 最高直流电压 | V | 1 000 | |
| | 启动电压 | V | 440 | |
| | MPPT 输入电压 | V | 450～850 | |
| | 最大输入功率 | kW | 562 | |
| | 直流输入路数 | — | 8 | |
| | MPPT 跟踪路数 | — | 1 | |
| 交流输出参数 | 额定交流输出功率 | kW | 500 | |
| | 最大输出功率 | kW | 550 | |
| | 额定交流输出电流 | A | 916 | |
| | 额定电压 | V | 315 | |
| | 额定电网频率 | Hz | 50、60 | |
| | 输出电流谐波 | — | ≤2%（额定功率下） | |
| | 功率因数 | — | >0.99（超前 0.9 至滞后 0.9 可调） | |
| 系统参数 | 最大效率 | — | ≥99.0% | |
| | 防 PID 功能 | | 具备 | |
| | 故障记录 | — | 25 年 | |
| | 平均无故障时间 | | 10 年 | |
| | 保护功能 | — | 直流过电压、过电流、短路、反接，交流过电流、短路、过电压、过频、欠频、三相相序反接、防孤岛功能、逆变器过温 | |
| | 产生噪声大小 | dB | <65 | |
| | 防护等级 | — | IP20 | |
| | 冷却方式 | — | 风冷 | |
| | 通信协议 | — | RS-485/Modbus 以太网（任选） | |
| | 尺寸 | mm | 1 200×2 050×865 | 1 000×2 050×865 |
| | 总质量 | kg | 1 300 | 1 300 |
| 环境参数 | 海拔 | m | 3 000 | |
| | 温度范围 | ℃ | −40～+60（55 ℃以上需降额使用） | |
| | 相对湿度 | — | 0～95%，无凝露 | |

集中式逆变器的优点：

（1）逆变器数量少，便于管理。

（2）逆变器元器件数量少，可靠性高。

（3）谐波含量少，直流分量少，电能质量高。

（4）逆变器集成度高，功率密度大，成本低。

（5）逆变器各种保护功能齐全，电站安全性高。

（6）有功功率因数调节功能和低电压穿越功能，电网调节性好。

集中式逆变器的缺点：

（1）直流汇流箱故障率较高，影响整个系统。

（2）集中式逆变器 MPPT 电压范围窄，一般为 450～820 V，组件配置不灵活。在阴雨天，雾气多的地区发电时间短。

（3）逆变器自身耗电以及机房通风散热噪声大，系统维护相对复杂。

（4）使用集中式逆变器，光伏组件方阵经过两次汇流到达逆变器，逆变器最大功率跟踪功能不能监控到每一路组件的运行情况，因此不可能使每一路组件都处于最佳工作点，当有一块组件发生故障或者被阴影遮挡，会影响整个系统的发电效率。

（5）集中式逆变器无冗余能力，如发生故障停机，整个系统将停止发电。

### 2. 组串式逆变器

组串式逆变器是将光伏组件产生的直流电直接转变为交流电汇总后升压、并网，因此逆变器的功率都相对较小，光伏电站中一般采用 100 kW 以下的组串式逆变器，外形如图 5-25 所示，表 5-6 为 SZGQ 系列组串式逆变器的主要技术参数。

图 5-25　组串式逆变器

表 5-6　SZGQ 系列组串式逆变器的主要技术参数

| 项　　目 | 单位 | SZGQ30k | SZGQ40k | SZGQ50k | SZGQ60k |
| --- | --- | --- | --- | --- | --- |
| 额定功率 | kW | 30 | 40 | 50 | 60 |
| 最大开路输入电压 | V | 1 000 | 1 000 | 1 000 | 1 000 |
| 最低启动电压 | V | 200 | 200 | 200 | 200 |
| MPPT 电压范围 | V | 480～800 | 480～800 | 480～800 | 480～800 |
| 控制模式 | — | 三电平 | 三电平 | 三电平 | 三电平 |
| MPPT 数量 | — | 2 | 2 | 2 | 2 |
| 总输入路数 | — | 6 | 8 | 10 | 12 |
| 单路最大输出电流 | A | 10 | 10 | 10 | 10 |
| 额定输出电压 | V | 3×277 V/480 V | 3×277 V/480 V | 3×277 V/480 V | 3×277 V/480 V |
| 输出电压频率 | Hz | 50、60 | 50、60 | 50、60 | 50、60 |
| 最大输出电流 | A | 36.1 | 48.1 | 60.2 | 72.2 |
| 最大效率 | % | 98.2 | 98.2 | 98.2 | 98.2 |
| 功率因数可调范围 | — | ±0.8 | ±0.8 | ±0.8 | ±0.8 |
| 最大总谐波失真率 | % | ≤3（额定功率下） | ≤3（额定功率下） | ≤3（额定功率下） | ≤3（额定功率下） |
| 输入直流开关 | — | 支持 | 支持 | 支持 | 支持 |
| 防孤岛保护 | — | 支持 | 支持 | 支持 | 支持 |
| 防 PID 功能 | — | 支持 | 支持 | 支持 | 支持 |

续表

| 项　目 | 单位 | SZGQ30k | SZGQ40k | SZGQ50k | SZGQ60k |
|---|---|---|---|---|---|
| 输出过电流保护 | — | 支持 | 支持 | 支持 | 支持 |
| 输入反接保护 | — | 支持 | 支持 | 支持 | 支持 |
| 绝缘阻抗检测 | — | 支持 | 支持 | 支持 | 支持 |
| RCD 检测 | — | 支持 | 支持 | 支持 | 支持 |
| RS-485 | — | 支持 | 支持 | 支持 | 支持 |
| 尺寸（宽×高×深） | mm | 640×250×700 | 640×250×700 | 640×250×700 | 640×260×700 |
| 质量 | kg | 60 | 65 | 72 | 78 |
| 工作环境温度范围 | ℃ | −30 ~ +60 | −30 ~ +60 | −30 ~ +60 | −30 ~ +60 |
| 冷却方式 | — | 自然对流 | 自然对流 | 自然对流 | 自然对流 |
| 海拔 | m | 3 000 | 3 000 | 3 000 | 3 000 |
| 相对湿度 | — | 0 ~ 100%，无凝露 | 0 ~ 100%，无凝露 | 0 ~ 100%，无凝露 | 0 ~ 100%，无凝露 |
| 防护等级 | — | IP65 | IP65 | IP65 | IP65 |

组串式逆变器的优点：

（1）组串式逆变器采用模块化设计，每两路组串对应一路 MPPT，直流端具有最大功率跟踪功能，交流端并联并网，其优点是不受光伏组件间模块差异和阴影遮挡的影响，同时减少光伏组件最佳工作点与逆变器不匹配的情况，最大程度增加了发电量。

（2）组串式逆变器 MPPT 电压范围宽，一般为 200 ~ 1 000 V，最大目前达到 600 ~ 1 500 V，组件配置更为灵活。在阴雨天、雾气多的地区，发电时间长。

（3）组串式逆变器体积小、质量小、搬运和安装都非常方便，不需要专业工具和设备，也不需要专门的配电室；在各种应用中都能够简化施工、减少占地；直流线路连接也不需要直流汇流箱和直流配电柜等。

（4）组串式逆变器自耗电低、故障率低、更方便维护。

组串式逆变器的缺点：

（1）多个逆变器并联时，总谐波高，单台逆变器 THDI 可以控制到 2% 以上，但如果超过 40 台逆变器并联时，总谐波会叠加，而且较难抑制，容易产生谐振。

（2）电子元器件较多，功率器件和信号电路在同一块板上，设计和制造的难度大，可靠性稍差。功率器件电气间隙小，不适合高海拔地区。户外型安装，风吹日晒很容易导致外壳和散热片老化。

（3）大型地面电站，采用组串式逆变器数量较多，总故障率会升高，系统监控难度大。

### 3. 微型逆变器

微型逆变器一般指的是光伏发电系统中的功率小于或等于 1 000 W、对每块组件进行独立的 MPPT 控制的逆变器，全称是微型光伏逆变器，如图 5-26 所示。"微型"是相对于传统的集中式逆变器而言的。传统的光伏逆变方式是将所有的光伏电池在阳光照射下生成的直流

图 5-26　微型逆变器

电全部串并联在一起，再通过一个逆变器将直流电逆变成交流电接入电网；微型逆变器则对每块组件进行逆变。

微型逆变器能够在组件级实现最大功率点跟踪（MPPT），拥有超越集中式逆变器的优势。这样可以通过对各模块的输出功率进行优化，使得整体的输出功率最大化。此外，与通信功能组合，还可用于监视各个模块的状态，检测出出现故障的模块。根据是否有储能电池，分为并网微型逆变器和离网微型逆变器；根据输出电压，分为单相微型逆变器和三相微型逆变器。微型逆变器技术提出将逆变器直接与单个光伏组件集成，为每个光伏组件单独配备一个具备交直流转换功能和最大功率点跟踪功能的逆变器模块，将光伏组件发出的电能直接转换成交流电能供交流负载使用或传到电网。当电池板中有一块不能良好工作，则只有这一块会受到影响。其他光伏板都将在最佳工作状态运行，使得系统总体效率更高，发电量更大。微型逆变器主要特点如下。

1）安全

传统的集中式逆变器或组串式逆变器通常具有几百伏至上千伏的直流电压，容易起火，且起火后不易扑灭。微型逆变器仅几十伏的直流电压，全部并联，最大程度降低了安全隐患。

2）智能

组件级的监控，可在 ECU 中看到每块组件的工作状态。

3）多发电

组件级的 MPPT，无木桶效应，降低了遮挡对发电量的影响；弱光效应好，因为启动电压低，仅 20 V，在光照弱的时候也能工作。

4）寿命长

通常微型逆变器设计寿命为 25 年，传统逆变器为 10 年。

5）方便、美观

不需要专门建设配电房，微型逆变器可以直接安装在组件后面或者支架上，因为是并联结构，后期增加规模可直接安装，无须更改之前的配置。

表 5-7 为 CT-1200W-220V 微型逆变器的主要技术参数。

表 5-7　CT-1200W-220V 微型逆变器的主要技术参数

| 型号规格 | CT-1200W-220V |
| --- | --- |
| 直流输入参数 | |
| 推荐光伏组件功率范围/W | 1 120 ~ 1 400 |
| 直流输入支路数 | 1 |
| 最大直流输入功率/W | 1 280 |
| 最大直流输入电压范围/V | 85 ~ 130，135 ~ 180，170 ~ 220 |
| MPPT 跟踪范围/V | 65 ~ 100，85 ~ 140，130 ~ 170 |
| 最大输入电流/A | 18 |
| 交流输出参数 | |
| 额定交流输出功率/W | 1 200 |
| 最大交流电流/A | 5.45 |
| 交流电压/V | 220 ~ 230 |

| 交流电压范围/V | 180 ~ 260 |
| --- | --- |
| 交流频率/Hz | 50/60 |
| 交流频率范围/Hz | 48 ~ 52，58 ~ 62 |
| 其他电气性能 | |
| MPPT 跟踪效率/% | >99 |
| 输出功率因数 | >0.95 |
| 输出电流总谐波畸变率 THD/% | <5 |
| 孤岛效应保护 | Vac；Fac |
| 工作状态指示方式 | 三色 LED + LCD |
| 效率 | |
| 最大逆变效率/% | 95 |
| 夜间待机功耗/mW | <350 |
| 机械数据 | |
| 储存温度/℃ | −40 ~ +85 |
| 工作环境温度/℃ | −20 ~ +60 |
| 尺寸（长×宽×高）/mm | 304 × 190 × 102 |
| 质量/kg | 5.8 |
| 防护等级 | IP65 |
| 冷却 | 自然冷却 + 风冷 |
| 其他特征 | |
| 匹配组件 | 单晶组件、多晶组件、薄膜组件 |
| 通信方式 | RS-485 |
| 设计运行年限/年 | 25 |
| 电磁兼容 | EN 61000-6-1 /EN 61000-6-3 |
| 并网接口 | VDE0126 |
| 安全规范 | EN 50178 |

## 5.3　汇流箱及配电柜

汇流箱在光伏发电系统中是保证光伏组件有序连接和汇流功能的接线装置；配电柜在光伏发电系统中是保证电能及电力线路的合理分配的接线装置。光伏组件、光伏汇流箱、控制器、直流配电柜、光伏逆变器以及交流配电柜的配套使用从而构成完整的光伏发电系统，实现与市电并网。

### 5.3.1　直流汇流箱

直流汇流箱又称直流接线箱，直流汇流箱主要应用在中、大型光伏发电系统中，用于把光伏方阵的多路输出电缆集中输入、分组连接，不仅使连线井然有序，而且便于分组检查、维护，当光伏阵列局部发生故障时，可以局部分离检修，不影响整体发电系统的连续工作。

图 5-27 是单路输入直流汇流箱内部电路图，图 5-28 是多路输入直流汇流箱内部电路图，它们由分路开关、主开关、避雷防雷器件、接线端子等构成，同时该汇流箱还具有电流检测模块，用于检测汇流箱每路输入电流情况，是每路光伏阵列是否正常工作的判断依据。

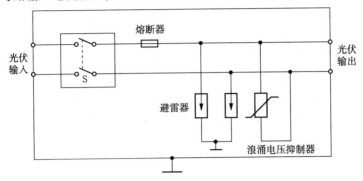

图 5-27　单路输入直流汇流箱内部电路图

　　直流汇流箱一般由专业厂家生产并提供成型产品。选用时主要考虑根据光伏方阵的输出路数、最大工作电流和最大输出功率等参数进行选择。当没有成型产品提供或成品不符合系统要求时，可根据实际需要自己设计制作。

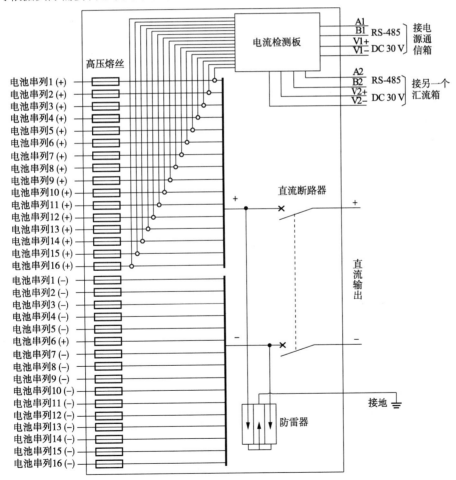

图 5-28　多路输入直流汇流箱内部电路图

图 5-29 是图 5-28 所示电路的实体连接图。

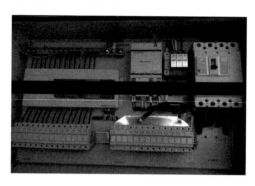

图 5-29　16 路输入直流汇流箱的实体连接图

直流汇流箱的技术参数需求如下：

（1）直流汇流箱须满足室外安装的使用要求，绝缘防护等级要达到 IP65。表 5-8 为汇流箱与逆变器的防护等级要求说明。

表 5-8　汇流箱与逆变器的防护等级要求说明

IP 防护类别是用两个数字标记的：

| | IP | 4 | 4 |
|---|---|---|---|
| 例如一个防护类别 | | | |
| 标记字母 | | | |
| 第1个标记数字 | | | |
| 第2个标记数字 | | | |

| 接触保护和外来物保护等级 第 1 个标记数字 | | | 防水保护等级 第 2 个标记数字 | | |
|---|---|---|---|---|---|
| 第1个标记数字 | 防护范围 | | 第2个标记数字 | 防护范围 | |
| | 名称 | 说明 | | 名称 | 说明 |
| 0 | 无防护 | — | 0 | 无防护 | — |
| 1 | 防护 50 mm 直径和更大的外来物体 | 探测器，球体直径为 50 mm，不应完全进入 | 1 | 防止垂直方向滴水 | 垂直方向滴水应无有害影响 |
| 2 | 防护 12.5 mm 直径和更大的外来物体 | 探测器，球体直径为 12.5 mm，不应完全进入 | 2 | 箱体倾斜 15°时，垂直方向滴水 | 箱体向任何一侧至倾斜 15°时，垂直落下的水滴不应引起损害 |
| 3 | 防护 2.5 mm 直径和更大的外来物体 | 探测器，球体直径为 2.5 mm，不应完全进入 | 3 | 防淋水 | 各垂直面在 60°范围内淋水，无有害影响 |
| 4 | 防护 1.0 mm 直径和更大的外来物体 | 探测器，球体直径为 1.0 mm，不应完全进入 | 4 | 防溅水 | 向外壳各方向溅水无有害影响 |
| 5 | 防护灰尘 | 不可能完全阻止灰尘进入，但是灰尘的进入量不应超过这样的数量，即对装置或安全造成损害 | 5 | 防护喷水 | 向外壳各方向喷水无有害影响 |

| 6 | 灰尘封闭 | 箱体内在 20 mbar（1 bar = $10^5$ Pa）的低压时不应侵入灰尘 | 6 | 防强烈喷水 | 从每个方向对准箱体的强喷水无有害影响 |
|---|---|---|---|---|---|
| | | | 7 | 防护短时间浸入水中 | 箱体在标准压力下短时间浸入水中时，不应有能引起有害作用的水量浸入 |
| | | | 8 | 防护长期浸入水中 | 箱体必须在由制造厂和用户协商定好的条件下长期浸入水中，不应有能引起有害作用的水量浸入。但这些条件必须比标记数字 7 所规定的复杂 |

（2）同时可接入 6 路以上的光伏阵列。

（3）每路电流最大可达 20 A，接入最大光伏阵列的开路电压值可达直流电压 1 500 V，熔断器的耐压值不小于直流电压 1 500 V。

## 5.3.2　直流配电柜

直流配电柜主要是将汇流箱输出的直流电缆接入后进行汇流，各路直流输入通过直流配电柜的正极母排和负极母排集中汇流，然后通过直流专用断路器输出到直流输出端，再接至并网逆变器。该配电柜含有直流输入断路器、防反二极管、光伏防雷器，方便操作和维护。直流配电柜的电气原理框图如图 5-30 所示。图 5-31 是直流配电柜外观图。

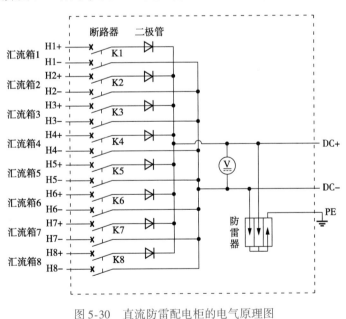

图 5-30　直流防雷配电柜的电气原理图

直流专用电压仪表：显示直流母线的直流电压值；直流专用电流仪表：显示直流母线的直流电流值；直流专用断路器：闭合或断开直流母线电压，方便用户操作；光伏专用高压避雷器：配有光伏专用高压防雷器，正极负极都具备防雷功能。

将防雷汇流箱的直流输出分别接到对应直流配电柜的直流输入端，确定接线牢固稳定，然后将直流配电柜的直流输出分别接到对应的光伏并网电源的直流输入端并确定接线牢固稳定，最后闭合直流配电柜上的直流专用断路器，光伏并网电源将会有源源不断的光伏直流电力。当光伏并网电源并上网时，直流配电柜上的直流专用电压仪表和直流专用电流仪表将有相应的变化（直流电压将会微微下降，直流专用电流仪表将会有电流数据）。当光伏并网电源脱网时，直流配电柜上的直流专用电压仪表和直流专用电流仪表也将有相应的变化（直流电压将会微微上升，直流专用电流仪表将会无电流数据）。

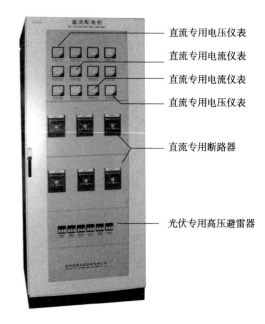

图 5-31　直流配电柜外观图

直流配电柜的参数如下：

（1）每路最大输入电流。指的是每条支路允许流过的最大电流值，由汇流箱输出的最大电流决定。例如最大输入电流/路为 120 A。

（2）输入路数。指的是直流配电柜的总输入数，要与输入汇流箱数量相对应。例如输入路数为 20，是指直流配电柜输入可连接 20 个汇流箱。

（3）最大阵列开路电压。指的是每条支路允许流过的最大电压，由汇流箱输出的最大电压决定。

直流配电柜主要性能特点如下：

（1）每台 500 kW 逆变器，匹配一台直流配电柜；

（2）每台直流配电柜可提供多路直流输入接口，分别与光伏阵列汇流箱连接；

（3）每路直流输入回路配有防反二极管；

（4）每路直流输入回路配有直流断路器，额定直流电压为 1 500 V；

（5）直流输出回路配置光伏专用防雷器；

（6）直流输出侧配置电压显示仪表。

## 5.3.3　交流配电柜

### 1. 交流配电柜组成

光伏电站交流配电柜是用来接受和分配交流电能的电力设备，主要由控制电器（断路器、隔离开关、负荷开关等）、保护电器（熔断器、继电器、避雷器等）、测量电器（电流互感器、电压互感器、电压表、电流表、电能表、功率因数表等），以及母线和载流导体等组成。

### 2. 交流配电柜分类

交流配电柜按照设备所处场所，可分为户内配电柜和户外配电柜；按照电压等级，可分为高压配电柜和低压配电柜；按照结构形式，可分为装配式配电柜和成套式配电柜。

中小型光伏电站一般供电范围较小，采用低压交流供电基本可以满足用电需要。低压配电柜在光伏电站中就成为连接逆变器和交流负载的一种接受和分配电能的电力设备。

在并网光伏系统中，通过交流配电柜为逆变器提供输出接口，配置交流断路器直接并网或直接供给交流负载使用。在光伏发电系统发生故障时，不会影响到自身与电网或负载安全，同时可确保维修人员的安全。对于并网光伏发电系统，除控制电器、测量仪表、保护电器以及母线和载流导体之外，还须配置电能质量分析仪。图 5-32 为三相并网光伏发电系统交流配电柜的构成示意图。

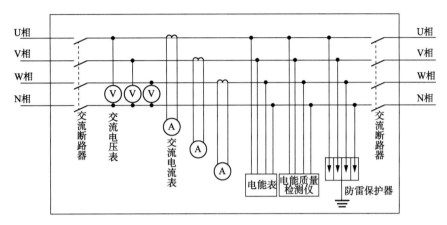

图 5-32　三相并网光伏发电系统交流配电柜的构成示意图

### 3. 交流配电柜功能

为增加光伏电站的供电可靠性，同时减少蓄电池的容量和降低系统成本，各光伏电站都配有备用柴油发电机组作为后备电源。后备电源的作用是：第一，当蓄电池亏电而光伏方阵又无法及时补充充电时，可由后备柴油发电机组经整流充电设备给蓄电池组充电，并同时通过交流配电柜直接向负载供电，以保证供电系统正常运行；第二，当逆变器或者其他部件发生故障，光伏发电系统无法供电时，作为应急电源，可启动后备柴油发电机组，经交流配电柜直接为用户供电。因此，交流配电柜除在正常情况下将逆变器输出的电力提供给负载外，还应在特殊情况下具有将后备应急电源输出的电力直接向用户供电的功能。

由此可见，独立运行光伏电站交流配电柜至少应有两路电源输入，一路用于主逆变器输入，一路用于后备柴油发电机组输入。在配有备用逆变器的光伏发电系统中，其交流配电柜还应考虑增加一路输入。为确保逆变器和柴油发电机组的安全，杜绝逆变器与柴油发电机组同时供电的危险局面出现，交流配电柜的两种输入电源切换功能必须有绝对可靠的互锁装置，只要逆变器供电操作步骤没有完全结束，柴油发电机组供电便不可能进行；同样，在柴油发电机组通过交流配电柜向负载供电时，也必须确保逆变器绝对接不进交流配电柜。

交流配电柜的输出一般可根据用户要求设计。通常，独立光伏电站的供电保障率很难做到百分之百，为确保某些特殊负载的供电需求，交流配电柜至少应有两路输出，这样就可以在蓄电池电量不足的情况下，切断一路普通负载，确保向主要负载继续供电。在某些情况下，交流配电柜的输出还可以是三路或四路的，以满足不同需求。例如，有的地方需要远程送电，应进行高压输配电；有的地方需要为政府机关、银行、通信等重要单位设立供电专线等。

常用光伏电站交流配电柜主电路的基本原理结构，如图5-33所示。

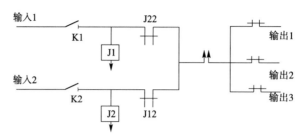

图5-33　交流配电柜主电路的基本原理结构

图5-33所示为两路输入、三路输出的配电结构。其中，K1、K2是隔离开关。接触器J1和J2用于两路输入的互锁控制，即当输入1有电并闭合K1时，接触器J1线圈得电吸合，接触器J12将输入2断开；同理，当输入2有电并闭合K2时，接触器J22自动断开输入1，起到互锁保护的作用。另外，配电柜的三路输出分别由三个接触器进行控制，可根据实际情况及各路负载的重要程度分别进行控制操作。

### 4. 交流配电柜技术要求及选配

**1）交流配电柜技术要求**

（1）动作准确，运行可靠；

（2）在发生故障时，能够准确、迅速地切断事故电流，避免事故扩大；

（3）在一定的操作频率工作时，具有较高的机械寿命和电气寿命；

（4）电器元件之间在电气、绝缘和机械等方面的性能能够配合协调；

（5）工作安全、操作方便、维护容易；

（6）体积小、质量小、工艺好、制造成本低；

（7）设备自身能耗小。

**2）配电柜的海拔问题**

按照有关电气产品技术规定，通常低压电气设备的使用环境都限定在海拔2 000 m以下，而对于4 500 m以上地区，由于气压低、相对湿度大、温差大、太阳辐射强、空气密度低等问题，导致大气压力和相对密度降低，电气设备的外绝缘强度也随之下降。因此，在设计配电柜时，必须考虑当地恶劣环境对电气设备的不利影响。

**3）接有防雷器装置**

光伏发电系统的交流配电柜中一般都接有防雷器装置，用来保护交流负载或交流电网免遭雷电破坏。防雷器一般接在总开关之后，具体接法如图5-34所示。

**4）电能表连接**

在可逆流的并网光伏发电系统中，除了正常用电计量的电能表之外，为了准确地计量发电系统馈入电网的电量（卖出的

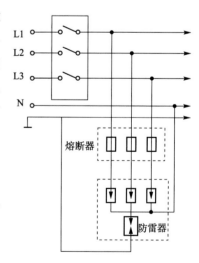

图5-34　交流配电柜中防雷器接法示意图

电量）和电网向系统内补充的电量（买入的电量），就需要在交流配电柜内另外安装两块电能表进行用电量和发电量的计量，其单相接线法如图 5-35 所示，三相接线法如图 5-36 所示。

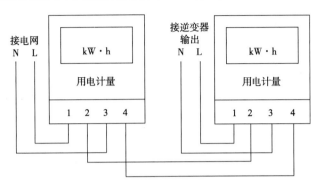

图 5-35　单相接线法

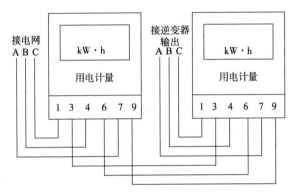

图 5-36　三相接线法

**5）交流配电柜的保护功能**

交流配电柜应具有多种线路故障的保护功能。一旦发生保护动作，用户可根据实际情况进行处理，排除故障，恢复断电。

（1）输出过载和短路保护。当输出电路有短路或过载等故障发生时，相应断路器会自动跳闸断开。当有更严重的情况发生时，甚至会发生熔断器烧断。这时，应首先查明原因，排除故障，然后再接通负载。

（2）输入欠电压保护。当系统的输入电压降到电源额定电压的 70%～35% 时，输入控制开关自动跳闸断电；当系统的输入电压低于额定电压的 35% 时，断路器开关不能闭合送电。此时应查明原因，使配电装置的输入电压升高，再恢复供电。

交流配电柜在用逆变器输入供电时，具有蓄电池欠电压保护功能。当蓄电池放电达到一定深度时，由控制器发出切断负载信号，控制交流配电柜中的负载继电器动作，切断相应负载。恢复送电时，只需进行按钮操作即可。

（3）输入互锁功能。光伏电站交流配电柜最重要的保护，是两路输入的继电器及断路器开关双重互锁保护。互锁保护功能是当逆变器输入或柴油发电机组输入只要有一路有电时，另一路继电器就不能闭合，即按钮操作失灵。也就是说，断路器开关互锁保护是只允许一路开关合闸通电。

**拓展阅读** 最大功率点跟踪方法 --------------------------------------------

目前常用的最大功率点跟踪（MPPT）方法有：恒定电压跟踪法、干扰观察法、电导增量法等。

### 1. 恒定电压跟踪法

恒定电压跟踪法（constant voltage tracking，CVT）是一种最简单的最大功率点跟踪法。图 5-37 为光伏电池的伏安特性曲线图。

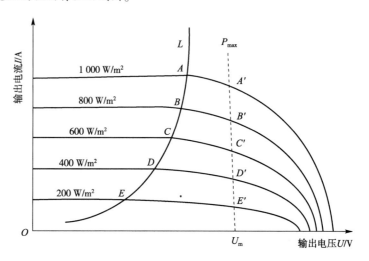

图 5-37　光伏电池的伏安特性曲线图

其中，负载特性曲线 $L$ 与伏安特性曲线的交点 $A$、$B$、$C$、$D$、$E$ 为光伏阵列的工作点，而 $A'$、$B'$、$C'$、$D'$、$E'$ 为最大功率点。可以看出，当光伏电池温度一定时，其输出 $P\text{-}U$ 曲线上最大功率点电压几乎分布在一个固定电压值的两侧。

为最大限度地提高光伏阵列的发电效率，尽量使其工作在最大功率点附近，从电路的匹配角度看，需要一个阻抗变换器调节等效内阻，设法将工作点 $A$、$B$、$C$、$D$、$E$ 移至光伏阵列伏安特性曲线的最大功率点 $A'$、$B'$、$C'$、$D'$、$E'$ 处。因此，恒定电压跟踪法思路是将光伏电池输出电压控制在最大功率点电压处，使光伏电池近似工作在最大功率点处。

采用 CVT 控制的优点是系统工作电压稳定性较好，而且控制简单，易于实现。该方法也有明显的缺点，其最大功率点跟踪精度差，当系统外界环境条件改变时，对最大功率点变化适应性差，系统工作电压的设置对系统工作效率影响大。

当温度保持不变时，光伏电池的最大功率点电压一般都在开路电压的 80% 左右，这样就可以忽略温度对开路电压的影响。但每当环境温度升高时，光伏电池的开路电压就会下降，因温度变化而带来的能耗不容忽视，这也是恒定电压跟踪法无法克服的问题。

### 2. 干扰观察法

干扰观察法（perturbation and observation，P&O）是根据光伏电池阵列的 $P\text{-}U$ 输出，引入小的变量，观察后进行结果比较和分析，根据比较所得出的结果对光伏电池的工作点进行调节。光伏电池的输出 $P\text{-}U$ 曲线，是一个单峰值的函数曲线，曲线的极值对应其最大功率点，如图 5-38 所示。

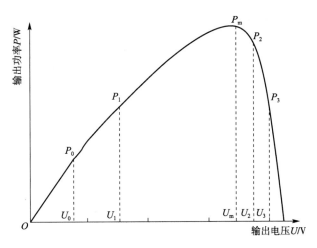

图 5-38　光伏电池的 $P$-$U$ 特性曲线

通过改变光伏电池阵列的输出电压，并实时采样输出电压和电流，计算输出功率，然后与前一次所得的功率相比较，如果大了，说明扰动方向是正确的，维持原来的方向；如果比原来的功率小了，说明输出功率降低了，应使光伏电池的输出电压减小，如此反复地扰动、观察比较，使光伏电池阵列最终工作在最大功率点上。

具体工作过程是在 DC/DC 电路开始工作前，检测光伏电池的开路电压，一般取其开路电压的 80% 左右作为跟踪电压，光伏电池此时工作在最大功率点附近。

当光伏电池的开路电压为 $U_0$ 时，即输出功率为 $P_0$，选一个小的变量 $\Delta U$，改变其工作电压为 $U_1$，光伏电池的输出功率为 $P_1$，比较 $P_0$ 和 $P_1$ 的大小，取 $\Delta P = P_1 - P_0$。

当 $\Delta P/\Delta U = 0$ 时，光伏电池阵列工作在最大功率点上；若不为 0，当 $\Delta P/\Delta U > 0$ 时，最大功率点的工作电压应该在右边，保持扰动方向（$U = U_0 + \Delta U$）；当 $\Delta P/\Delta U < 0$ 时，情况相反，改变扰动方向（$U = U_0 - \Delta U$）。

为了实现最大功率点的跟踪控制，必须通过改变开关管的占空比来改变光伏电池阵列的输出电压，从而使其实现 $\Delta P/\Delta U = 0$，来控制其工作点在最大功率输出点上。

### 3. 电导增量法

电导增量法（incremental conductance）是通过比较光伏阵列的瞬时电导和电导的变化量来实现最大功率点跟踪。从图 5-38 可以看出光伏电池特征，在最大功率点处的斜率为 0，所以有：

$$P = UI$$

$$\frac{\mathrm{d}P}{\mathrm{d}U} = I + U\frac{\mathrm{d}I}{\mathrm{d}U} = 0$$

$$\frac{\mathrm{d}I}{\mathrm{d}U} = -\frac{I}{U}$$

由此可以看出，$\mathrm{d}I/\mathrm{d}U$ 是电导的变化量，而 $-I/U$ 是输出电导，当两者数值相反时，光伏阵列运行在最大功率点上。

$U_n$、$I_n$ 为检测到光伏阵列当前电压、电流值，$U_{n-1}$、$I_{n-1}$ 为上一控制周期的采样值。读进新值后先计算电压之差，判断 $\mathrm{d}U$ 是否为零（因后面除法时分母不得为零）；若不为零，再判断式

$\dfrac{\mathrm{d}I}{\mathrm{d}U} = -\dfrac{I}{U}$ 是否成立，如果成立则表示功率曲线斜率为零，达到了最大功率点；若电导变化量大于负电导值，则表示功率曲线斜率为正，$U_r$（参考电压）值将增加；反之，$U_r$ 值将减少。

# 思考题

（1）简述光伏控制器基本原理。

（2）简述光伏控制器功能。

（3）简述逆变器工作原理。

（4）画出推挽式逆变器的原理拓扑图，并画出驱动电路的控制波形图。

（5）简述汇流箱及配电柜的主要功能。

# 第 6 章

## ➡ 箱变系统及系统接入

光伏发电站接入系统是实现光伏发电系统与电网互连的重要环节，通过合理的设计和配置将太阳能安全高效地转化为电能，并输送到电网上。本章首先介绍了箱变系统的作用及构造，然后讲解接入系统的组成及相应的设计规范。

### 学习目标

（1）了解传统箱变系统及智能箱变系统间的区别，掌握智能箱变系统的优点。

（2）了解什么是系统接入，理解电气系统的主要组成部分。

（3）了解升压站接入系统的组成（系统监控、系统保护、系统通信及自动化）；掌握各个组成部分的功能及其工作原理。

### 学习重点

（1）智能箱变系统的工作原理及特点。

（2）升压站电气系统的基本组成。

（3）系统监控的作用与功能、系统保护任务以及继电保护概念、变压器保护和线路保护的原理、系统通信和站内通信、自动化设计。

### 学习难点

（1）智能箱变系统的组成结构。

（2）升压站电气系统的设计。

（3）变压器保护和线路保护的原理。

## 6.1 箱变系统

箱变系统即箱式变电站，箱式变电站又称户外成套变电站、组合式变电站或户外紧凑式配电设备。箱变系统作为光伏电站的重要组成部分，主要由多回路高压开关系统、铠装母线、变电站综合自动化系统、通信、远动、计量、电容补偿及直流电源等电气单元组合而成，安装在一个具有防潮、防锈、防尘、防爆、防火、防盗、隔热、全封闭、可移动的钢结构箱体内，进行电能的传输、转换和分配，对光伏电站电路系统安全可靠运行起着举足轻重的作用。

### 6.1.1 箱变系统工作原理

最初的箱变系统是将高压柜、配电变压器、低压柜按照一定接线方案组装到一个箱体内，不具备计量、无功补偿及状态监测的功能，随着传感器检测技术、嵌入式技术、微电子技术、计算机技术和通信技术的发展，实现了具备计量、无功补偿和运行状态监测等功能的智能箱变系统。

智能箱变系统具有以下特点：

（1）技术先进、安全可靠，自动化程度高。系统采用智能化设计，保护系统采用变电站微机综合自动化装置，分散安装，可实现"四遥"，即遥测、遥信、遥控、遥调，每个单元均具有独立运行功能，继电保护功能齐全，可对运行参数进行远方设置，对箱体内湿度、温度进行控制和远方烟雾报警，满足无人值班的要求；根据需要还可实现图像远程监控。

（2）工厂预制化。设计时，根据光伏电站的实际要求设计箱变系统的主接线图和箱外设备，选择相应的箱变规格和型号，设备在工厂进行安装调试，实现变电站建设工厂化，缩短了设计制造周期；现场安装仅需箱体定位、箱体间电缆联络、出线电缆连接、保护定值校验及其他需调试的工作，整个变电站从安装到投运只需 5 ~ 8 天的时间，大大缩短了建设工期。

（3）组合方式灵活。箱式变电站（见图 6-1）内部结构紧凑，每个箱体均构成一个独立系统，这就使得组合方式灵活多变，一方面，可以全部采用箱式，也就是高压设备和低压设备各自全部箱内安装，组成全箱式变电站；或者高压设备室外安装、低压设备全部箱内安装的形式。箱式变电站没有固定的组合模式，不同类型的光伏电站可根据实际情况自由组合，以满足不同光伏电站安全运行的需要。

图 6-1　箱式变电站外观

### 6.1.2 箱变系统分类

箱变系统可分为拼装式、组合装置型、一体型。

（1）拼装式。将高低压成套装置和变压器装入金属箱体，高低压配电装置中留有操作走廊，这种箱变系统体积较大，现很少采用。

（2）组合装置型。不使用现有成套装置，而将高低压控制、保护电器设备直接装入箱内，成为一个整体。设计按免维护考虑，无操作走廊，箱体小，又称欧式箱变或普通型箱变。

（3）一体型。简化高压控制、保护装置，将高低压配电装置与变压器主体一齐装入变压器油箱，成为一个整体，体积更小，接近同容量油浸变压器，是欧式箱变的 1/3，又称美式箱变或紧凑型箱变。

如图 6-2 所示，箱变系统的总体结构包括

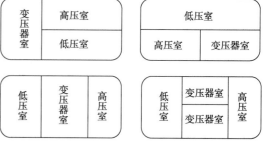

图 6-2　箱变系统结构

三个主要部分：高压设备部分、变压器及低压设备部分。根据排列不同，可分为"目字形"或"品字形"布置，如图6-2所示。"目字形"布置与"品字形"布置相比，"目字形"接线较为方便，但"品字形"布置结构较为紧凑，特别是当变压器室排布多台变压器时，"品字形"布置较为有利，因此多用于空间比较紧张的地方。

## 6.2 系统接入

在光伏电站发展的初期，电站容量规模相对较小，常规设计的光伏系统其运行基本不受所接入电网的额外影响，随着电站容量规模不断增大，所接入的电网逐渐呈现弱电网特征，光伏逆变系统接入弱电网运行，会面临电能质量的问题，同时弱电网也会对系统运行控制性能及系统稳定性产生不利影响。需要根据实际情况进行系统接入设计，最大化消除接入影响。

### 6.2.1 系统接入概述

系统接入是指光伏电站将光能转变为电能，通过 DC/DC 稳压后接入 DC/AC 逆变系统，转换为与电网同频同相同幅值的三相电，简而言之就是接入电力系统，也就是发电机并网。需要根据光伏电站装机容量、区域附件的配电网络及负荷等综合考虑，以经济、安全为原则，提出合理的接入电压及接入系统方案。系统接入方案应满足以下接入规定：

（1）光伏电站接入电网的电压等级应根据光伏电站的容量及电网的具体情况，在接入系统设计中经技术经济比较后确定。

（2）光伏电站向当地交流负载提供电能和向电网发送的电能质量应符合公用电网的电能质量要求。

（3）光伏电站应具有相应的继电保护功能。

（4）大、中型光伏电站应具备与电力调度部门之间进行数据通信的能力，并网双方的通信系统应符合电网安全经济运行对电力通信的要求。

### 6.2.2 升压站电气系统

#### 1. 电气一次（电气主接线）

（1）光伏电站发电单元接线及就地升压变压器的连接应符合下列要求：

① 逆变器与就地升压变压器的接线方案应依据光伏电站的容量、光伏方阵的布局、光伏组件的类别和逆变器的技术参数等条件，经技术经济比较确定。

② 一台就地升压变压器连接两台不自带隔离变压器的逆变器时，宜选用分裂变压器。

（2）光伏电站发电母线电压应根据接入电网的要求和光伏电站的安装容量，经技术经济比较后确定，并宜符合下列规定：

① 光伏电站安装总容量小于或等于 1 MWp 时，宜采用 0.4~10 kV 电压等级。

② 光伏电站安装总容量大于 1 MWp，且不大于 30 MWp 时，宜采用 10~35 kV 电压等级。

③ 光伏电站安装总容量大于 30 MWp 时，宜采用 35 kV 及以上电压等级。

（3）光伏电站发电母线的接线方式应按本期、远景规划的安装容量、安全可靠性、运行灵活性和经济合理性等条件选择，并应符合下列要求：

① 光伏电站安装容量小于或等于 30 MW 时，宜采用单母线接线。

② 光伏电站安装容量大于 30 MW 时，宜采用单母线或单母线分段接线。

③ 当分段时，应采用分段断路器。

（4）光伏电站母线上的短路电流超过所选择的开断设备允许值时，可在母线分段回路中安装电抗器。母线分段电抗器的额定电流应按其中一段母线上所连接的最大容量的电流值选择。

（5）光伏电站内各单元发电模块与光伏发电母线的连接方式，由运行可靠性、灵活性、技术经济合理性和维修方便等条件综合比较确定，可采用下列连接方式：

① 辐射式连接方式。

② "T" 接式连接方式。

（6）光伏电站母线上的电压互感器和避雷器应合用一组隔离开关，并组装在一个柜内。

（7）光伏电站内 10 kV 或 35 kV 系统中性点可采用不接地、经消弧线圈接地或小电阻接地方式。经汇集形成光伏电站群的大、中型光伏电站，其站内汇集系统宜采用经消弧线圈接地或小电阻接地的方式。就地升压变压器的低压侧中性点是否接地应依据逆变器的要求确定。

（8）当采用消弧线圈接地时，应装设隔离开关。消弧线圈的容量选择和安装要求应符合现行国家标准 GB/T 50064—2014《交流电气装置的过电压保护和绝缘配合设计规范》的规定。

（9）光伏电站 110 kV 及以上电压等级的升压站接线方式，应根据光伏电站在电力系统的地位、地区电力网接线方式的要求、负荷的重要性、出线回路数、设备特点、本期和规划容量等条件确定。

（10）220 kV 及以下电压等级的母线避雷器和电压互感器宜合用一组隔离开关，110～220 kV 线路电压互感器与耦合电容器、避雷器、主变压器引出线的避雷器不宜装设隔离开关；主变压器中性点避雷器不应装设隔离开关。

### 2. 变压器

（1）变压器的分类。在高、低压供配电系统中，常用的变压器有如下几种分类方式：

① 按相数分类有三相电力变压器和单相电力变压器。大多数场合使用三相电力变压器，在一些低压单相负载较多的场合，也使用单相电力变压器。

② 按绕组导电材料分类有铜绕组变压器和铝绕组变压器，目前一般均采用铜绕组变压器。

③ 按绝缘介质分类有油浸式变压器和干式变压器两大类。油浸式变压器由于价格低廉而得到广泛应用；干式变压器有不易燃烧、不易爆炸的特点，适合在防火、防爆要求高的场合使用，绝缘形式有环氧浇注式、开启式、充气式和缠绕式等。

④ 绕组连接组别分类有 Yyn0 和 Dyn11 两种。由于 Yyn0 变压器一次侧零序电流不能流通，当二次侧三相不平衡负荷出现时，由此产生的零序电流用于励磁，使铁芯发热增加，严重时会导致变压器损坏，其二次侧负荷三相不平衡度不能大于 25%，因此，Yyn0 变压器一般只用于三相负荷平衡的场合，如工业企业变电站。Dyn11 变压器一次侧为三角形接法，零序电流可以流通，因此其运行不受二次侧负荷平衡度的影响，可用于单相负荷较多且不易平衡的场合，如用于建筑变电站。

（2）常用变压器的容量系列。我国目前常用变压器产品容量有 100 kV·A、125 kV·A、

160 kV·A、200 kV·A、250 kV·A、315 kV·A、500 kV·A、630 kV·A、800 kV·A，1 000 kV·A、1 250 kV·A、1 600 kV·A 等。

变压器型号表示如图 6-3 所示。

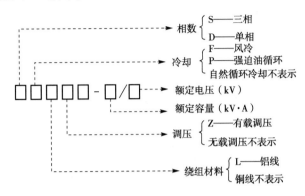

图 6-3　变压器型号表示

（3）光伏电站升压站主变压器选择方式：

① 光伏电站升压站主变压器的选择应符合现行行业标准 DL/T 5222—2021《导体和电器选择设计规程》的规定，参数宜按现行国家标准 GB/T 6451—2015《油浸式电力变压器技术参数和要求》、GB/T 10228—2015《干式电力变压器技术参数和要求》、GB 20052—2020《电力变压器能效限定值及能效等级》的规定进行选择。

② 光伏电站升压站主变压器的选择应符合下列要求：

a. 应优先选用自冷式、低损耗电力变压器。

b. 当无励磁调压电力变压器不能满足电力系统调压要求时，应采用有载调压电力变压器。

c. 主变压器容量可按光伏发电站的最大连续输出容量进行选取，且宜选用标准容量。

（4）光伏方阵内就地升压变压器的选择应符合下列要求：

① 宜选用自冷式、低损耗电力变压器。

② 变压器容量可按光伏方阵单元模块最大输出功率选取。

③ 可选用高压（低压）预装式箱式变电站或变压器、高低压电气设备等组成的装配式变电站。对于在沿海或风沙大的光伏电站，当采用户外布置时，沿海防护等级应达到 IP65，风沙大的光伏电站防护等级应达到 IP54。

④ 就地升压变压器可采用双绕组变压器或分裂变压器。

⑤ 就地升压变压器宜选用无励磁调压变压器。

### 3. 站用电系统

变电站的站用电系统是维持站内用电安全可靠的关键。如果站用电发生故障，可能会导致变电站失去安全防线，开关刀闸无法操作，尤其在电网发生故障时可能会导致事故范围进一步扩大，甚至发生电网崩溃、解列等严重事件的发生。

（1）站用电系统组成。变电站站用电系统通常是指负责站内变压器的冷却系统用电、开关和刀闸分合动力用电、站内二次系统（保护、监控、通信及端子箱加热器）用电以及站内其他用电设施（如照明、通风、检修、空调、门禁等）供电的电源及其辅助系统。

（2）站用电系统负荷分类。站用电系统的负荷包括Ⅰ类、Ⅱ类和Ⅲ类。Ⅰ类负荷一旦发生短时停电就会对设备甚至人身安全产生影响，同时会造成主变减载或者发生生产运行停顿；Ⅱ类负荷可以短时间内发生停电，不过如果停电时间太长，则会对正在生产运行的负荷造成危害；Ⅲ类负荷即使长时间发生停电，对生产运行的负荷也不会产生直接的损害。根据负荷性质的论述，鉴于Ⅰ类负荷的重要性，发生事故时应优先保证Ⅰ类负荷的供电。

（3）站用电系统设计基本规定：

① 光伏电站站用电系统的电压宜采用 380 V。

② 380 V 站用电系统，应采用动力与照明网络共用的中性点直接接地方式。

③ 站用电工作电源引接方式宜符合下列要求：

a. 当光伏电站有发电母线时，宜从发电母线引接供给自用负荷。

b. 当技术经济合理时，可由外部电网引接电源供给发电站自用负荷。

c. 当技术经济合理时，就地逆变升压室站用电也可由各发电单元逆变器变流出线侧引接，但升压站（或开关站）站用电应按上述 a 或 b 中的方式引接。

④ 站用电系统应设置备用电源，其引接方式宜符合下列要求：

a. 当光伏电站只有一段发电母线时，宜由外部电网引接电源。

b. 当发电母线为单母线分段接线时，可由外部电网引接电源，也可由其中的另一段母线上引接电源。

c. 各发电单元的工作电源分别由各自的就地升压变压器低压侧引接时，宜采用邻近的两发电单元互为备用的方式或由外部电网引接电源。

d. 工作电源与备用电源间宜设置备用电源自动投入装置。

⑤ 站用电变压器容量选择应符合下列要求：

a. 站用电工作变压器容量不宜小于计算负荷的 1.1 倍。

b. 站用电备用变压器的容量与工作变压器容量相同。

⑥ 站用电装置的布置位置及方式应根据光伏电站的容量、光伏方阵的布局和逆变器的技术参数等条件确定。

### 4. 直流系统

直流系统是给继电保护、信号、自动装置等控制负荷和交流不间断电源装置、断路器合闸机构及直流事故照明等动力负荷提供直流电源的电源设备。直流系统是一个独立的电源，它不受光伏电站供电系统及运行方式的影响，并在外部交流电中断的情况下，保证由后备电源-蓄电池继续提供直流电源的重要设备。蓄电池组应以全浮充电方式运行，一般蓄电池组的电压可采用 220 V 或 110 V。直流系统的用电负荷极为重要，对供电的可靠性要求很高。

直流系统主要由蓄电池组、充电模块、交流配电、直流馈电、配电监控、监控模块、绝缘检测仪、电池监测仪等设备组成。

### 5. 配电装置

（1）光伏电站的升压站（或开关站）配电装置的设计应符合现行标准 DL/T 5352—2018 《高压配电装置设计规范》及 GB 50060—2017《3～110 kV 高压配电装置设计规范》的规定。

（2）升压站35 kV以上配电装置应根据地理位置选择户内或户外布置。在沿海及土石方开挖工程量大的地区宜采用户内配电装置；在内陆及荒漠不受气候条件、占用土地及施工工程量等限制时，宜采用户外配电装置。

（3）10~35 kV配电装置宜采用户内成套式高压开关柜配置形式，也可采用户外装配式配电装置。

（4）对沿海、海拔高于2 000 m及土石方开挖工程量大的地区，当技术经济合理时，66 kV及以上电压等级的配电装置可采用气体绝缘金属封闭开关设备；在内陆及荒漠地区可采用户外装配式布置。

### 6. 无功补偿装置

光伏电站发出的电能有无功、有有功，可这些功率总是上下波动经常不稳定，所以可以把它看作一个变量，但需求的输出却是一个稳定恒定的量，这就要有设备来调整这个输出。但有时输出的无功达不到要求，要有装置补偿这个无功，因此须选用先进的动态无功补偿装置。当检测设备发现无功输出不达标时，无功补偿装置立即动作，一般是在30 ms内就要给出满足整个系统所能正常运行的一定的无功。

（1）光伏电站的无功补偿装置应按电力系统无功补偿就地平衡和便于调整电压的原则配置。

（2）并联电容器装置的设计应符合现行国家标准GB 50227—2017《并联电容器装置设计规范》的规定。

（3）无功补偿装置设备的形式宜选用成套设备。

（4）无功补偿装置依据环境条件、设备技术参数及当地的运行经验，可采用户内或户外布置形式，并应考虑维护和检修方便。

### 7. 电气二次（继电保护）

（1）光伏电站控制方式宜按无人值班或少人值守的要求进行设计。

（2）光伏电站电气设备的控制、测量和信号应符合现行行业标准DL/T 5136—2012《火力发电厂、变电站二次接线设计技术规程》的规定。

（3）电气二次设备应布置在继电器室，继电器室面积应满足设备布置和定期巡视维护的要求，并留有备用屏位。屏、柜的布置宜与配电装置间隔排列次序对应。

（4）升压站内各电压等级的断路器以及隔离开关、接地开关、有载调压的主变分接头位置及站内其他重要设备的启动（停止）等元件应在控制室内监控。

（5）光伏电站内的电气元件保护应符合现行国家标准GB/T 14285—2006《继电保护和安全自动装置技术规程》的规定。35 kV母线可设装母差保护。

（6）光伏电站逆变器、跟踪器的控制应纳入监控系统。

（7）大、中型光伏电站应采用计算机监控系统，主要功能应符合下列要求：

① 应对光伏电站电气设备进行安全监控。

② 应满足电网调度自动化要求，完成遥测、遥信、遥调、遥控等远动功能。

③ 电气参数的实时监测，也可根据需要实现其他电气设备的监控操作。

（8）大型光伏电站站内应配置统一的同步时钟设备，对站控层各工作站及间隔层各测控单元等有关设备的时钟进行校正，中型光伏电站可采用网络方式与电网对时。

（9）光伏电站计算机监控系统的电源应安全可靠，站控层应采用交流不间断电源（UPS）系统供电。交流不间断电源系统持续供电时间不宜小于 1 h。

**8. 过电压保护及防雷保护**

（1）光伏电站的升压站区和就地逆变升压室的过电压保护和接地应符合现行行业标准 DL/T 620—1997《交流电气装置的过电压保护和绝缘配合》的规定。

（2）光伏电站生活辅助建（构）筑物防雷应符合现行国家标准 GB 50057—2010《建筑物防雷设计规范》的规定。

（3）光伏方阵场地内应设置接地网。接地网除应采用人工接地外，还应充分利用支架基础的金属构件。

（4）光伏方阵接地应连续、可靠，接地电阻应小于 4 Ω。

**9. 电缆选择与敷设**（除光伏电缆外）

（1）光伏电站电缆的选择与敷设，应符合现行国家标准 GB 50217—2018《电力工程电缆设计标准》的规定，电缆截面应进行技术经济比较后选择确定。

（2）集中敷设于沟道、槽盒中的电缆宜选用 C 类阻燃电缆。

（3）光伏组件之间及组件与汇流箱之间的电缆应有固定措施和防晒措施。

（4）电缆敷设可采用直埋、电缆沟、电缆桥架、电缆线槽等方式。动力电缆和控制电缆宜分开排列。

（5）电缆沟不得作为排水通路。

（6）远距离传输时，网络电缆宜采用光纤电缆。

## 6.2.3 升压站接入系统

升压站接入系统主要包括系统监控、系统保护、系统通信以及自动化四部分。

**1. 系统监控**

光伏电站采用计算机监控系统进行监控，实时监控整个厂房的各项数据，实现厂区全自动化管理。中央控制显示器安装在升压室内，可对光伏电站进行全面监控，以实现电站与终端之间的调度和通信功能。

升压站的监控通常采用联网的方式将站内的各项数据信息实时传至监控系统大数据中。监控设备分散放置在高压柜中，计量设备安装在保护室内。整个监控系统须具备以下功能：

（1）实时数据采集和处理。对升压站内各项信息进行采集，如遇到设备故障，及时进行处理，以保证设备的正常运行。必要时可进行预处理，并同步监控画面，存于系统数据库中，方便后期统计分析。

（2）限值监视和报警处理。对升压站内各设备的性能数据进行实时监测，当有数据出现偏差或超过正常运行范围时，监控系统将及时向巡检人员发出警告信息，并上报事件内容、故障设备信息、故障设备数据及故障时间等实时报告。

（3）控制操作。综合保护室内配有监控系统的主机屏幕，巡检人员可通过触摸屏对断路器的跳合闸进行控制，操作方便。

（4）通信功能。与其他智能设备以及调度部门实时通信。

（5）在线自诊断功能。监控系统可以自行诊断变压器内各项设备出现的故障，并及时向巡检人员发出警报信号。

（6）自恢复功能。当监控设备监测到设备故障时，可自动打断系统工作状态；当设备恢复正常运行时，可自动重启系统，使系统恢复正常工作状态。

（7）具备 VQC 功能，即电压无功率控制。能够连续地检测变电站运行时的无功功率、功率因数和电压等，并据此做出合理的判断，自动投切电容器组和调节分接开关的挡位，使系统无功就地平衡，电压始终处于合适的设定范围内，保证电压合格率。

### 2. 系统保护

为保证光伏发电系统运行的安全性，系统还需要设置专门的继电保护和安全装置。继电保护的主要任务：一是当系统元件发生故障时，继电保护装置迅速给出准确的故障距离，离元件最近的断路器发出跳闸命令，使故障元件及时断开，最大限度地减少元件的损坏，降低对电力系统安全供电的影响。二是当电气设备的不正常工作时，继电保护装置根据不正常工作情况发出准确的信号、减负荷或跳闸。此时一般不要求保护迅速动作，而是根据其对电力系统及其元件的危害程度规定一定的延时，以免不必要的动作或由于干扰而引起的误动作。

继电保护装置是指反应电力系统中电气元件发生故障或不正常运行状态，并动作于断路器跳闸或发出信号的一种自动装置。它主要由测量部分、逻辑部分和执行部分组成，其原理图如图 6-4 所示。在微机保护装置中，这三部分不是截然分开的。测量部分又由数据采集、数据整理、保护判据运算等组成。

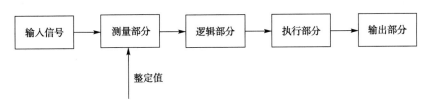

图 6-4　继电保护装置原理图

#### 1）变压器保护

作为升压站的核心部件，变压器的正常工作与否对整个电力系统能否稳定正常运行起到决定性作用，所以对变压器的保护显得非常重要。根据保护位置的不同，变压器保护通常分为瓦斯保护和纵联差动保护。

（1）瓦斯保护。当变压器内部发生故障时，故障处产生的高温会引起变压器中的油膨胀，甚至沸腾，油内溶解的空气被排出，导致变压器内油液液面下降。根据此特点设计的瓦斯保护，其主要结构原理如图 6-5 所示。

瓦斯保护的具体原理：当继电器正常运行时其内部充满变压器油，开口杯 5 处于图 6-5（b）所示的右倾位置。一旦变压器内部出现轻微故障时，变压器油由于受热分解而产生的气体聚集在继电器上部的气室内，迫使其油面下降，开口杯 5 随之下降到一定位置，其内部的磁铁 8 使干簧接点 12 吸合，接通信号回路，发出报警信号。当变压器内部发生严重故障时，油箱内压力瞬时升高，将会出现油的浪涌，冲动挡板 7，当挡板 7 旋转到某一限定位置时，其上的磁铁 8 使干簧接点 12 吸合，接通跳闸回路，不经预先报警而直接切断变压器电源，从而起到保护变压器的作用。

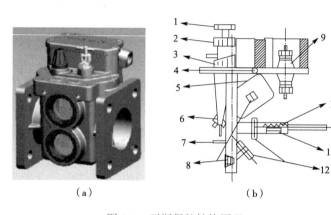

（a）　　　　　　　　　　　　　　　（b）

图 6-5　瓦斯保护结构原理

1—气塞；2—气塞螺母；3—探针；4—封塞；5—开口杯；6—重锤；7—挡板；8—磁铁；

9—接线端子；10—弹簧；11—调节杆；12—干簧接点

（2）纵联差动保护。纵联差动保护可用于防御变压器绕组和引出线的各种相间短路故障、绕组的匝间短路故障以及中性点直接接地系统侧绕组和引出线的单相接地短路。对于容量为 10 000 kV·A 及以上的单独运行的变压器、容量为 6 300 kV·A 及以上的并列运行变压器以及工业企业中的重要变压器，应该装设纵联差动保护。而对于 2 000 kV·A 及以上的变压器，当电流保护的灵敏度或动作时间不满足要求时，也应装设纵联差动保护。

电流纵联差动保护原理基于基尔霍夫电流定律，根据被保护元件的流入电流与流出电流之差而进行保护。电流纵联差动保护不但能够正确区分本线路内外故障，而且不需要与其他保护元件的保护配合，可以无延时地切除本线路内各种短路故障，因而被广泛用于变压器主保护。图 6-6 为双绕组单相变压器纵联差动保护的原理接线图。

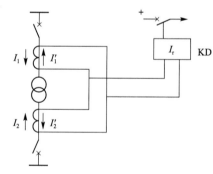

图 6-6　双绕组单相变压器纵联差动保护的原理接线图

$I_1$、$I_2$ 分别为变压器一次侧和二次侧的电流，参考方向为母线指向变压器；$I_1'$、$I_2'$ 为相应的电流互感器二次电流。流入差动继电器 KD 的差动电流有效值为

$$I_r = \left| I_1' + I_2' \right| \tag{6-1}$$

纵联差动保护的动作判据为

$$I_r \geq I_{set} \tag{6-2}$$

式中，$I_{set}$ 为纵联差动保护的动作电流。

2）线路保护

线路保护是指当线路中电流超过一定的数值的时候做出的保护动作。当升压站输电线路发生短路故障时，输电线路会出现电流增大，同时母线电压降低。利用电流增大这一特征，可对升压站进行线路保护。线路保护主要包括以下三种：

（1）瞬时电流速断保护。对于仅反应于电流增大而瞬时动作的电流保护，称为瞬时电流速断保护。根据继电保护速动性的要求，保护装置动作切断故障的时间必须满足系统稳定性和可靠性要求。在简单、可靠和保证选择性的前提下，原则上切断故障时间越短越好。因此，在各种电气元件上应尽量装设瞬时电流速断保护装置。

（2）限时电流速断保护。限时电流速断保护作为瞬时电流速断保护的后备，主要是在瞬时电流速断保护的基础上，增加一段新的保护，用来切除本线路瞬时电流速断保护范围以外的故障，又称电流保护的 Ⅱ 段。

（3）定时限过电流保护。与电流速断保护不同，过电流保护通常是指其起动电流按大于最大负荷电流整定的一种保护，它在系统正常运行时不起动，而在系统发生故障时因电流的增大而反应动作。通常情况下，它不仅能够保护本线路的全长，而且也能保护相邻线路的全长。

### 3. 系统通信

光伏发电站通信可分为接入通信与站内通信。通信设计应符合现行行业标准 DL/T 544—2012《电力通信运行管理规程》和 DL/T 598—2010《电力系统自动交换电话网技术规范》的规定。

#### 1）接入通信

光伏电力系统在接入时，必须要根据实际情况来选定进行信息沟通交流的方式，使系统接纳接入请求。光伏发电站应装设与电力调度部门联系的专用调度通信设施。接入通信应为继电保护信息、远动信息、计量信息等提供传输通道，并为上级主管部门对光伏发电站生产调度提供电话通道。

继电保护常采用微机保护通信，配置微机光纤差动保护作为线路主保护。

远动系统主要通过调度端进行接收信号，按照调度需要将各种信息传输至系统当中。传输信息主要包括并网、逆变器数据、环境条件、功率情况以及针对主变压器的高压侧有功功率等数据，同时还包括位置信号、隔离位置信号以及示波器检测信号等数据。远动要求光伏电站远动信息送至当地地调，光伏发电站至地调的主通道为电力调度数据网通道，备用通道为数字专线通道。

电能计量信息传送的主通道为调度数据网通道，备用通道为专线电话拨号通道。电站上网电量关口计量点按标准设置在光伏电站升压站及升压站出线侧，计量电能表按主副表配置，采用 DL/T 645 通信协议与电能表通信，采集光伏电站有关电量并通过计量通道传送至远方主站，其设备选型由当地供电部门认可。

同时，光伏发电站至电力调度部门间应有可靠的调度通道。大型光伏发电站至电力调度部门应有两个相互独立的调度通道，且至少一个通道为光纤通道。中型光伏发电站至电力调度部门宜有两个相互独立的调度通道。

#### 2）站内通信

站内通信系统是实现光伏电站正常生产运行和调度管理的重要保证。站内通信包括生产管理通信和生产调度通信。

光伏电站行政管理通信通过租用当地的公共网络来实现。光伏电站内配置无线对讲机，为运维人员检修、维护及巡视时提供通信联络。光伏发电站内通信设备所需的交流电源，应由能自动切换的、可靠的、来自不同站用电母线段的双回路交流电源供电。站用通信设备可使用专用通信直流电源或 DC/DC 变换直流电源，电源宜为直流 48 V。通信专用电源的容量，应按发展所需最大负荷确定，在交流电源失电后能维持放电不小于 1 h。站内所有通信设备的接地按联合接地体的原理设计，即各通信设备的工作接地、保护接地共用一组接地装置，接至该升压站总接地网。

为满足光伏电站职工工作以及文化娱乐需求，站内还需设置一条综合布线系统，主要包括语音数据网络系统及网络电视系统。光伏电站对外语音业务、数据业务、网络电视信号源均由光伏电站和当地通信运营商协商解决。

### 4. 自动化

大、中型光伏发电站应配置相应的自动化终端设备，采集发电装置及并网线路的遥测和遥信量，接收遥控、遥调指令，通过专用通道与电力调度部门相连。

采用远动和监控系统综合考虑的方式，配置计算机监控系统。远动信息采集采取"直采直送"原则，直接从计算机监控系统的测控单元获取远动信息并向调度传送，站内自动化信息相应传送到远方监控中心。为保证远动信息向调度端可靠传送，应配置远动工作站（与计算机监控系统统一考虑），远动信息量直采直送由远动工作站以不同规约向各级调度传送。远动工作站配置网络接口以适应通过数据网络与调度端通信的要求。

在正常运行情况下，光伏发电站向电力调度部门提供的远动信息应包括遥测量和遥信量。

（1）遥测量应包括下列内容：

① 发电总有功功率和总无功功率。

② 无功补偿装置的进相及滞相运行时的无功功率。

③ 升压变压器高压侧有功功率和无功功率。

④ 双向传输功率的线路、变压器的双向功率。

⑤ 站用总有功电量。

⑥ 光伏发电站的电压、电流、频率、功率因数。

⑦ 大、中型光伏发电站的辐照强度、温度等。

⑧ 光伏发电站的储能容量状态。

（2）遥信量应包括下列内容：

① 并网点断路器的位置信号。

② 有载调压主变分接头位置。

③ 逆变器、变压器和无功补偿设备的断路器位置信号。

④ 事故总信号。

⑤ 出线主要保护动作信号。

同时，当地电力调度部门根据需要亦可向光伏电站传送以下遥控或遥调命令：

① 并网线路断路器的分合。

② 无功补偿装置的投切。

③ 有载调压变压器分接头的调节。

④ 光伏发电站的启停。

⑤ 光伏发电站的功率调节。

光伏发电站电能计量点宜设置在电站与电网设施的产权分界处或合同协议中规定的贸易结算点；光伏发电站站用电取自公用电网时，应在高压引入线高压侧设置计量点。每个计量点均应装设电能计量装置。电能计量装置应符合现行行业标准 DL/T 448—2016《电能计量装置技术管理规程》和 DL/T 5137—2001《电测量及电能计量装置设计技术规程》的规定。电能表可同时计量正、反向有功电量、感性和容性无功电量，并能分时计费，同时电能表具有串行通信接口及负荷控制接口，可实现远传。

光伏发电站应配置具有通信功能的电能计量装置和相应的电能量采集装置。同一计量点应安装同型号、同规格、准确度相同的主备电能表各一套。光伏发电站电能计量装置采集的信息应接入电力调度部门的电能信息采集系统。能监测电压偏差、频率偏差、三相电压幅值相位不平衡度、三相电流幅值相位不平衡度、负序电流、谐波、电压波动等电能指标，并将电能量信息上传调度部门。

## 拓展阅读 \\\\\\ 光伏助力脱贫攻坚 ----------------------

光伏扶贫是指在具备实施条件的贫困地区建设光伏电站，以光伏发电收益分配的形式壮大贫困村集体经济、补贴贫困户个人收入的产业扶贫方式。光伏扶贫工程起始于 2014 年，2015 年被国务院扶贫办确定为"十大精准扶贫工程"之一，在 16 个省的 471 个光伏扶贫重点县以及"三区三州"深度贫困地区重点实施。

据《半月谈》报道经过六年共三个阶段的实践探索，截止到 2021 年，我国光伏扶贫项目建设任务全面完成，已建成 8 万多座村级光伏扶贫电站，规模达 1 500 万 kW，每年发电收益 130 多亿元，取得了扶贫与新能源协同发展的显著成效。

### 1. 光伏扶贫的模式

在光伏扶贫项目中，光伏扶贫建设模式主要包括户用光伏发电扶贫、村级光伏电站扶贫、光伏农业大棚扶贫、光伏地面电站扶贫四种。

第一种模式是户用光伏发电扶贫。此模式是众多光伏扶贫举措中，被认为是最适宜大面积推广，贫困户最喜欢的模式。因为户用型光伏发电可以因地制宜，依贫困户屋顶、院落而建。装机容量主要是 3 kW、4 kW、5 kW，产权和收益均归贫困户所有，这样的小规模系统可以完全满足用户的日常用电，同时还可以有额外的发电盈余。除日常所耗电外，多余的电还可以卖给电网，获取卖电收益。每个月可以有几百块钱的收益，并且是持续性的，对于贫困户来说是笔稳定的收入。

第二种模式是村级光伏电站扶贫。它和户用光伏发电扶贫是《关于实施光伏发电扶贫工作的意见》中提到的两种重要模式，安装规模在 25～300 kW 不等，是利用村集体土地建设，光伏电站的产权也归村集体所有，光伏电站的收益由村集体、贫困户按照所定的比例分配，其中贫困户收益达 60% 以上。

第三种模式是光伏农业大棚扶贫。此模式是在已有的农业大棚顶部安装光伏电站。与户用光伏发电扶贫、村级光伏电站扶贫不同，因为光伏农业大棚扶贫规模比较大，少则几兆瓦，大则几十兆瓦。一般由企业与贫困户、村集体共同投资，产权归投资企业和大棚业主共有，收益也会由企业和用户分配，贫困户收益比例一般不高于 60%。

第四种模式是光伏地面电站扶贫。它主要利用沙漠、荒山、滩涂、沼泽等未利用地而建设的地面大型电站，规模超过 10 MW，通常由企业投资，企业与地方签署捐助协议并将一部分发电收益捐赠出去，捐赠资金主要用于地面扶贫。捐赠资金分配由地方统一分配给建档贫困户。

### 2. 光伏扶贫案例

光伏扶贫是我国产业扶贫的一种新探索、新方式。资源普及、运维简便、收益稳定三个特点让它成为在扶贫当中受到广泛欢迎的一种扶贫方式。

光伏扶贫独具中国特色。甘肃省通渭县作为全国光伏扶贫试点，从 2015 年开始开展光伏扶贫工作。据《中国经济导报》相关报道，截止到 2020 年，甘肃省通渭县已建成了 16.2 万千瓦光伏扶贫电站。通渭县近 2 万户贫困户全年都有了稳定收入，198 个贫困村集体经济实现了从无到有、从弱到强，有效解决了村集体经济空壳问题，也让全县走上了一条可持续发展的脱贫攻坚大路。

重庆市巫山县实施新能源扶贫，2018 年巫山投资 9 亿元建成了目前西南片区最大的山地光伏。2019 年全面投产，一年的收入大概能够达到 1.2 亿元，创造当地财政收入 1 400 万元。另外，农民通过流转土地的方式每年还可获得 300 万元的租金。

各地区在国家光伏政策的引导和支持下，立足自身资源禀赋、地理环境状况和地区发展特点，牢牢把握发展契机，充分发挥主体优势，在光伏电站建设、管理、运维、效益分配和"光伏＋"等方面探索创新，形成了各具特色、各有侧重且颇具成效的地方光伏扶贫模式，不仅提升了光伏产业的发电总量和经济效益，还完善了利益分配机制，增强了光伏资金的益贫效应，释放了光伏扶贫的政策红利，有效助力脱贫攻坚。

# 思考题

(1) 对比传统的箱变系统，简述智能箱变系统的特点。

(2) 箱变系统有哪些类型？其主要结构有哪几种？

(3) 升压站电气系统有哪些设计部分？不同部分的基本设计思路是什么？

(4) 升压站监控系统的主要功能有哪些？

(5) 简述系统保护任务以及变压器瓦斯保护的工作原理。

(6) 远动系统中遥测量和遥信量有哪些？

# 第7章

## → 电　缆

光伏发电系统的收益能力不仅仅取决于光伏组件自身的效率或高性能，也离不开一系列表面看起来与组件无直接关系的部件，电缆就是其中之一。本章主要讲解电缆的类型、电缆的导体材料、电缆绝缘保护套材料、电缆设计选型等。

### 学习目标

（1）了解电缆的类型及材料组成。
（2）掌握电缆计算、设计原则和选型。

### 学习重点

电缆的设计和选型。

### 学习难点

电缆的计算。

## 7.1　电缆种类、材料组成及选择

在光伏电站与光热电站建设过程中除主要设备，如光伏组件、逆变器、升压变压器以外，配套连接的电缆材料对光伏电站与光热电站的整体盈利的能力、运行的安全性、是否高效，同样起着至关重要的作用。光伏发电与光热发电的电缆选择遵循电缆选择的一般要求，即按照电压等级、满足持续工作允许的电流、短路热稳定性、允许电压降、经济电流密度及敷设环境条件因素等进行选型。同时光伏发电与光热又具有自身的特点，光伏发电系统常常会在恶劣环境条件下使用，如高温、严寒和紫外线辐射。

所以光伏发电与光热发电系统中电缆的选择需考虑如下因素：
（1）电缆的绝缘性能。
（2）电缆的耐热阻燃性能。
（3）电缆的防潮、防光（抗辐射）。
（4）电缆的敷设方式。
（5）电缆导体的材料（铜芯、铝芯）。
（6）电缆截面的规格。

### 7.1.1 电缆的类型

光伏发电系统电缆可分为直流电缆和交流电缆，其中组件间串联电缆及组串间并联的直流电缆占据了一半以上的电缆量，经逆变器后使用的为交流电缆。而光热发电和传统火电一样，产生的电均为交流电，线缆均为交流电缆。

**1. 直流电缆**

光伏发电系统中，直流电缆使用在组件与组件之间的串联电缆、组串之间及其组串至直流配电箱（汇流箱）之间的并联电缆、直流配电箱至逆变器之间电缆。

直流电缆户外敷设较多，需防潮、防暴晒、耐寒、耐热、抗紫外线，某些特殊的环境下还需防酸碱等化学物质。其中，组件与组件之间的连接电缆通常与组件成套供应。

光伏发电中大量的直流电缆敷设环境条件恶劣，其电缆材料应根据抗紫外线、臭氧、剧烈温度变化和化学侵蚀情况而定。因为普通材质电缆在该种环境下长期使用，将导致电缆护套易碎，甚至会分解电缆绝缘层。这些情况会直接损坏电缆系统，同时也会增大电缆短路的风险，从中长期看，发生火灾或人员伤害的可能性也更高，大大影响系统的使用寿命。

**2. 交流电缆**

光伏发电系统中，交流电缆使用在逆变器至升压变压器的连接电缆、升压变压器至配电装置的连接电缆、配电装置至电网或用户的连接电缆。

光伏发电交流侧电缆与光热发电电缆均为交流电缆，户内环境敷设较多，可按照一般电力电缆选型要求选择。

### 7.1.2 电缆导体材料

光伏发电使用的直流电缆受施工条件的限制，电缆连接多采用接插件。电缆导体材料可分为铜芯和铝芯。铜芯电缆具有的抗氧化能力比铝要好，寿命长，稳定性能要好，压降小和电量损耗小的特点；在施工上由于铜芯柔性好，允许的弯度半径小，所以拐弯方便，穿管容易；而且铜芯抗疲劳、反复折弯不易断裂，所以接线方便；同时铜芯的机械强度高，能承受较大的机械拉力，给施工敷设带来很大便利，也为机械化施工创造了条件。相反，铝芯电缆，由于铝材的化学特性，安装接头易出现氧化现象（电化学反应），特别是容易发生蠕变现象，易导致故障的发生。另外，根据 IEC 287 进行计算，在同等敷设条件下，要想获得同样的载流量，铝的截面要更大，这样带来电缆敷设通道增大，有可能要采取专用敷设通道，增加投资成本。因此，铜芯电缆在光伏发电使用中，特别是直埋敷设电缆供电领域，具有突出的优势。

### 7.1.3 电缆绝缘护套材料

直流回路在运行中常常受到多种不利因素的影响而造成接地，使得系统不能正常运行。如挤压、电缆制造不良、绝缘材料不合格、绝缘性能低、直流系统绝缘老化或存在某些损伤缺陷均可引起接地或成为一种接地隐患。另外，户外环境小动物侵入或撕咬也会造成直流接地故障。电缆护套是电缆的最外层，作为电缆中保护内部结构安全最重要的屏障，保护电缆在安装期间和安装后不受机械损坏。电缆护套不是要取代电缆内部的加固防具，但它们可以提供相当高水平但有限的保护手段。此外，电缆护套还提供水分、化学、紫外线和臭氧保护。

电缆护套的种类有很多，在电缆护套原材料的选择上要考虑到使用连接器的兼容性以及与环境的适应性。例如，极冷的环境，应选择需要在非常低的温度下仍能保持柔性的电缆护套。

### 1. 聚氯乙烯（PVC）材料

PVC 是以聚氯乙烯为基础树脂，添加稳定剂、增塑剂以及碳酸钙等无机填充物、助剂和润滑剂等添加剂，经过混配捏合挤出而制备的粒子。聚氯乙烯在各种环境和应用中都能使用。它的使用成本低、柔韧性好、坚固，并且具有防火、防油材料。但这种材料含对环境和人体有害物质，且在应用于特殊环境时存在诸多问题。随着人们环保意识的增强和对材料性能要求的提高，对 PVC 材料提出了更高的要求。

### 2. 聚乙烯（PE）材料

聚乙烯由于其优异的电绝缘性能及良好的加工性能，广泛用作电线电缆的包覆材料，主要应用在电线电缆的绝缘层和护套层。聚乙烯可以是坚硬且非常硬的，但是低密度 PE（LDPE）更柔韧，防潮性极佳。适当配制的 PE 具有优异的耐候性。

聚乙烯的线型分子结构使其在高温下极易变形，因此在电线电缆行业 PE 应用方面，往往通过交联的方式使聚乙烯变成网状结构，使其在高温下也具有很强的抗变形能力。交联聚乙烯（XLPE）和聚氯乙烯（PVC）都用于电线电缆的绝缘材料，但 XLPE 电线电缆比 PVC 电线电缆更环保，同时其具备更优良的使用性能。

### 3. 聚氨酯（PUR）材料

PUR 电缆的材料有耐油耐磨的优点，而 PVC 则是用普通的材料制造的。在电缆工业中，聚氨酯的地位已变得日益重要，在一定的温度下，该材料的机械特性和橡胶相似，热塑性和弹性的结合就获得了热塑性弹性体。其广泛应用于工业机械设备、传输传送控制系统、各种工业传感器、检测仪器仪表、电子器械、家用电器、机电、厨房等设备；用于环境恶劣、防油等场合的电源、信号连接。

### 4. 热塑性弹性体（TPE/TPR）材料

热塑性弹性体又称人造橡胶或合成橡胶。它具有优异的低温性能，而不需要花费热固性材料所需的资金。它具有良好的耐化学性和耐油性，并且非常柔韧，良好的耐磨性和表面纹理，但不如 PUR 坚固耐用。

### 5. 热塑性聚氨酯（TPU）材料

热塑性聚氨酯电缆是指使用聚氨酯材料作为绝缘或护套的电缆，其护套及绝缘层具有超强耐磨性能。

电缆中使用的聚氨酯材料一般称为 TPU，为热塑性聚氨酯弹性体橡胶。主要分为有聚酯型和聚醚型，硬度范围为 60HA ~ 85HD。TPU 不仅拥有卓越的高耐磨、高张力、高拉力、强韧和耐老化的特性，而且是一种成熟的环保材料。

聚氨酯护套电缆应用领域包括海洋应用电缆、工业机器人及机械手电缆、港口机械及龙门吊卷筒电缆、矿山工程机械电缆。

**6. 氯化聚乙烯（CPE）材料**

氯化聚乙烯通常用于非常恶劣的环境。具有质量小、非常坚硬、摩擦因数低、耐油性好、耐水性佳、耐化学性和抗紫外线性能优异、成本低等特点。

**7. 陶瓷化硅橡胶材料**

陶瓷化硅橡胶具有极佳的防火、阻燃、低烟、无毒等特性，挤出成型工艺简单，其燃烧后残余物为坚硬的陶瓷化壳体，硬壳在火灾环境中不熔且不滴落。

可通过《在火焰条件下电缆或光缆的线路完整性试验》标准试验，标准中规定在 950 ~ 1 000 ℃ 温度下，受火 90 min，冷却 15 min 线路完整性实验，适用于任何需要防火的场所，在保证火灾情况下电力传输通畅中起到了坚固的保护作用。

## 7.1.4　光伏系统电缆种类选择

光伏系统电缆种类主要有：光伏专用电缆、动力电缆、控制电缆、通信电缆、射频电缆。

**1. 光伏专用电缆 PV1-F 1×4 mm²**

组串到汇流箱的电缆一般用：光伏专用电缆 PV1-F 1×4 mm²。

特点：结构简单，其使用的聚烯烃绝缘材料具有极好的耐热、耐寒、耐油、耐紫外线，可在恶劣的环境条件下使用，具备一定的机械强度。

敷设：可穿管中加以保护，利用组件支架作为电缆敷设的通道和固定装置，降低环境因素的影响。

**2. 动力电缆 ZRC-YJV22**

钢带铠装阻燃交联电缆 ZRC-YJV22 广泛应用于：汇流箱到直流柜、直流柜到逆变器、逆变器到变压器、变压器到配电装置、配电装置到电网的连接电缆。

光伏发电系统中比较常见的 ZRC-YJV22 电缆标称截面面积有：2.5 mm²、4 mm²、6 mm²、10 mm²、16 mm²、25 mm²、35 mm²、50 mm²、70 mm²、95 mm²、120 mm²、150 mm²、185 mm²、240 mm²、300 mm²。

特点：质地较硬，耐温等级 90 ℃，使用方便，具有介质损耗小、耐化学腐蚀和电压敷设不受落差限制；具有较高机械强度，耐环境应力好，良好的热老化性能和电气性能。

敷设：可直埋，适用于固定敷设，适应不同敷设环境（地下、水中、沟管及隧道）的需要。

**3. 动力电缆 NH-VV**

NH-VV 是铜芯聚氯乙烯绝缘聚氯乙烯护套耐火电力电缆。适合于额定电压 0.6 kV/1 kV。

特点：长期允许工作温度为 80 ℃。敷设时允许的弯曲半径：单芯电缆不小于 20 倍电缆外径，多芯电缆不小于 12 倍电缆外径。电缆在敷设时环境温度不低于 0 ℃ 的条件下，无须预先加热。电压敷设不受落差限制。

敷设：适合于有耐火要求的场合，可敷设在室内、隧道及沟管中。注意不能承受机械外力的

作用，可直接埋地敷设。

### 4. 控制电缆 ZRC-KVVP

ZRC-KVVP 是铜芯聚氯乙烯绝缘聚氯乙烯护套编织屏蔽控制电缆。适用于交流额定电压450 V/750 V 及以下控制、监控回路及保护线路。

特点：长期允许使用温度为70 ℃。最小弯曲半径不小于外径的6倍。

敷设：一般敷设在室内、电缆沟管等要求屏蔽、阻燃的固定场所。

### 5. 通信电缆 DJYVRP2-22

DJYVRP2-22 是聚乙烯绝缘聚氯乙烯护套铜丝编织屏蔽铠装计算机专用软电缆，适用于额定电压 500 V 及以下对于防干扰要求较高的电子计算机和自动化连接电缆。

特点：DJYVRP2-22 电缆具有抗氧化性、绝缘电阻高、耐电压好、介电常数小的特点，在确保使用寿命的同时，还能减少回路间的相互串扰和外部干扰，信号传输质量高。最小弯曲半径不小于电缆外径的12倍。

敷设：允许在环境温度 −40 ~ +50 ℃ 的条件下固定敷设使用。敷设于室内、电缆沟、管道等要求静电屏蔽的场所。

### 6. 通信电缆 RVVP

铜芯聚氯乙烯绝缘聚氯乙烯护套绝缘屏蔽软电缆 RVVP，又称电气连接抗干扰软电缆，是适用于报警、安防等需防干扰，安全高效数据传输的通信电缆。

特点：额定工作电压为3.6 kV/6 kV，电缆导线的长期工作温度为90 ℃，最小允许弯曲半径为电缆外径的6倍。主要用来做通信电缆，起到抗干扰的作用。

敷设：RVVP 电缆不能在日光下暴晒，底部线芯必须良好接地。如需抑制电气干扰强度的弱电回路通信电缆，敷设于钢制管、盒中。与电力电缆平行敷设时相互间距，宜在能远离的范围内尽量远离。

### 7. 射频电缆 SYV

SYV 是实心聚乙烯绝缘聚氯乙烯护套射频同轴电缆。

特点：监控中常用的视频线主要是 SYV75-3 和 SYV75-5 两种。如果要传输视频信号在 200 m 范围内可以用 SYV75-3，如果在 350 m 范围内就可以用 SYV75-5。

敷设：可穿管敷设。

各类电缆外观如图 7-1 所示。

（a）光伏专用电缆　　　　（b）动力电缆　　　　（c）控制电缆

图 7-1　各类电缆外观

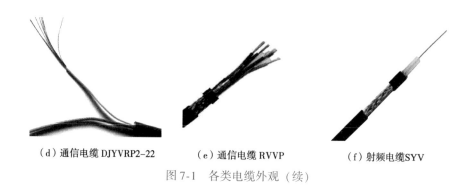

（d）通信电缆 DJYVRP2–22　　　（e）通信电缆 RVVP　　　　（f）射频电缆SYV

图 7-1　各类电缆外观（续）

# 7.2　电缆设计选型原则与计算

## 7.2.1　电缆设计选型原则

光伏发电系统不仅包含直流侧，还包含交流测。下述为光伏发电系统电缆设计选型原则。

（1）如果系统的最高电压是 380 V，要选择 450 V/750 V 的光伏交流电缆，选择耐压值大于系统的最高电压的电缆，防止电缆被高电压损坏。

（2）光伏方阵内部和方阵之间的连接，选取的电缆额定电流为计算所得光伏电缆中最大连续电流的 1.56 倍。

（3）交流负载的连接，选取的光伏电缆额定电流为计算所得电缆中最大连续电流的 1.25 倍。

（4）逆变器的连接，选取的电缆额定电流为计算所得电缆中最大连续电流的 1.25 倍。

（5）考虑温度对电缆性能的影响。温度越高，电缆的载流量就越少，电缆要尽量安装在通风散热的地方。

（6）电压降的最高值不能超过 2%，直流回路工作中有很多的不确定因素会导致回路接地，使整个系统运行不正常。

## 7.2.2　电缆设计计算

电缆截面的选择应满足允许温升、电压损失、机械强度等要求，直流系统电缆按电缆长期允许载流量选择，并按电缆允许压降校验，计算公式如下：

按电缆长期允许载流量：

$$I_{pc} \geq I_{cal} \qquad\qquad (7\text{-}1)$$

式中　$I_{pc}$——电缆允许载流量，A；

　　　$I_{cal}$——回路长期工作计算电流，A。

按回路允许电压降：

$$S_{cac} = \rho \cdot 2L \cdot I_{ca} / \Delta U_p \qquad\qquad (7\text{-}2)$$

式中　$I_{ca}$——计算电流，A；

　　　$S_{cac}$——电缆计算截面，mm²；

$\rho$——电阻率，$\Omega \cdot m$；

$L$——电缆长度，m；

$\Delta U_p$——回路允许电压降，V。

电缆载流量除了以上计算方法外，也可以采用估算口诀进行估算，估算口诀如下：

二点五下乘以九，往上减一顺号走。

三十五乘三点五，双双成组减点五。

条件有变加折算，高温九折铜升级。

穿管根数二三四，八七六折满载流。

"二点五下乘以九"是指 2.5 mm² 及以下的各种截面铝芯电缆，其载流量约为截面数的 9 倍。如 2.5 mm² 铝芯电缆，载流量为 22.5 A。"往上减一顺号走"是指从 4 mm² 及以上电缆的载流量和截面数的倍数关系是顺着线号往上排，倍数逐次减小，即 4×8、6×7、10×6、16×5、25×4。

"三十五乘三点五"指的是 35 mm² 的电缆载流量为截面数的 3.5 倍，即 122.5 A。"双双成组减点五"指的是从 50 mm² 及以上的电缆，其载流量与截面数之间的倍数关系变为两个线号成一组，倍数依次减 0.5。即 50 mm²、70 mm² 电缆载流量为截面数的 3 倍；95 mm²、120 mm² 电缆载流量是其截面积数的 2.5 倍，依次类推。

上述口诀是铝芯电缆明敷在环境温度 25 ℃ 的条件下而定的。"条件有变加折算，高温九折铜升级"是指如果铝芯电缆明敷在环境温度长期高于 25 ℃ 的地区，铝芯电缆载流量可按上述口诀计算方法算出，然后再打九折即可；当使用的不是铝芯电缆而是铜芯电缆，它的载流量要比同规格铝线略大一些，可按上述口诀方法算出比铝线加大一个线号的载流量。如 16 mm² 铜线的载流量，可按 25 mm² 铝线计算。在使用的电缆中它都是有一定的规格的，常用的规格从小到大为 1 mm²、1.5 mm²、2.5 mm²、4 mm²、6 mm²、10 mm²、16 mm²、25 mm²、35 mm²、50 mm²、70 mm²、95 mm²、120 mm²。在使用中还会用到穿线管，这时就要用到下一句口诀。

"穿管根数二三四，八七六折满载流"，是指在穿管敷设两根、三根、四根电缆的情况下，其载流量分别是口诀计算单根敷设载流量的 80%、70%、60%。在穿管时，管子的直径和穿管的线数对电缆的承载电流有一定的影响，在电流通过电缆时会产生热量等因素，所以，穿管时需要会留有一定的空间。

## 7.2.3 常用电缆选型

在对汇流箱、直流柜、逆变器和变压器进行电缆选型时可以参照表 7-1 ~ 表 7-4。

表 7-1 汇流箱两侧电缆选型对照表

| 序号 | 汇流箱规格 | 断路器额定电流 | 组件侧电缆规格 | 直流柜侧电缆规格 |
|------|-----------|---------------|---------------|----------------|
| 1 | 2 进 1 出 | 16 A | PV1-F 1×4 mm² | 4 mm² 或 6 mm² |
| 2 | 3 进 1 出 | 25 A | PV1-F 1×4 mm² | 6 mm² |
| 3 | 4 进 1 出 | 32 A | PV1-F 1×4 mm² | 10 mm² |
| 4 | 5 进 1 出 | 40 A | PV1-F 1×4 mm² | 10 mm² 或 16 mm² |
| 5 | 6 进 1 出 | 50 A | PV1-F 1×4 mm² | 16 mm² |

续表

| 序号 | 汇流箱规格 | 断路器额定电流 | 组件侧电缆规格 | 直流柜侧电缆规格 |
|---|---|---|---|---|
| 6 | 7 进 1 出 | 63 A | PV1-F 1 ×4 mm² | 16 mm² |
| 7 | 8 进 1 出 | 64 A | PV1-F 1 ×4 mm² | 25 mm² |
| 8 | 9 进 1 出 | 80 A | PV1-F 1 ×4 mm² | 35 mm² |
| 9 | 10 进 1 出 | 80 A | PV1-F 1 ×4 mm² | 35 mm² 或 50 mm² |
| 10 | 11 进 1 出 | 100 A | PV1-F 1 ×4 mm² | 50 mm² |
| 11 | 12 进 1 出 | 100 A | PV1-F 1 ×4 mm² | 50 mm² |
| 12 | 13 进 1 出 | 125 A | PV1-F 1 ×4 mm² | 50 mm² 或 70 mm² |
| 13 | 14 进 1 出 | 125 A | PV1-F 1 ×4 mm² | 70 mm² |
| 14 | 15 进 1 出 | 125 A | PV1-F 1 ×4 mm² | 70 mm² |
| 15 | 16 进 1 出 | 160 A | PV1-F 1 ×4 mm² | 70 mm² |
| 16 | 17 进 1 出 | 200 A | PV1-F 1 ×4 mm² | 70 mm² |

表 7-2　直流柜两侧电缆选型对照表

| 序号 | 直流柜规格 | 断路器规格 | 汇流箱侧电缆规格 | 逆变器侧电缆规格 |
|---|---|---|---|---|
| 1 | 2 进 1 出 | 16 A | 4 mm² | 4 mm² |
| 2 | 3 进 1 出 | 32 A | 6 mm² | 6 mm² |
| 3 | 4 进 1 出 | 40 A | 10 mm² | 10mm² |
| 4 | 5 进 1 出 | 50 A | 16 mm² | 16 mm² |
| 5 | 6 进 1 出 | 50 A | 16 mm² | 16 mm² |
| 6 | 7 进 1 出 | 63 A | 16 mm² | 16 mm² |
| 7 | 8 进 1 出 | 80 A | 25 mm² | 25 mm² |
| 8 | 9 进 1 出 | 80 A | 35 mm² | 35 mm² |
| 9 | 10 进 1 出 | 80 A | 50 mm² | 50mm² |
| 10 | 11 进 1 出 | 100 A | 50 mm² | 50 mm² |
| 11 | 12 进 1 出 | 100 A | 50 mm² | 50 mm² |
| 12 | 13 进 1 出 | 125 A | 70 mm² | 70 mm² |
| 13 | 14 进 1 出 | 125 A | 70 mm² | 70 mm² |
| 14 | 15 进 1 出 | 125 A | 70 mm² | 70 mm² |
| 15 | 16 进 1 出 | 160 A | 70 mm² | 70 mm² |
| 16 | 17 进 1 出 | 160 A | 70 mm² | 70 mm² |

表 7-3　逆变器两侧电缆选型对照表

| 序号 | 逆变器规格 | 逆变器相数 | 直流柜侧电缆规格 | 变压器侧电缆规格 |
|---|---|---|---|---|
| 1 | 5 kWp | 单相 | 2 ×6 mm² | 2 ×6 mm² |
| 2 | 10 kWp | 单相 | 2 ×10 mm² | 2 ×10 mm² |
| 3 | 17 kWp | 三相 | 2 ×10 mm² | 3 ×10 mm² |
| 4 | 20 kWp | 三相 | 2 ×16 mm² | 3 ×16 mm² |

续表

| 序号 | 逆变器规格 | 逆变器相数 | 直流柜侧电缆规格 | 变压器侧电缆规格 |
|---|---|---|---|---|
| 5 | 50 kWp | 三相 | $2 \times 70 \ mm^2$ | $3 \times 50 \ mm^2$ |
| 6 | 100 kWp | 三相 | $2 \times 120 \ mm^2$ | $3 \times 120 \ mm^2$ |
| 7 | 250 kWp | 三相 | $2 \times 300 \ mm^2$ 或 $4 \times 120 \ mm^2$ | $3 \times 120 \ mm^2$ |
| 8 | 500 kWp | 三相 | $4 \times 300 \ mm^2$ 或 $6 \times 185 \ mm^2$ | $6 \times 300 \ mm^2$ 或 $9 \times 185 \ mm^2$ |
| 9 | 500 kWp | 三相 | $6 \times 300 \ mm^2$ 或 $8 \times 185 \ mm^2$ | $9 \times 240 \ mm^2$ |

表 7-4　变压器两侧电缆选型对照表

| 序号 | 变压器规格 | 变压器位置 | 低压侧电缆规格 | 变压器侧电缆规格 |
|---|---|---|---|---|
| 1 | 500 kV·A | T 接终端 | $6 \times 300 \ mm^2$ | $3 \times 25 \ mm^2$ |
| 2 | 630 kV·A | T 接中间端 | $9 \times 300 \ mm^2$ | $3 \times 25 \ mm^2$ |
| 3 | 1 000 kV·A | T 接中间端 | $12 \times 300 \ mm^2$ | $3 \times 70 \ mm^2$ |
| 4 | 1 250 kV·A | T 接中间端 | $15 \times 300 \ mm^2$ | $3 \times 95 \ mm^2$ |

## 拓展阅读　电缆敷设与连接

在光伏系统安装完成后，在敷设光伏电缆时，需要综合考虑工程情况、环境条件、光伏电缆规格、型号和数量等因素，根据运行可靠、维护方便的要求和技术经济合理的原则选择合适的光伏电缆敷设方式。在光伏电站电缆施工中涉及的电缆敷设方法主要有直埋砂垫砖敷设、管道敷设、槽架敷设、电缆沟敷设、隧道敷设等，交流电缆的敷设与一般电力电气工程施工方式相仿。无论哪种敷设，在整体布线前都应事先考虑好走线方向，然后开始放线。当地下管线沿道路布置时，要注意将管线敷设在道路行车部分以外。

### 1. 光伏发电系统连接电缆敷设注意事项

（1）在建筑物表面敷设光伏电缆时，要考虑建筑的整体美观。明线走线时要穿管敷设，线管要做到横平竖直，应为电缆提供足够的支撑和固定，防止风吹等对电缆造成机械损伤。不得在墙和支架的锐角边缘敷设电缆，以免切割、磨损、伤害电缆绝缘层引起短路，或切断导线引起断路。

（2）电缆敷设布线的松紧度要均匀适当，过于紧会因四季温度变化及昼夜温差造成电缆断裂。

（3）考虑环境因素影响，电缆绝缘层应能耐受风吹、日晒、雨淋、腐蚀等。

（4）电缆接头要特殊处理，要防止氧化和接触不良，必要时要镀锡或锡焊处理。同一电路馈线和回线应尽可能绞合在一起。

（5）电缆外皮颜色选择要规范，如相线、中性线、地线等颜色要加以区分。敷设在柜体内部的线缆要用色带包裹为一个整体，做到整齐美观。

（6）电缆的截面积要与其工作电流相匹配。截面积过小，可能使其发热，造成线路损耗过大，甚至使绝缘外皮熔化，产生短路甚至火灾。特别是在低电压直流电路中，线路损耗尤其明显。截面积过大，又会造成不必要的浪费。因此，系统各部分电缆要根据各自通过电流的大小进行选择确定。

## 2. 不同环节电缆的连接与敷设

光伏发电系统的电缆敷设与连接主要以直流布线工程为主，而且串联、并联接线场合较多，因此施工时要特别注意正负极性。

(1) 在进行光伏方阵与直流汇流箱之间的线路连接时，所使用电缆的截面积要满足最大短路电流的需要。各组件方阵串的输出引线要做编号和正负极性的标记，然后引入直流汇流箱。

(2) 电缆在进入接线箱或房屋穿线孔时，要做防水弯，以防积水顺电缆进入屋内或机箱内。当电缆敷设需要穿过楼面、屋面或墙面时，其防水套管与建筑主体之间的缝隙必须做好防水密封处理，建筑表面要处理光洁。

(3) 对于组件之间的连接电缆及组串与汇流箱之间的连接电缆，一般利用专用连接器连接，电缆截面积小、数量大，通常情况下敷设时尽可能利用组件支架作为电缆敷设的通道支撑与固定依靠。

(4) 当光伏方阵在地面安装时要采用地下布线方式，地下布线时要对导线套线管进行保护，掩埋深度距离地面 0.5 m 以上。

(5) 交流逆变器的输出有单相线制、单相三线制、三相三线制、三相四线制等，要注意相线和中性线的正确连接，具体连接方式与一般电力系统连接方式相仿。

(6) 电缆敷设施工中要合理规划电缆敷设路径，减少交叉，尽可能地合并敷设以减少项目施工过程中的土方开挖量以及电缆用量。

# 思考题

(1) 电缆有哪两种类型？

(2) 光伏系统用电缆有哪些种类？

(3) 电缆载流的估算口诀是什么？

# 第 8 章

## → 光伏电站项目开发与选址

建设光伏电站，首先需要熟悉光伏电站项目开发流程，完成光伏电站选址，光伏电站选址、站址周围环境均决定了光伏发电效率，决定了光伏电站收益。本章主要讲解了分布式光伏电站与大型地面光伏电站项目开发流程，光伏电站站址选择及大气环境对发电效率的影响。

### 学习目标

（1）掌握分布式光伏电站项目开发流程。

（2）掌握大型地面光伏电站项目开发流程。

（3）掌握光伏电站选址要点，能够进行光伏电站选址。

（4）掌握空气等影响因素对光伏电站发电效率带来的影响。

### 学习重点

（1）分布式光伏电站项目开发流程。

（2）大型地面光伏电站项目开发流程。

（3）光伏电站选址要点。

（4）空气等因素对光伏电站发电效率带来的影响。

### 学习难点

空气等影响因素对光伏电站发电效率带来的影响。

## 8.1　光伏电站项目开发

光伏电站根据不同的建设地点、建设规模，项目开发有所区别，主要分为分布式光伏电站项目开发与大型地面光伏电站项目开发。

### 8.1.1　分布式光伏电站项目开发

分布式光伏电站项目地点主要建在工业园区、开发区、商业区等建筑物的屋顶，屋顶分布式光伏电站选址跟地面电站选址有较大的差异。其主要和建筑物的高度、屋顶的可利用面积、屋顶的类型与承载力、屋顶的使用年限相关。

### 1. 建筑物的高度

屋顶光伏电站所处的建筑物高度不宜过高。主要原因：其一，光伏组件单体面积大，越高风荷载越大；其二，楼层过高，施工难度大，二次搬运费用高；其三，由于光伏电站的日常维护需要进行检修、清洗、更换设备等工作，楼层过高相对运行维护费用高。基于以上三个原因，不建议在高层建筑物上安装光伏电站。

### 2. 屋顶的可利用面积

综合考虑光伏电站项目的投资规模效益、后期运维、收益分享模式等因素，光伏电站建设（容量）要具有一定的规模性，过小容量的屋顶光伏电站投资性较小（随着国家对分布式光伏电站的推广及融资业务的发展，屋顶、户用光伏电站越来越受到人们的关注）。所以屋顶可利用面积直接决定了光伏电站项目的收益。

屋顶可利用面积主要与屋顶的女儿墙高度、屋顶构筑物、设备等因素相关。像女儿墙过高，周边的广告牌、中央空调、太阳能热水器较多的屋顶相对可利用面积较少，不宜安装光伏电站。一般情况下，年份越久的屋顶，可利用面积的比例也越少。

### 3. 屋顶的类型与承载力

混凝土和彩钢瓦屋顶采用不同的基础形式和安装方式，屋顶所承受的恒荷载和活荷载的计算方法也不同，建设光伏电站技术方案也不同。对于屋顶的恒荷载包括结构自重、附着在楼板上下表面的装饰构造层的质量等，由建筑、结构确定。屋顶的活荷载则包括人员、设备、家具、可搬动的摆设等的质量，由建筑功能确定，或者由甲方指定。另外，混凝土屋顶需要考虑原有的防水措施，彩钢瓦屋顶要考虑瓦型、朝向等因素，彩钢瓦的朝向最好以南北方向为主。表 8-1 所示为不同屋顶类型的光伏电站特性。

表 8-1　不同屋顶类型的光伏电站特性

| 项　　目 | 混凝土屋顶 | 彩钢瓦屋顶 |
|---|---|---|
| 基础形式 | 压块或整体框架式 | 卡件 |
| 组件倾斜 | 最佳倾角或略低 | 屋顶倾角 |
| 光伏阵列前后间距 | 按阴影遮挡计算 | 只留走线和检修通道 |
| 装机容量 | 安装容量小，满发小时数高 | 安装容量大，满发小时数低 |

### 4. 屋顶的使用年限

混凝土屋顶的使用年限较长，一般情况下能保证光伏电站 25 年的运营期；而彩钢瓦的使用年限一般在 15 年左右。

### 5. 接入方式和电压等级

接入方式分单点接入和多点接入，电压等级一般分 380 V、10 kV 和 35 kV。对于不同接入方式、不同电压等级，电网公司的管理规定不同，如电网公司接收接入申请受理到告知业主接入系统方案确认单的时间为：单点并网项目 20 个工作日、多点并网项目 30 个工作日。以 380 V 接入的项目，接到电网公司的接入系统方案等同于接入电网意见函；以 35 kV、10 kV 接入的项目，则要分别获得接入系统方案确认单、接入电网意见函，根据接入电网意见函开展项目备案和工程设计等工作，并在接入系统工程施工前，要将接入系统工程设计相关资料提交客户服务中心，根据其答复意见开展工程建设等后续工作。对自发自用、余电上网的屋顶光伏电站一般以原房屋建筑用电电压等级接入。

### 6. 负荷曲线

光伏电站选址除了要考虑建筑物的可利用面积以外，还要考量负荷曲线。负荷曲线图的横坐标是时间，纵坐标是有功功率，通常的负荷曲线是有功功率负荷曲线。对于光伏功率输出特性与负荷曲线趋势一致的分布式电站效益相对较优。图8-1是某建筑用电负荷曲线和光伏功率输出特性曲线的关系。从图中可以看出，光伏发电曲线与负荷曲线啮合好，可有效缓解波峰用电压力。

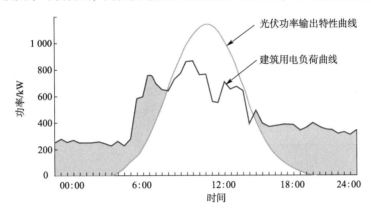

图 8-1　某建筑用电负荷曲线和光伏功率输出特性曲线

分布式光伏电站项目开发一般分为前期开发、项目备案、设计施工、并网验收四个阶段。

### 1. 前期开发

前期开发主要为寻找项目资源、与业主初步沟通、收集业主资料、实地勘察、测算技术方案测算、确立开发意向。具体如下：

#### 1）寻找项目资源

分布式光伏电站项目地点主要建在工业园区、开发区、商业区等，项目开发遵循"分散布局、就近利用"的原则。不同用途建筑光伏电站特性见表8-2。由表8-2可见，现阶段工业厂房、集中连片的商业建筑或医院更加适合建设屋顶分布式光伏电站。

表 8-2　不同用途建筑光伏电站特性

| 用途种类 | 优　　　点 | 缺　　　点 |
|---|---|---|
| 工业厂房 | （1）面积大，可建设规模大；<br>（2）用电负荷大、稳定，且用电负荷曲线与光伏出力特点相匹配，可实现自发自用为主；<br>（3）用电价格高，项目预期收益高 | 部分业主积极性不高 |
| 商业建筑 | （1）用电价格最高，项目预期收益高；<br>（2）用电负荷稳定，且用电负荷曲线与光伏出力特点相匹配，可实现自发自用为主 | 单体建筑面积较少，大规模开发协调成本高 |

续表

| 用途种类 | 优　点 | 缺　点 |
|---|---|---|
| 行政办公楼 | （1）政府所有，容易协调；<br>（2）用电负荷与光伏出力特点基本匹配，可实现自发自用为主 | （1）单体面积较少；<br>（2）用电价格低、负荷低，项目预期收益较低 |
| 医院 | （1）对光伏发电接受程度高，协调成本低；<br>（2）用电负荷大、稳定，且用电负荷曲线与光伏出力特点相匹配，可实现自发自用为主 | 部分屋顶装有太阳能热水器，单体可用面积有限 |
| 学校 | （1）对光伏发电接受程度高，协调成本低；<br>（2）单体面积较大 | （1）用电负荷曲线与光伏处理特点不匹配，自发自用率低；<br>（2）用电价格低，项目预期收益较低 |
| 居民住宅 | 可利用面积最大 | （1）热水器普及率较高，可选择小区不多；<br>（2）项目涉及用户较多，协调成本高；<br>（3）用电价格低，项目预期收益较低；<br>（4）用电负荷曲线与光伏处理特点不匹配，自发自用率低 |

工业园区、开发区的项目资源主要有国有大型工矿企业、国家级高新技术产业园、地方高新技术产业园、物流园、保税区、经济开发、污水处理厂等工业厂房。商业区的项目资源主要有宾馆饭店、写字楼、体育场馆、机场、火车站、大型商业中心、商超等商业设施。

**2）与业主初步沟通**

光伏电站项目地点确定后，需尽快与厂区业主建立联系，并针对厂区情况、屋顶结构、用电情况等进行交流，确定合作意愿和用能需求。与业主交流时需考虑的内容如下：

（1）企业属性（国有企业、上市公司、知名外企）、资信是否良好、经营状况及收入是否稳定、有无不良记录。

（2）企业用电特性、分时用电电量、用电电价、电压等级、变压器容量。

（3）建筑物产权是否独立清晰（房产证、土地证、建设规划许可证原件）、产权是否质押。

（4）屋面结构（混凝土、彩钢瓦）、屋顶使用年限和面积。

（5）屋顶周围是否有遮挡或有高楼建设规划、建筑物周边是否有气体或固体污染物排放。

（6）业主的合作意愿，洽谈自发自用、余电上网等合作模式。

**3）收集业主资料**

光伏电站项目开发需收集建筑物、厂区情况、用电与市场等方面的资料，见表8-3。

表8-3　需收集的业主资料

| 资料名称 | | 要　求 | 备　注 |
|---|---|---|---|
| 资信审核 | 建筑物业主的营业执照 | 扫描件或照片 | 若房产证正在办理，需房管部门出具已经收到办理材料的回执，且须在光伏并网前取得房产证。若建筑使用者不拥有产权，只是承租人，且同是未来光伏的消费者，则需要与产权所有人协商，约定房屋使用权限。核查建筑物是否抵押，若抵押，需与抵押单位进行沟通 |
| | 拟建光伏厂房房产证 | | |
| | 拟建光伏厂房土地证 | | |
| | 拟建光伏厂房建设规划许可证 | | |

续表

| | 资料名称 | 要 求 | 备 注 |
|---|---|---|---|
| 厂区情况 | 厂区总平面图 | 竣工图 CAD 或扫描件 | 提供每栋厂房图纸、厂区布局、厂房结构、电气系统等，核算每栋厂房屋顶荷载，预测光伏装机容量，混凝土屋顶 10 000 m² 约安装 0.6 MW；彩钢瓦屋顶 10 000 m² 约安装 1 MW |
| | 厂房结构图 | | |
| | 厂房建筑图 | | |
| | 厂区电气系统图 | | |
| 屋顶情况 | 屋顶类型 | 照片 | 混凝土屋顶或彩钢瓦屋顶 |
| | 厂房内装修情况 | 照片 | 明确是否有吊顶 |
| | 屋顶已使用年限 | | 一般情况下能保证光伏 25 年的运营期 |
| | 彩钢瓦铺设时间 | | 需考虑运营期的防水和维护等额外费用 |
| | 彩钢瓦厚度 | | |
| | 彩钢瓦类型 | 照片 | 确定 T 型、角驰型、直立锁边型等 |
| | 彩钢瓦颜色 | 照片 | |
| 用电情况 | 电费结算单 | 扫描件或照片 | 最近连续至少 12 个月的电费清单 |
| | 负荷曲线 | | 反映用电负荷和时间，判断光伏自发自用比例 |
| 生产情况 | 厂房建造时间 | | 具体到年月 |
| | 工人工作时间 | | 区分白天和晚上工作时间 |
| | 节假日生产情况 | | 周末、假日情况及年生产天数 |
| | 车间生产情况 | | 明确生产的产品和工艺 |

**4）实地勘察**

实地勘察厂区、屋顶的情况是否与图纸一致，重点勘察内容如下：

（1）房屋的梁、柱、檩条、跨度、间距、截面、斜撑、吊车等。

（2）混凝土屋顶的建设年限、框架结构、砖混结构、屋面防水。

（3）彩钢瓦屋顶的建设年限、彩钢瓦类型（T 型、角驰型、直立锁边型）、彩钢瓦厚度、彩钢瓦锈蚀情况、是否具备屋顶结构增强条件。

（4）屋顶现有设施情况，如气楼、采光带、女儿墙等，屋顶周围是否有遮挡或有高楼建设规划。

（5）配电柜，一、二次仓，箱变等电气设备最佳安装位置。经业主同意后，在总平面图中标出电气设备安装位置与电缆敷设路径。

（6）并网点位置、电压等级、变压器容量、断路器品牌及大小、进出线开关柜品牌及型号、无功补偿容量及情况。

（7）厂区周围是否有气体或固体污染物，厂房内物品类型及贵重程度，厂房是否有清洗光伏系统的水源点。

**5）技术方案测算**

（1）优先采用自发自用、余电上网模式。

（2）与业主签署屋顶租赁合同或售电协议，明确电价结算周期、结算方式。

（3）建筑产权及使用权评估：建筑物屋顶产权清晰、所有权方及使用权方是否一致认可项目建设、业主方能否为项目提供相应的便利条件、建筑屋顶所有权年限及寿命大于 25 年。

（4）建筑物结构形式评估：委托原屋顶设计单位或第三方机构进行屋顶荷载计算，并出具满足光伏安装条件的证明，建筑结构能否加固，评估加固的难度及成本。

（5）屋面防水处理评估：屋面防水形式及老化程度，评估防水修复的难度及成本。

（6）项目投资经济性评估：项目合作模式，项目经济性是否可行。

（7）其他事项：分布式光伏电站的接入距离，现场施工难易程度等。

6）确立开发意向

经过详细的技术方案测算，确定该项目具备技术和经济可行性，并与项目业主就合作模式和交易价格达成一致后，签订售电协议或屋顶租赁协议，启动项目建设流程。

2. 项目备案

项目需获得当地县、区发改备案及县、区电网公司接入批复，见表8-4。

表 8-4　项目备案需获得的批复

| 资料名称 | 备注 | 资料名称 | 备注 |
| --- | --- | --- | --- |
| 项目申请表或项目申请报告 | 含项目实施地点、投资资金来源、收益情况、业主情况等 | 企业资料 | 经办人身份证及复印件、法人委托书原件、企业法人营业执照等 |
| 企业投资项目备案表 | 公司等资料、企业法人营业执照等 | 发电项目前期资料 | 房产证或土地证、屋顶租赁协议、售电协议、屋顶抗压及屋顶面积可行性证明、资金证明等 |
| 固定资产投资项目节能登记表 | | 发改备案 | 批复文件 |
| 项目投资资料 | 建筑物产权证明、业主授权材料（例如屋顶租赁合同）、售电协议等 | 用户电网相关资料及系统接入报告 | |
| 屋顶材料 | 屋顶平面图、屋顶安全承载能力证明材料（由有资质的设计单位出具）等 | 供电局受理并网申请 | 免费制定接入方案，出具接入电网意见函 |
| 项目接入电网意见函 | 由电网公司出局 | 主要电气设备及主要设备技术参数和形式认证报告 | 光伏组件、逆变器、变压器等设备 |

3. 设计施工

设计施工主要包括初步设计、采购招标、施工图设计、建设实施。具体如下：

（1）编制可研报告、立项报告或项目申请报告、完成项目初步设计。

（2）完成 EPC（项目设计-采购-施工管理总包合同）招标、项目监理采购招标、主要设备材料等采购招标。

（3）施工图设计：现场测绘、地勘、勘界，提出设计要求，编制接入系统报告并评审，出具施工总图、蓝图，绘制结构、土建、电气等图纸，组织现场技术交底，上会评审送出线路初设可研，出具电网接入意见。

（4）建设实施：设备采购，光伏系统建设工作，所有设备电气连接及保护调试、监控安装等，并网前单位工程调试报告与记录，发电系统无力试运行，并网前单位工程验收报告与记录。

**4. 并网验收**

并网验收首先由项目业主向电网公司提出并网验收和调试申请，待电网公司受理并网验收和调试申请后，业主再与电网公司签订购售电合同和并网调度协议，电网公司安装关口电能计量装置后完成项目并网验收及调试，项目并网运行。

### 8.1.2　大型地面光伏电站项目开发

根据国家能源局印发《光伏电站项目管理暂行办法》，国家对大型地面并网光伏电站项目均实行备案管理。大型地面光伏电站项目开发需严守资源环境生态保护红线的规定，严禁任何项目落入生态保护红线内，杜绝开发建设活动对生态保护红线的破坏。生态保护红线主要包括国家级和省级禁止开发区域，以及其他有必要严格保护的各类保护地（包括湿地、自然保护区、森林公园、风景名胜、水土流失预防区等）。

大型地面光伏电站项目开发一般分为前期踏勘、前期手续办理、施工图设计、项目建设实施、反送电准备、项目并网等阶段。

**1. 前期踏勘**

（1）踏勘前需与土地所在村县沟通、宏观选址、准备勘查设备：

① 踏勘前需与土地所在村县沟通，了解场址地点、大概面积、土地类型和产权、地貌特征、附近变电站等情况。

② 通过场址与面积估算拟布置的光伏装机容量，通过土地类型和产权归属估计征地难度和费用，通过平地、山地或水面等地貌特征估计施工难度，通过附近变电站估计接入系统距离和费用。

③ 了解当地光伏产业政策、允许建的光伏装机容量、是否有在建项目、已建成项目的收益等情况。

（2）踏勘时可采用无人机航拍提高踏勘及评估质量和效率。针对不同的地形地貌，踏勘时需目测地面的土层厚度，裸露部分能否看到岩层，如果土层太薄将影响到未来土建施工难度；观察林木覆盖情况，尽量避开牲口棚、坟地及农民村舍，减少征地费用。

① 平地：大型地面光伏电站场址面积较大，从一个边界点难以看到场地全貌，踏勘时尽量将场址勘查全面，避开冲击沟、防空洞及其他军事设施。

② 山地：观察山体走势，确保光伏组件布置在东西走向、朝南的山坡上，避免周边遮挡，山体坡度不大于25°，避免后期施工难度大、维护成本高等现象。

③ 水面及滩涂：了解场址的最深水位，选择合适的光伏基础形式。一般水深小于4 m拟采用预制管桩基础，大于4 m时采用漂浮形式。了解场址30年以来的最高水位，确保固定支架设计高度在最高水位之上；了解水下养殖产品的生活特性，合理选择光伏组件类型、安装形式、布置高度和间距，以满足水下养殖功能需求。

④ 采矿沉陷区：涉及采矿沉陷区的选址，先调查拟选场址的开采现状以及未来20年的开采计划，避让露天矿坑、渣山、积水区等。规避未来仍有开采计划的场地；对未来无开采计划的采空区，需根据《煤矿采空区岩土工程勘察规范》中的关于适宜区、基本适宜区及适宜性差区的要求进行区分；对已暂停开采的区域，需了解场址已稳定沉降多少年，并取得稳定性沉降报告后再进行选择性开发。

（3）踏勘后，需确定场址地类、面积，确定拟接入的变电站。

① 确定场址地类与面积：去国土、文物和林业等部门查询场址的土地类别及是否压覆文物或矿产。以免土地为不能使用的类型或有压覆情况，盲目开展造成浪费；观察场址宏观情况，测算厂区面积，估算光伏装机容量。

② 确定拟接入的变电站。根据估算的光伏装机容量，设计送出电压等级；考察距场址最近变电站的电压等级、容量、是否预留间隔，收集该变电站的电气一次图，确定光伏接入容量。如果没有合适的接入点，可以在地市级电网公司批准下进行 T 接送出。

2. 前期手续办理

前期手续办理主要包括项目备案、获得批文及开工许可。主要内容如下：

（1）项目备案：需编制光伏项目申请报告，并与当地政府或集体签订土地租用协议，请当地市级电网出具接入和消纳初步意见，向当地发改部门申请并提交国土、电网公司、林业等部门的审核意见及测绘、地勘、项目公司营业执照、项目概况；待取得备案证后再向省/市级发改部门提交省发改委公布的项目清单、项目可行性研究报告、项目基础信息登记表、项目节能登记表、项目招投标方案、申请备案的请示及公司营业执照。

（2）前期办理手续时，需获得下列批文。

① 县级国土部门选址意见函。

② 省级国土部门未压覆重要矿产资源、土地预审意见，地灾评估备案登记表。

③ 电网公司的电网计入方案批复。

④ 环保部门的环境影响报告（表）的批复。

⑤ 安监部门的安全预评价表的批复。

⑥ 县级水利部门选址意见函及省级水利部门水土保持方案的批复。

⑦ 建设管理规划部门、文物部门、武装部门、林业部门的选址意见书。

⑧ 发改部门的社会风险稳定评估报告。

⑨ 防洪评估报告。

⑩ 地址稳定性报告（煤矿塌陷区）。

（3）项目开工：项目备案及获得所需批文后，需及时办理项目银行资金证明，签署贷款协议或意向，并通过土地预审批复、征地、规划设计、招拍挂等流程获得建设用地规划许可证、土地证、建设工程规划许可证、开工证。

3. 施工图设计

根据现场测绘、地勘、勘界提出设计要求，编制初步设计方案，编写各设备技术规范书，进行设备招投标并与中标厂家签订技术协议，分别绘制结构、土建、电气图纸，绘制并打印施工总图，组织现场技术交底、施工图纸会审。

### 4. 项目建设实施

（1）建设施工主要包括：开工准备；土建、安装工程及送出线路施工；工程调试；设置安全标示，启动验收；发电运行，初步验收；工程移交生产验收；竣工验收；出质保验收。

① 土建工程包含放线测量、场地平整，围栏施工，箱变、逆变基础施工，主变基础施工，场外设备基础施工，升压站施工，综合楼施工，场内道路照明及其他基础设施施工。

② 安装工程包含支架安装，组件安装，汇流箱安装，箱变、逆变安装，主变安装，电缆敷设及接线，消防及监控设备安装，单体和联体调试。

（2）施工需办理的手续见表 8-5。

表 8-5　施工需办理的手续

| 序号 | 手 续 名 称 | 单　　位 |
|---|---|---|
| 1 | 水保监测 | 有资质的监测单位 |
| 2 | 水保监理 | 有资质工程监理公司 |
| 3 | 水保验收 | 水利厅报备自主验收 |
| 4 | 安监：安全预评价及评价 | 有资质的评价单位 |
| 5 | 质监 | 电力建设工程质量监督站 |
| 6 | 环保 | 环保局 |
| 7 | 消防备案验收 | 消防大队抽查 |
| 8 | 土地证 | 国土局 |
| 9 | 许可及备案 | 县建设局 |
| 10 | 建设工程规划许可证 | 县建设局 |
| 11 | 施工许可证 | 县建设局 |
| 12 | 审图 | 地方审图中心 |
| 13 | 防雷监测 | 地方气象局 |

### 5. 反送电准备

大型光伏电站向国家电网反送电，需办理相应手续，具体如下：

（1）向省电力公司申请，提交反送电文件。

（2）按接入系统要求，向交易中心上报接网技术条件。

（3）与电网签订并网原则协议。

（4）省调下达的调度设备命名、编号及范围划分。

（5）与省调、各地调分别签订并网调度协议。

（6）与电力公司签订购售电合同。

（7）自建线路签订线路运维协议。

（8）具有资质的质监站出具的工程质检报告。

（9）省电力科学研究院出具的并网安全性评价报告和技术监督报告，同时上报针对报告中提出的影响送电的缺陷整改完毕，对不影响送电的列出整改计划。

（10）省电力公司交易中心将委托地区电力公司，现场验收涉网设备及是否按照接入系统文件要求建设和完善设备、装置、满足并网条件，落实"安评、技术监督"等报告提出问题的整改。验收后，向省电力公司交易中心上报具备反送电的验收报告。

（11）交易中心根据上述工作完成情况，及时组织反送电协调会，组织各相关部门会签后，下达同意反送电文件。

6. 项目并网

大型光伏电站并网，需办理相应材料，具体如下：

（1）工程质检报告。

（2）并网安全性评价报告。

（3）技术监督报告。

（4）电力公司验收报告。

（5）针对各检查报告提出问题的整改报告。

（6）供用电合同。

（7）协商确定购售电合同和调度协议。

（8）召开启委会，上报会议决议中提出问题的整改。

（9）下达同意并网文件，安排项目并网。

（10）向省电力公司申请，确认满足电网要求。

（11）移交生产验收交接书。

（12）涉网试验完成并满足电网要求。

（13）电价批复文件。

# 8.2　土地利用现状分类及光伏电站选址

## 8.2.1　土地利用现状分类

中华人民共和国国家质量监督检验检疫总局和中国国家标准化管理委员会于 2017 年 11 月 1 日联合发布《土地利用现状分类》，《土地利用现状分类》国家标准采用一级、二级两个层次的分类体系，共分 12 个一级类、73 个二级类，分别如下。

（1）耕地：按照规定，耕地是指种植农作物的土地，包括熟地、新开发、复垦、整理地、休闲地（含轮歇地、休耕地）；以种植农作物（蔬菜）为主，间有零星果树、桑树或其他树木的土地；平均每年能保证收获一季的已垦滩地和海涂。耕地中还包括南方宽度 < 1.0 m，北方宽度 < 2.0 m 固定的沟、渠、路和地坎（埂）；临时种植药材、草皮、花卉、苗木等的耕地，临时种植果树、茶树和林木且耕作层未破坏的耕地，以及其他临时改变用途的耕地，分别如下：

① 水田：指用于种植水稻、莲藕等水生农作物的耕地，包括实行水生、旱生农作物轮种的耕地。

② 水浇地：指有水源保证和灌溉设施，在一般年景能正常灌溉，种植旱生农作物（含蔬菜）

的耕地。包括种植蔬菜的非工厂化的大棚用地。

③ 旱地：指无灌溉设施，主要靠天然降水种植旱生农作物的耕地，包括没有灌溉设施，仅靠引洪淤灌的耕地。

（2）园地：指种植以采集果、叶、根、茎、汁等为主的集约经营的多年生木本和草本作物，覆盖度大于 50% 或每亩株数大于合理株数 70% 的土地，包括用于育苗的土地，分别如下：

① 果园：指种植果树的园地。

② 茶园：指种植茶树的园地。

③ 橡胶园：指种植橡胶树的园地。

④ 其他园地：指种植桑树、可可、咖啡、油棕、胡椒、药材等其他多年生作物的园地。

（3）林地：指生长乔木、竹类、灌木的土地，及沿海生长红树林的土地。包括迹地，不包括城镇、村庄范围内的绿化林木用地，铁路、公路征地范围内的林木，以及河流、沟渠的护堤林，分别如下：

① 乔木林地：指乔木郁闭度≥0.2 的林地，不包括森林沼泽。

② 竹林地：指生长竹类植物，郁闭度≥0.2 的林地。

③ 红树林地：指沿海生长红树植物的林地。

④ 森林沼泽：以乔木森林植物为优势群落的淡水沼泽。

⑤ 灌木林地：指灌木覆盖度≥40% 的林地，不包括灌丛沼泽。

⑥ 灌丛沼泽：以灌丛植物为优势群落的淡水沼泽。

⑦ 其他林地：包括疏林地（树木郁闭度≥0.1、<0.2 的林地）、未成林地、迹地、苗圃等林地。

（4）草地：指生长草本植物为主的土地，分别如下：

① 天然牧草地：指以天然草本植物为主，用于放牧或割草的草地，包括实施禁牧措施的草地，不包括沼泽草地。

② 沼泽草地：指以天然草本植物为主的沼泽化的低地草甸、高寒草甸。

③ 人工牧草地：指人工种植牧草的草地。

④ 其他草地：指树木郁闭度<0.1，表层为土质，不用于放牧的草地。

（5）商服用地：指主要用于商业、服务业的土地，分别如下：

① 零售商业用地：以零售功能为主的商铺、商场、超市、市场和加油、加气、充换电站等的用地。

② 批发市场用地：以批发功能为主的市场用地。

③ 餐饮用地：饭店、餐厅、酒吧等用地。

④ 旅馆用地：宾馆、旅馆、招待所、服务型公寓、度假村等用地。

⑤ 商务金融用地：指商务服务用地，以及经营性的办公场所用地。包括写字楼、商业性办公场所、金融活动场所和企业厂区外独立的办公场所；信息网络服务用地、信息技术服务、电子商务服务、广告传媒等用地。

⑥ 娱乐用地：指剧院、音乐厅、电影院、歌舞厅、网吧、影视城、仿古城以及绿地率小于 65% 的大型游乐等设施用地。

⑦ 其他商服用地：指零售商业、批发市场、餐饮、旅馆、商务金融、娱乐用地以外的其他商业、服务业用地。包括洗车场、洗染店、照相馆、理发美容店、洗浴场所、赛马场、高尔夫球场、废旧物资回收站、机动车、电子产品和日用产品修理网点、物流营业网点，及居住小区及小区级以下的配套的服务设施等用地。

（6）工矿仓储用地：指主要用于工业生产、物资存放场所的土地，分别如下：

① 工业用地：指工业生产、产品加工制造、机械和设备修理及直接为工业生产等服务的附属设施用地。

② 采矿用地：指采矿、采石、采砂（沙）场，砖瓦窑等地面生产用地，排土（石）及尾矿堆放地。

③ 盐田：指用于生产盐的土地，包括晒盐场所、盐池及附属设施用地。

④ 仓储用地：指用于物资储备、中转的场所用地，包括物流仓储设施、配送中心、转运中心等。

（7）住宅用地：指主要用于人们生活居住的房基地及其附属设施的土地。

① 城镇住宅用地：指城镇用于生活居住的各类房屋用地及其附属设施用地，不含配套的商业服务设施等用地。

② 农村宅基地：指农村用于生活居住的宅基地。

（8）公共管理与公共服务用地：指用于机关团体、新闻出版、科教文卫、公用设施等的土地，分别如下：

① 机关团体用地：指用于党政机关、社会团体、群众自治组织等的用地。

② 新闻出版用地：指用于广播电台、电视台、电影厂、报社、杂志社、通讯社、出版社等的用地。

③ 教育用地：指用于各类教育用地，包括高等院校、中等专业学校、中学、小学、幼儿园及其附属设施用地，聋、哑、盲人学校及工读学校用地，以及为学校配建的独立地段的学生生活用地。

④ 科研用地：指独立的科研、勘察、研发、检验检测、技术推广、环境评估与监测、科普等科研事业单位及其附属设施用地。

⑤ 医疗卫生用地：指医疗、保健、卫生、防疫、康复和急救设施等用地。包括综合医院、专科医院、社区卫生服务中心用地；卫生防疫站、专科防治所、检验中心和动物检疫站等用地；对环境有特殊要求的传染病、精神病等专科医院用地；急救中心、血库等用地。

⑥ 社会福利用地：指为社会提供福利和慈善服务的设施及其附属设施用地。包括福利院、养老院、孤儿院等用地。

⑦ 文化设施用地：指图书、展览等公共文化活动设施用地，包括公共图书馆、博物馆、档案馆、科技馆、纪念馆、美术馆和展览馆等设施用地；综合文化活动中心、文化馆、青少年宫、儿童活动中心、老年活动中心等设施用地。

⑧ 体育用地：指体育场馆和体育训练基地等用地，包括室内外体育运动用地，如体育场馆、游泳场馆、各类球场及其附属的业余体校等用地，溜冰场、跳伞场、摩托车场、射击场、以及水上运动的陆域部分等用地，以及为体育运动专设的训练基地用地，不包括学校等机构专用的体育设施用地。

⑨ 公用设施用地：指用于城乡基础设施的用地，包括供水、排水、污水处理、供电、供热、供气、邮政、电信、消防、环卫、公用设施维修等用地。

⑩ 公园与绿地：指城镇、村庄范围内的公园、动物园、植物园、街心花园、广场和用于休憩、美化环境及防护的绿化用地。

（9）特殊用地：指用于军事设施、涉外、宗教、监教、殡葬、风景名胜等的土地，分别如下：

① 军事设施用地：指直接用于军事目的的设施用地。

② 使领馆用地：指用于外国政府及国际组织驻华使领馆、办事处等的用地。

③ 监教场所用地：指用于监狱、看守所、劳改场、戒毒所等的建筑用地。

④ 宗教用地：指专门用于宗教活动的庙宇、寺院、道观、教堂等宗教自用地。

⑤ 殡葬用地：指陵园、墓地、殡葬场所用地。

⑥ 风景名胜设施用地：指风景名胜景点（包括名胜古迹、旅游景点、革命遗址、自然保护区、森林公园、地质公园、湿地公园等）的管理结构，以及旅游服务设施的建筑用地，景区内的其他用地按现状归入相应地类。

（10）交通运输用地：指用于运输通行的地面线路、场站等的土地。包括民用机场、汽车客货运场站、港口、码头、地面运输管道和各种道路以及轨道交通用地，分别如下：

① 铁路用地：指用于铁道线路及场站的用地，包括征地范围内的路堤、路堑、道沟、桥梁、林木等用地。

② 轨道交通用地：指用于轻轨、现代有轨电车、单轨等轨道交通用地，以及场站的用地。

③ 公路用地：指用于国道、省道、县道和乡道的用地。包括征地范围内的路堤、路堑、道沟、桥梁、汽车停靠站、林木及直接为其服务的附属用地。

④ 城镇村道路用地：指城镇、村庄范围内公用道路及行道树用地，包括快速路、主干路、次干路、支路、专用人行道和非机动车道，及其交叉口等。

⑤ 交通服务场站用地：指城镇、村庄范围内交通服务设施用地，包括公交枢纽及其附属设施用地、公路长途客运站、公共交通场站、公共停车场（含设有充电桩的停车场）、停车楼、教练场等用地，不包括交通指挥中心、交通队用地。

⑥ 农村道路：在农村范围内，南方宽度≥1.0 m、≤8 m，北方宽度≥2.0 m、≤8 m，用于村间、田间交通运输、并在国家公路网络体系之外，以服务于农村农业生产为主要用途的道路（含机耕道）。

⑦ 机场用地：指用于民用机场、军民合用机场的用地。

⑧ 港口码头用地：指用于人工修复的客运、货运、捕捞及工程、工作船舶停靠的场所及其附属建筑物的用地，不包括常水位以下部分。

⑨ 管道运输用地：指用于运输煤炭、矿石、石油、天然气等管道及其相应附属设施的地上部分用地。

（11）水域及水利设施用地：指陆地水域，滩涂、沟渠、沼泽、水工建筑物等用地。不包括滞洪区和已垦滩涂中的耕地、园地、林地、城镇、村庄、道路等用地。

① 河流水面：指天然形成或人工开挖河流常水位岸线之间的水面，不包括被堤坝拦截后形

成的水库区段水面。

② 湖泊水面：指天然形成的积水区常水位岸线所围成的水面。

③ 水库水面：指人工拦截汇集而成的总设计库容≥10 万 $m^3$ 的水库正常蓄水位岸线所围成的水面。

④ 坑塘水面：指人工开挖或天然形成的蓄水量＜10 万 $m^3$ 的坑塘常水位岸线所围成的水面。

⑤ 沿海滩涂：指沿海大潮高潮位与低潮位之间的潮浸地带。包括海岛的沿海滩涂，不包括已利用的滩涂。

⑥ 内陆滩涂：指河流、湖泊常水位至洪水位间的滩地；时令湖、河洪水位以下的滩地；水库、坑塘的正常蓄水位与洪水位间的滩地，包括海岛的内陆滩地，不包括已利用的滩地。

⑦ 沟渠：指人工修建，南方宽度≥1.0 m、北方宽度≥2.0 m，用于引、排、灌的渠道，包括渠槽、渠堤、护堤林及小型泵站。

⑧ 沼泽地：指经常积水或渍水，一般生长湿生植物的土地。包括草本沼泽、苔藓沼泽、内陆盐沼等。不包括森林沼泽、灌丛沼泽和沼泽草地。

⑨ 水工建筑用地：指人工修建的闸、坝、堤路林、水电厂房、扬水站等常水位岸线以上的建（构）筑物用地。

⑩ 冰川及永久积雪：指表层被冰雪常年覆盖的土地。

（12）其他土地：指上述地类以外的其他类型的土地，分别如下：

① 空闲地：指城镇、村庄、工矿范围内尚未使用的土地，包括尚未确定用途的土地。

② 设施农用地：指直接用于经营性畜禽养殖生产的设施及附属设施用地；直接用于作物栽培或水产养殖等农产品生产的设施及附属设施用地；直接用于设施农业项目辅助生产的设施用地；晾晒场、粮食果品烘干设施、粮食和农资临时存放场所、大型农机具临时存放场所等规模化粮食生产所必需的配套设施用地。

③ 田坎：指梯田及梯状坡地耕地中，主要用于拦蓄水和护坡，南方宽度≥1.0 m、北方宽度≥2.0 m 的地坎。

④ 盐碱地：指表层盐碱聚集，生长天然耐盐植物的土地。

⑤ 沙地：指表层为沙覆盖、基本无植被的土地，不包括滩涂中的沙地。

⑥ 裸土地：指表层为土质，基本无植被覆盖的土地。

⑦ 裸岩石砾地：指表层为岩石或石砾，其覆盖面积≥70% 的土地。

土地根据用途分为农用地、建设用地和未利用地。

（1）农用地：是指直接用于农业生产的土地，包括耕地、林地、草地、农田水利用地、养殖水面等，见表8-6。

（2）建设用地：是指建造建筑物、构筑物的土地，包括城乡住宅和公共设施用地、工矿用地、交通水利设施用地、旅游用地、军事设施用地等，见表8-7。

（3）未利用地：是指农用地和建设用地以外的土地，见表8-8。

表 8-6　土地利用现状分类——农用地

| 项　目 | 土地利用现状分类 | | | |
| | 一级类 | | 二级类 | |
| | 类别编号 | 类别名称 | 类别编号 | 类别名称 |
| 农用地 | 01 | 耕地 | 0101 | 水田 |
| | | | 0102 | 水浇地 |
| | | | 0103 | 旱地 |
| | 02 | 园地 | 0201 | 果园 |
| | | | 0202 | 茶园 |
| | | | 0203 | 橡胶园 |
| | | | 0204 | 其他园地 |
| | 03 | 林地 | 0301 | 乔木林地 |
| | | | 0302 | 竹林地 |
| | | | 0303 | 红树林地 |
| | | | 0304 | 森林沼泽 |
| | | | 0305 | 灌木林地 |
| | | | 0306 | 灌丛沼泽 |
| | | | 0307 | 其他林地 |
| | 04 | 草地 | 0401 | 天然牧草地 |
| | | | 0402 | 沼泽草地 |
| | | | 0403 | 人工牧草地 |
| | 10 | 交通运输用地 | 1006 | 农村道路 |
| | 11 | 水域及水利设施用地 | 1103 | 水库水面 |
| | | | 1104 | 坑塘水面 |
| | | | 1107 | 沟渠 |
| | 12 | 其他土地 | 1202 | 设施农用地 |
| | | | 1203 | 田坎 |

表 8-7　土地利用现状分类——建设用地

| 项　目 | 土地利用现状分类 | | | |
| | 一级类 | | 二级类 | |
| | 类别编号 | 类别名称 | 类别编号 | 类别名称 |
| 建设用地 | 05 | 商服用地 | 0501 | 零售商业用地 |
| | | | 0502 | 批发市场用地 |
| | | | 0503 | 餐饮用地 |
| | | | 0504 | 旅馆用地 |
| | | | 0505 | 商务金融用地 |
| | | | 0506 | 娱乐用地 |
| | | | 0507 | 其他商服用地 |

| 项　目 | 土地利用现状分类 | | | |
|---|---|---|---|---|
| | 一级类 | | 二级类 | |
| | 类别编号 | 类别名称 | 类别编号 | 类别名称 |
| 建设用地 | 06 | 工矿仓储用地 | 0601 | 工业用地 |
| | | | 0602 | 采矿用地 |
| | | | 0603 | 盐地 |
| | | | 0604 | 仓储用地 |
| | 07 | 住宅用地 | 0701 | 城市住宅用地 |
| | | | 0702 | 农村宅基地 |
| | 08 | 公共管理与公共服务用地 | 0801 | 机关团体用地 |
| | | | 0802 | 新闻出版用地 |
| | | | 0803 | 教育用地 |
| | | | 0804 | 科研用地 |
| | | | 0805 | 医疗卫生用地 |
| | | | 0806 | 社会福利用地 |
| | | | 0807 | 文化设施用地 |
| | | | 0808 | 体育用地 |
| | | | 0809 | 公用设施用地 |
| | | | 0810 | 公园与绿地 |
| | 09 | 特殊用地 | 0901 | 军事设施用地 |
| | | | 0902 | 使领馆用地 |
| | | | 0903 | 监教场所用地 |
| | | | 0904 | 宗教用地 |
| | | | 0905 | 殡葬用地 |
| | | | 0906 | 风景名胜设施用地 |
| | 10 | 交通运输用地 | 1001 | 铁路用地 |
| | | | 1002 | 轨道交通用地 |
| | | | 1003 | 公路用地 |
| | | | 1004 | 城镇村道路用地 |
| | | | 1005 | 交通服务场站用地 |
| | | | 1007 | 机场用地 |
| | | | 1008 | 港口码头用地 |
| | | | 1009 | 管道运输用地 |
| | 11 | 水域及水利设施用地 | 1109 | 水工建筑用地 |
| | 12 | 其他用地 | 1201 | 空闲地 |

表 8-8　土地利用现状分类——未利用地

| 三大类 | 土地利用现状分类 | | | |
| --- | --- | --- | --- | --- |
| | 一级类 | | 二级类 | |
| | 类别编号 | 类别名称 | 类别编号 | 类别名称 |
| 未利用地 | 04 | 草地 | 0404 | 其他草地 |
| | 11 | 水域及水利设施用地 | 1101 | 河流水面 |
| | | | 1102 | 湖泊水面 |
| | | | 1105 | 沿海滩涂 |
| | | | 1106 | 内陆滩涂 |
| | | | 1108 | 沼泽地 |
| | | | 1110 | 冰川及永久积雪 |
| | 12 | 其他用地 | 1204 | 盐碱地 |
| | | | 1205 | 沙地 |
| | | | 1206 | 裸土地 |
| | | | 1207 | 裸岩石砾地 |

## 8.2.2　光伏电站站址选择

光伏产业发展势头良好，世界各地越来越多的光伏电站正在建设和筹划。除光伏发电技术本身外，光伏电站位置的合理选择对光伏发电的产出也显得尤为重要。光伏电站选址不合理会直接造成电站发电量损失和维护费用增加，降低整体效益和运行寿命，并且还可能对周围环境造成不良影响。因此，光伏电站的选址问题是光伏发电系统建设首要考虑的问题。

与火电、核电以及水电相比，光伏发电的特点是需要较大安装面积，输入能量完全依赖自然条件，因此其选址工作对自然条件和基础设施条件有较大依赖性，既要考虑项目建设的交通和电力等基础设施条件，又要考虑日照辐射资源、其他气象条件以及土地资源。

光伏电站站址选择应根据国家可再生能源中长期发展规划、地区自然条件、太阳能资源、交通运输、接入电网、地区经济发展规划、其他设施等因素全面考虑；在选址工作中，应从全局出发，正确处理与相邻农业、林业、牧业、渔业、工矿企业、城市规划、国防设施和人民生活等各方面的关系。

光伏电站站址选择，应结合电网结构、电力负荷、交通、运输、环境保护要求、出线走廊、地质、地震、地形、水文、气象、占地拆迁、施工以及周围工矿企业对电站的影响等条件，拟订初步方案，通过全面的技术经济比较和经济效益分析，提出论证和评价。当有多个候选站址时，应提出推荐站址的排序。

### 1. 光伏电站选址防洪要求

光伏电站的防洪等级和防洪标准应符合表 8-9 的规定。对于站内地面低于上述高水位的区域，应有防洪措施。防排洪措施宜在首期工程中按规划容量统一规划、分期实施。

表 8-9　光伏电站的防洪等级和防洪标准

| 防 洪 等 级 | 规划容量/MW | 防洪标准（重现期） |
|---|---|---|
| Ⅰ | >500 | ≥100 年一遇的高水（潮）位 |
| Ⅱ | 30~500 | ≥50 年一遇的高水（潮）位 |
| Ⅲ | <30 | ≥30 年一遇的高水（潮）位 |

（1）位于海滨的光伏电站设置防洪堤（或防浪堤）时，其堤顶标高应依据表 8-9 中防洪标准（重现期）的要求，应按照重现期为 50 年波列累计频率 1% 的浪爬高加上 0.5 m 的安全超高确定。

（2）位于江、河、湖旁的光伏发电站设置防洪堤时，其堤顶标高应依据表 8-9 中防洪标准（重现期）的要求，加 0.5 m 的安全超高确定；当受风、浪、潮影响较大时，尚应再加重现期为 50 年的浪爬高。

（3）在以内涝为主的地区建站并设置防洪堤时，其堤顶标高应按 50 年一遇的设计内涝水位加 0.5 m 的安全超高确定；难以确定时，可采用历史最高内涝水位加 0.5 m 的安全超高确定。如有排涝设施时，则应按设计内涝水位加 0.5 m 的安全超高确定。

（4）位于山区的光伏发电站，应设防山洪和排山洪的措施，防排设施应按频率为 2% 的山洪设计。

（5）当站区不设防洪堤时，站区设备基础顶标高和建筑物室外地坪标高不应低于应依据表 8-9 中防洪标准（重现期）或 50 年一遇最高内涝水位的要求。

**2. 站址选择注意事项**

（1）地面光伏电站站址宜选择在地势平坦的地区或北高南低的坡度地区。坡屋面光伏电站的建筑主要朝向宜为南或接近南向，宜避开周边障碍物对光伏组件的遮挡。

（2）选择站址时，应避开空气经常受悬浮物严重污染的地区。

（3）选择站址时，应避开危岩、泥石流、岩溶发育、滑坡的地段和地震断裂地带等地质灾害易发区。

（4）当站址选择在采空区及其影响范围内时，应进行地质灾害危险性评估，综合评价地质灾害危险性的程度，提出建设站址适宜性的评价意见，并应采取相应的防范措施。

（5）光伏电站宜建在地震烈度为 9 度及以下地区，在地震烈度为 9 度以上地区建站时，应进行地震安全性评价。

（6）光伏电站站址应避让重点保护的文化遗址，不应设在有开采价值的露天矿藏或地下浅层矿区上。站址地下深层压有文物、矿藏时，除应取得文物、矿藏有关部门同意的文件外，还应对站址在文物和矿藏开挖后的安全性进行评估。

（7）光伏电站站址选择应利用非可耕地和劣地，不应破坏原有水系，做好植被保护，减少土石方开挖量，并应节约用地，减少房屋拆迁和人口迁移。

（8）光伏电站站址选择应考虑电站达到规划容量时接入电力系统的出线走廊。

（9）条件合适时，可在风电场内建设光伏电站。

**3. 光伏电站站区用地**

光伏电站站区用地由两部分组成：一部分为临时占地，即光伏阵列、支架、箱变等临时性设施所占用的土地；另外部分为永久性占地，即升压站、集控中心、汇集站、输电线塔等永久性建筑的占地，光伏电站永久性占地的土地性质为建设用地，需要办理土地证。因此，光伏电站项目土地预审分为两条路线：一条为临时用地的预审；另一条为建设用地的征用和相关手续的办理。无论哪条路线，都需要首先进行勘测定界。

临时占地的土地性质一般为未利用地，包括滩涂、沼泽、荒山、沙地、盐碱地等。2014 年国家能源局发布《关于进一步落实分布式光伏发电有关政策的通知》，通知中提到"因地制宜利用废弃土地、荒山荒坡、农业大棚、滩涂、鱼塘、湖泊等建设就地消纳的分布式光伏电站"。其中"滩涂、湖泊、荒山荒坡"属于未利用地，"鱼塘、农业大棚"属于农用地范畴，包括坑塘水面、沟渠等。图 8-2、图 8-3 分别为荒山光伏电站与农光互补光伏电站。

图 8-2　荒山光伏电站　　　　　　　图 8-3　农光互补光伏电站

依据土地利用总体规划，光伏站区不得占用耕地。农用地可依据土地利用总体规划、土地利用年度计划以及国家规定的审批权限报批后转变为建设用地。农用地的范围要大于耕地，耕地范围大于基本农田，基本农田仅指受国家特别保护的耕地。基本农田经依法确定后，任何单位和个人不得改变或占用，除非是国家能源、交通、水利、军事设施等重点建设项目选址确实无法避开基本农田保护区的，须经国务院批准方能占用。

## 8.2.3　交通运输条件和电力输送

光伏电站项目建设，需考虑设备进出场及电力输送，具体如下：

### 1. 交通运输条件

在对光伏发电项目进行选址时，还需要考虑施工阶段大型施工设备的进出场地的交通运输条件。例如光伏发电系统中的大型设备，如大功率逆变器、升压变压器等。当大型设备无法运输，必须要新修满足大型运输机械进出要求的便道，并分析此修路的费用是否决定项目整体投资经济性的可行性。

### 2. 电力输送条件

大规模地面光伏发电选址地点通常比较偏僻，因此必须考虑该光伏发电项目的电力输送条件：电力送出和厂用电线路。如项目选址离可以用来接入电力系统的变电站较远，则对项目投资经济性产生负面影响的因素有：输电线路造价高和输电线路沿线的电量损失。而接入电力系统电压等级与上述因素直接相关。因此，在选址工作期间，需要与当地电网公司（或供电公司）充分沟通，对列入选址备选地点周边可用于接入系统的变电站的容量、预留间隔和电压等级等进行详细了解，为将来进行项目的接入系统设计提供详细的输入条件。

# 8.3　大气环境对光伏电站发电效率的影响

## 8.3.1　空气因素影响

空气中的尘埃、盐雾等均会对光伏电站发电效率产生一定的影响，具体如下：

### 1. 空气透明度

大气透明度是表征大气对于太阳光线透过程度的一个参数。在晴朗无云的天气，大气透明度高，到达地面的太阳能就多。天空云雾很多或风沙灰尘很大时，大气透明度很低，到达地面的太阳辐射能就较少。

空气透明度对光伏电站选址因素有可能存在以下情况：当地日照辐射总量中因空气透明度低而导致反射光和散射光占日照辐射总量的比例较大，从而影响光伏发电组件种类的选择，如不考虑此因素，则易导致晶体硅和非晶硅组件选择的不合理，从而增加了投资的比率，降低了投资的经济性，从而造成资源和设备浪费。

### 2. 空气中尘埃量

空气中尘埃量影响该光伏发电系统在设计时是否需要考虑清洗用水、清洗频率。尘埃的物理特性影响组件在运行的过程中是否容易在表面沉积难以清洗的高黏度灰尘层，一旦形成此类灰尘层，组件接收到的光照总量将大幅度降低，从而影响今后长期的系统发电量。

### 3. 空气中的盐雾

空气中的盐雾对光伏发电系统有两种负面影响：第一，对金属支架系统有腐蚀性，容易减少支架的使用寿命，设计时需要充分考虑防腐措施；第二，盐雾极易导致组件表面沉积固体盐分，降低光对组件表面的穿透特性，影响发电量。盐雾在沿海地区常见，在此类地区进行光伏发电选址，需要考虑盐雾的应对措施。

## 8.3.2　其他气象因素

### 1. 温度

光伏组件的工作温度是由环境温度、封装组件特性、照射在组件上的日光照度以及风速等因素决定的。当风速一定时，随着照射强度的增加，组件温度与环境温度的差值增大。硅基光伏组件输出功率随温度升高而降低，温度每升高 1 ℃，光伏组件的峰值功率损失率为 0.35% ～ 0.45%。

选址时应该尽量选择低气温地区，通常选择地表空旷，时常有气流流动的地方，尤其是中午太阳照射强度大的时候必须确保尽可能多的空气流经组件的背面，这样可以增加光伏组件与空气的对流传输，防止光伏组件温度过高。图 8-4 所示为温度对光伏发电影响曲线。

### 2. 风向、风速

风对光伏电站的影响，主要体现在对光伏组件温度、物理损坏和磨蚀与降尘影响。光伏组件工作温度对风向、风速非常敏感。因为光伏组件在北半球基本都朝南方向架设，所以最佳的风向是东西向。这样气流可以顺着光伏组件陈列的巷道通过，对阵列构架的物理损坏比较小，且能够使气流顺利流通，起到降低温度的作用。

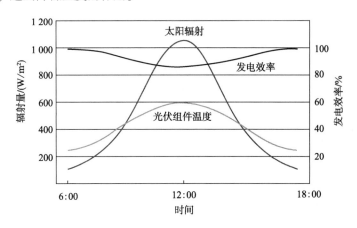

图 8-4　温度对光伏发电影响曲线

### 3. 降尘及沙尘暴

降尘对光伏发电影响很大。飘浮在空中的沙尘会使到达地面的太阳辐射量减少。沉积在光伏组件表面的沙尘对电池性能的影响很大。附着在光伏组件上的沙尘会反射部分到达光伏组件表面的太阳辐射，降低电池的转化率，还会引起追光装置失效。

降尘对电池开路电压、短路电流、最大输出功率、填充因子都表现出不良影响。细颗粒尘埃对电池性能降低程度比粗颗粒尘埃大很多。尘埃沉积在光伏组件上的量越多，电池的性能降低越多，而且不同类型的尘埃对电池的影响也不同。

尘埃沉积量随风速增加而增加，而沙尘暴对电站的影响就更大了，不仅会产生大量的降尘，还会对光伏组件产生磨蚀，对光伏组件物理损坏非常严重。在选址时，应调查当地浮尘、扬沙和沙尘暴等天气情况以及年降尘量，选择降尘危害较小的地区。

### 4. 阴影

光伏组件的阴影是由周围物体（树木、电线杆、建筑物）投射到光伏组件平板上，飞鸟粪便和树叶等因素也会产生阴影。研究发现，光伏组件输出功率减小的原因很多，但最重要的是最大功率不匹配和阴影作用。如果一个光伏组件部分被物体挡住，那么阳光被挡住的这些电池就会异于无阴影的电池。在电池串中，阴影电池减少了通过正常电池的电流，往往导致正常电池产生较高的电压，使阴影电池反偏运行。

能量在阴影电池上的消耗导致电池 PN 结局部击穿。在很小的区域会产生很大的能量消耗，导致局部过热，或者称为"热斑"，这会对组件产生破坏性结果。研究还发现，一个单独光伏组件被完全处于阴影作用下，输出功率减少 30%，电量的损失是由光伏组件完全被阴影阻挡的面积决定的，而不是被阻挡电池个数所决定。

故在选址时，应避免电站周围有高大建筑物、树木、电线杆等遮蔽物；如果附近经常有鸟类活动，也应设置驱赶鸟群的装置；还需保持地面干净，避免地面杂物被风吹上组件。

**拓展阅读 >>> 土地综合利用** ------------------------------------------------

　　党的二十大报告在推动绿色发展，促进人与自然和谐共生方面指出："大自然是人类赖以生存发展的基本条件。尊重自然、顺应自然、保护自然，是全面建设社会主义现代化国家的内在要求。必须牢固树立和践行绿水青山就是金山银山的理念，站在人与自然和谐共生的高度谋划发展。我们要推进美丽中国建设，坚持山水林田湖草沙一体化保护和系统治理，统筹产业结构调整、污染治理、生态保护、应对气候变化，协同推进降碳、减污、扩绿、增长，推进生态优先、节约集约、绿色低碳发展。"

　　如何在保护生态文明，以"绿色"开辟土地资源永续利用新途径成为关键。立足我国现有土地资源环境承载能力，完善与区域发展战略相适应，稳妥推进低丘缓坡等未利用土地综合开发，加快盘活各类闲置土地；有序拓展建设发展空间，推进土地多功能立体开发和复合利用，提高土地的综合利用效率，探索以用地方式根本转变推动发展方式全面转型。目前常采用渔光互补、农光互补、林光互补等方式拓宽土地综合利用。

# 思考题

（1）请结合所学知识，在自家周边挑选一场地，拟建设离网光伏电站与并网光伏电站。

（2）请结合所学知识，拟在所在高校建设并网光伏电站，请列举光伏电站开发流程。

（3）简要阐述环境因素对光伏电站发电效率的影响。

# 第 9 章

## ➡ 光伏发电系统设计

光伏发电应用中，根据是否与国家电网相连分为离网光伏发电系统、并网光伏发电系统，在设计离网与并网光伏发电系统时，两者既存在一定的共同点，也存在一些典型的区别。本章以典型案例入手，系统讲解离网与并网光伏发电系统设计要点、流程。

### 🧪 学习目标

（1）掌握光伏发电系统器件选型。

（2）掌握离网光伏发电系统设计。

（3）掌握分布式并网光伏发电系统设计。

（4）能够独立绘制分布式并网光伏发电系统设计图纸。

### 👥 学习重点

（1）光伏发电系统器件设计。

（2）离网光伏发电系统设计。

（3）分布式并网发光发电系统设计。

（4）绘制分布式并网光伏发电系统设计图。

### ⏲ 学习难点

（1）光伏发电系统器件设计。

（2）离网光伏发电系统设计。

（3）分布式并网发光发电系统设计。

（4）绘制分布式并网光伏发电系统设计图。

## 9.1　离网光伏发电系统设计要点

离网光伏发电系统设计主要根据负载、当地气象资源、地理环境等影响因素来确定控制器、离网逆变器、蓄电池的容量与规格，使系统各设备完美匹配，发挥各设备的最佳工作性能，确保使用最少的光伏组件与蓄电池，达到满足负载正常供电的要求，减少投资与系统运维成本，提高收益率。在设计离网光伏发电系统之前，需收集下列信息：

（1）经度和纬度：通过地理位置可以了解并掌握当地的气象资源，比如月（年）平均太阳能辐照情况、平均气温、风力资源等，根据这些条件可以确定当地的太阳能标准峰值时数（h）和光伏组件的倾角与方位角。

（2）负载参数：工作电压、功率、工作时间。负载参数直接影响着整个系统光伏组件、蓄电池的参数。

（3）持续阴雨天数：这个参数决定了蓄电池容量与光伏组件功率。

（4）两个连续阴雨天之间的间隔天数：这是决定系统在一个连续阴雨天过后充满蓄电池所需要的光伏组件功率。

离网光伏发电系统与并网光伏发电系统装机容量设计原则有所不同，离网光伏发电系统主要根据负载用电情况、气象资源、地理位置而定，并网光伏发电系统主要根据项目可建设面积及资金而定。离网光伏发电系统与并网光伏发电系统设计内容见表9-1。并网光伏发电系统除了表中内容以外，还需根据装机容量配置相应的配电柜、升压装置等设备。

表9-1　离网光伏发电系统与并网光伏发电系统设计内容

| 序号 | 设计/计算的内容 | 离网光伏发电系统 | 并网光伏发电系统 |
|---|---|---|---|
| 1 | 光资源分析 | ✓ | ✓ |
| 2 | 负载 | ✓ | — |
| 3 | 基础及支架 | ✓ | ✓ |
| 4 | 光伏组件选型、容量及串并联 | ✓ | ✓ |
| 5 | 组件方位角、倾角 | ✓ | ✓ |
| 6 | 光伏阵列间距 | ✓ | ✓ |
| 7 | 蓄电池 | ✓ | 储能电站需配蓄电池 |
| 8 | 控制器 | ✓ | — |
| 9 | 逆变器 | 交流负载需配离网逆变器 | 并网逆变器 |
| 10 | 汇流箱 | 视情况而定 | 视情况而定 |

## 9.1.1　离网光伏发电系统设计路径

离网光伏发电系统设计包括光资源测算、负载计算、基础及支架设计等十个方面。

### 1. 光资源测算

根据项目所在地经纬度，查阅相关数据，计算水平面总辐照量、最佳倾斜面总辐照量、全年峰值日照时数等数据。

### 2. 负载计算

光伏发电系统控制器或逆变器的功率与负载总功率及负载类型有关，控制器或逆变器的功率是阻性负载功率的1.2倍、是感性负载功率的5~7倍、是容性负载功率的3倍左右。纯电阻负载称为阻性负载、线圈负载称为感性负载、电容负载称为容性负载。现在的负载一般是兼有阻性、感性、容性的复合型负载，在控制器或逆变器功率计算过程中，除非负载是单一性很强的阻性、感性、容性负载，控制器或逆变器的功率一般可选取3倍左右。

（1）阻性负载：指的是通过电阻类元件进行工作的纯阻性负载。阻性负载的工作电流、工作电压和电源相比没有相位差（如负载为白炽灯、电炉等），靠电阻丝发光、发热的属于阻性负载，如碘钨灯、白炽灯、电阻炉、烤箱、电热水器等。

（2）感性负载：通常情况下指的是带有电感参数的负载。感性负载电流滞后于负载电压一个相位差特性；另一种说法是设备在消耗有功功率时还会消耗无功功率，并且带有线圈负载。常见的负载如电动机、压缩机、继电器、变压器等。

（3）容性负载：一般指的是带电容参数的负载。容性负载的电流超前电压特性一个相位差。日常中容性负载较少，常见的容性负载有电容器、功率补偿柜等。

分别计算感性负载与阻性负载的峰值功率、日耗电量等，填入表9-2中。

表 9-2 负载用电情况

| 序号 | 负载<br>名称 | 负载<br>数量 | 负载<br>功率 | 负载<br>工作电压 | 负载日均<br>工作时间 | 负载<br>总功率 | 负载日耗<br>电量 | 感性/阻性<br>负载 |
|---|---|---|---|---|---|---|---|---|
| 1 | | | | | | | | |
| 2 | | | | | | | | |
| 3 | | | | | | | | |
| ⋮ | | | | | | | | |
| 合计 | — | | — | — | — | | | |

### 3. 基础及支架设计

离网光伏发电系统与并网光伏发电系统的基础及支架设计原则类似，在后续的并网光伏发电系统设计中详细描述。

### 4. 光伏组件选型、容量及串并联设计

光伏组件装机容量需满足光资源最差季节的需求。

（1）光伏组件选型原则。光伏组件需根据组件类型、峰值功率、转换效率、温度系数、组件尺寸、质量、功率辐照度特性等技术条件进行选择，光伏辐射量较高、直射分量较大的场地宜采用晶硅光伏组件或聚光光伏组件；光伏辐射量较低、散射分量较大、环境温度较高的地区宜采用薄膜光伏组件。

（2）光伏组件容量及串并联设计。若光伏组件串联数太少时，光伏组件输出电压低于蓄电池浮充电压，光伏组件不能对蓄电池有效充电；若光伏组件串联数过多，光伏组件输出电压远高于蓄电池浮充电压，压降主要消耗在内阻与线路上。计算光伏组件串联数最常用的方法如式（9-1）所示。

$$光伏组件串联数 = \frac{系统工作电压 \times 1.43}{光伏组件峰值工作电压} \tag{9-1}$$

式中，系数1.43为光伏组件峰值工作电压与系统工作电压的比值。

光伏组件并联数计算的基本方法是用负载平均每天所消耗的电量（A·h）除以选定的光伏组件在一天中的平均发电量（A·h），即可算出整个离网光伏发电系统需要并联的光伏组件数。但是实际计算时，还要考虑到各种因素影响，如蓄电池的充电效率系数、组件损耗系数、控制器效率系数等，综合考虑以上因素，得出计算公式如下：

$$光伏组件并联数 = \frac{负载日平均用电量}{光伏组件日平均发电量} \tag{9-2}$$

$$负载日平均用电量 = 工作电流 \times 工作时数$$

$$光伏组件平均日发电量 = 光伏组件峰值工作电流 \times 峰值日照时数 \times$$

$$倾斜面修正系数 \times 光伏组件衰降损耗修正系数$$

光伏组件总容量 $P_m$ 需根据光伏组件串联数、光伏组件并联数及单块光伏组件功率进行确定。离网光伏发电系统光伏组件设计的基本原则是需满足年平均日负载的用电需求，计算光伏组件容量最常用的方法如下：

$$光伏组件容量 = 光伏组件串联数 \times 光伏组件并联数 \times 单块光伏组件功率 \tag{9-3}$$

在实际应用过程中，光伏组件输出性能受工程因素、环境因素等方面影响会有所下降，通常情况下，需对上述公式加以修正。一般而言，均将光伏组件串并联数加大，增加光伏组件容量的10%，从而弥补工程因素与环境因素造成的耗散损失。

在实际工程中，蓄电池在充放电过程中会电解水产生气体逸出，光伏组件产生的电流约有5%~10% 不能存储起来，在设计过程中，通常增加10%的光伏组件容量来抵消蓄电池的耗散损失。

### 5. 光伏组件或光伏阵列的方位角、倾角设计

光伏组件或光伏阵列方位角取决于当地的气象条件与地理位置。在北半球，对于固定安装的光伏组件或光伏阵列方位角尽量按照0°（朝正南）设置，若特别考虑冬季使用，可将方位角设置在20°（南偏西），便于提升离网光伏发电系统冬季发电量。

光伏组件或光伏阵列倾角与当地纬度相关，太阳光的照射角度随纬度变化而变化，为了在固定安装的光伏组件或光伏阵列表面获得较大的太阳辐照度，需优化光伏组件或光伏阵列的倾角，倾角可根据当地纬度粗略测算，亦可使用软件仿真测算。表9-3 为不同纬度地区粗略测算的光伏组件或光伏阵列的倾角。

表 9-3　光伏组件或光伏阵列在不同纬度地区的倾角

| 序号 | 纬度 $\phi$ | 光伏组件或光伏阵列倾角 $\beta$ |
|---|---|---|
| 1 | $0° \leqslant \phi < 15°$ | $15°$ |
| 2 | $15° \leqslant \phi < 20°$ | $\beta = \phi$ |
| 3 | $20° \leqslant \phi < 30°$ | $\beta = \phi + 5°$ |
| 4 | $30° \leqslant \phi < 40°$ | $\beta = \phi + 10°$ |
| 5 | $40° \leqslant \phi < 55°$ | $\beta = \phi + 15°$ |
| 6 | $55° \leqslant \phi$ | $\beta = \phi + 20°$ |

### 6. 光伏阵列间距设计

离网光伏发电系统与并网光伏发电系统光伏阵列间距设计原则一样，在优化光伏阵列倾角后，需保证光伏电站在冬至日（一年当中物体在太阳下阴影长度最长的一天）9:00 ~ 15:00 时段，光伏阵列前后无阴影遮挡即可，如图9-1所示，光伏阵列前后间距 $D$ 可参照式（9-4）计算，阵列左右间距需留有维护检修通道。

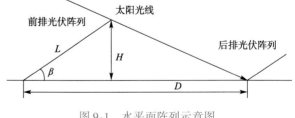

图 9-1　水平面阵列示意图

$$D = L\cos\beta + L\sin\beta \frac{0.707\tan\phi + 0.433\,8}{0.707 - 0.433\,8\tan\phi} \tag{9-4}$$

式中　$L$——阵列倾斜面长度；

　　　$D$——光伏阵列前后间距；

　　　$\beta$——光伏阵列倾角；

　　　$\phi$——纬度。

### 7. 蓄电池

蓄电池容量设计需满足在最大持续阴雨天气的情况下，仍可为负载供电，保证负载正常工作。蓄电池容量由负载日总用电量及最长持续阴雨天气天数确定，蓄电池设计包括选型、容量及串并联设计。

（1）蓄电池选型。蓄电池选型需结合光伏组件或光伏阵列输出电压、负载工作电压、蓄电池电压三者的匹配及损耗而定。若系统工作电压过低，则线路电流增加，线损增加；若系统工作电压过高，则设备及器件成本增加，安全性有所下降。在实际运用中，为便于估算光伏组件或光伏阵列的输出电压，通常取蓄电池或蓄电池组额定电压的 1.43 倍。

（2）蓄电池容量设计。蓄电池的容量设计需考虑负载日消耗总功率、最长持续阴雨天气天数、蓄电池放电容量的修正系数等参数，计算公式如下：

$$C = \frac{D \times F \times Q_{\mathrm{L}}}{L \times U \times K_\alpha} \tag{9-5}$$

式中　$C$——蓄电池容量，$\mathrm{kW \cdot h}$ 或 $\mathrm{A \cdot h}$；

　　　$D$——最长持续阴雨天气天数；

　　　$F$——蓄电池放电率修正系数（$F$ = 充入安时数/放电安时数），通常取 1.2；

　　　$Q_{\mathrm{L}}$——所有用电设备总用电量，$\mathrm{kW \cdot h/d}$ 或 $\mathrm{A \cdot h/d}$；

　　　$L$——蓄电池低温修正系数，通常取 0.8；

　　　$U$——蓄电池的放电深度，通常取 0.5～0.8；

　　　$K_\alpha$——包括控制器等回路的损耗率，通常取 0.8。

放电率对蓄电池容量设计有一定的影响。离网光伏发电系统蓄电池的平均放电率计算如式（9-6）所示。蓄电池可根据生产厂家提供的蓄电池在不同放电率下的容量进行修正。对于放电率为 50～200 h（小时率）的离网光伏发电系统蓄电池的容量进行估算，一般取蓄电池标称容量的 105%～120%，相应放电率修正系数取 1.05～1.2。

$$平均放电率\, h = \frac{连续阴雨天数 \times 负载工作时间}{最大放电深度} \tag{9-6}$$

对于离网光伏发电系统有多个负载时，负载工作时间需采用加权平均的方法进行计算，公式如下：

$$加权负载工作时间 = \frac{\sum(负载功率 \times 负载工作时间)}{\sum 负载功率} \tag{9-7}$$

温度对蓄电池容量设计有一定的影响，蓄电池安装地点的最低气温较低时，蓄电池的容量设计需比正常温度时的容量要大，便于系统在最低气温时也能提供所需的能量。一般情况下，由

图 9-2 可知，0 ℃时修正系数可取 0.85，−10 ℃时修正系数可取 0.75，−20 ℃时修正系数可取 0.65。环境温度过低也会对最大放电深度产生影响，当环境温度低于 −10 ℃时，浅循环蓄电池的最大放电深度可由常温时的 50% 调整为 35%～40%，深循环蓄电池的最大放电深度可由常温时的 75% 调整为 60%。

（3）蓄电池串并联设计。确定了所需的蓄电池容量后，就需要进行蓄电池的串并联设计。蓄电池都有标称电压和标称容量，如 2 V、6 V、12 V 和 50 A·h、300 A·h、1 200 A·h 等。为了达到系统的工作电压，就需要把蓄

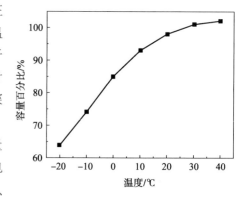

图 9-2 温度与蓄电池容量百分比关系

电池串联起来给系统和负载供电，需要串联的蓄电池个数就是系统的工作电压除以所选蓄电池的标称电压。需要并联的蓄电池个数就是蓄电池组的总容量除以所选定蓄电池单体的标称容量。蓄电池单体的标称容量可以有多种选择，例如，若计算出来的蓄电池容量为 600 A·h，那么可以选择 1 个 600 A·h 的单体蓄电池，也可以选择 2 个 300 A·h 的蓄电池并联，还可以选择 3 个 200 A·h 或 6 个 100 A·h 的蓄电池并联。从理论上讲，这些选择都没有问题，但是在实际应用当中，要尽量选择大容量的蓄电池以减少并联的数目。这样做的目的是尽量减少蓄电池之间的不平衡所造成的影响。并联的组数越多，发生蓄电池不平衡的可能性就越大。一般要求并联的蓄电池数量不得超过 4 组。蓄电池串、并联数的计算公式如下：

$$蓄电池串联数 = \frac{系统工作电压}{蓄电池标称电压} \tag{9-8}$$

$$蓄电池并联数 = \frac{蓄电池总容量}{蓄电池标称容量} \tag{9-9}$$

### 8. 控制器选型

控制器的选型需根据负载状况、系统功率、系统直流工作电压、光伏组件或光伏阵列输入路数、蓄电池组数等确定控制器的类型。一般情况下，小功率离网光伏发电系统采用单路 PWM（脉宽调制）型控制器，中、大功率离网光伏发电系统采用带有通信功能和远程监测控制功能的多路输入型智能控制器。

（1）系统工作电压。系统工作电压即额定工作电压，是指光伏发电系统中的直流工作电压，这个电压要根据直流负载的工作电压或离网逆变器的配置选型确定，一般为 12 V、24 V，中、大功率控制器也有 48 V、110 V、200 V 等。

（2）额定输入电流。控制器的额定输入电流取决于光伏组件或光伏方阵的输出电流。控制器的额定输入电流应等于或大于光伏组件或光伏方阵的输出电流，常见控制器的额定输入电流为 5～300 A。

（3）控制器最大工作电流。控制器的最大工作电流需同时大于光伏组件（光伏阵列）的短路电流、负载的最大工作电流。

（4）控制器功率。控制器与逆变器的功率为阻性负载功率的 1.2～1.5 倍、为感性负载功率的 5～7 倍，具体计算公式如下：

控制器功率 = 阻性负载功率 ×（1.2 ~ 1.5）+ 感性负载功率 ×（5 ~ 7）　　　（9-10）

除上述主要技术数据要满足设计要求以外，使用环境温度、海拔、防护等级和外形尺寸等参数以及生产厂家和品牌也是控制器配置选型时要考虑的因素。

### 9. 逆变器选型

离网逆变器的选型需根据负载的类型来确定逆变器的功率和相数，根据负载的种类（感性负载、阻性负载）来确定逆变器的最大冲击功率，根据蓄电池的工作电压来确定逆变器直流侧的输入电压。逆变器的持续功率需大于负载的总功率，逆变器的最大冲击功率需大于负载的启动功率。在逆变器的选型时，还需为光伏发电系统未来扩容留有一定的余量。

### 10. 汇流箱选型

汇流箱分为直流汇流箱与交流汇流箱，在小型离网与并网光伏发电系统中一般不用汇流箱，汇流箱主要用于中、大型离网与并网光伏发电系统中，主要作用是光伏组件或光伏阵列多路输出的电缆集中输入、分组连接，不但使连线井然有序，而且便于分组检查、维护。当光伏组件或光伏阵列局部发生故障时，可以局部分离检修，不影响整体光伏发电系统的连续工作。

## 9.1.2　离网光伏发电系统容量及串并联设计

离网光伏发电系统从蓄电池容量设计的角度，可分为两大类：以满足持续阴雨天数为依据的设计、以峰值日照时数和两段持续阴雨天间隔天数为依据的设计。

### 1. 以满足持续阴雨天数为依据的设计

**案例 1**：拟在江西省南昌市某地建设一离网光伏发电系统，负载需 24 h 供电，负载总耗电量为 4 kW·h/d，南昌最长持续阴雨天气为 5 d，铅酸蓄电池最大放电深度为 0.7，系统工作电压为 48 V，离网逆变器的效率为 0.9。请完善蓄电池容量设计、计算蓄电池平均放电率、蓄电池串并联设计、光伏组件容量设计、光伏组件串并联设计、光伏组件倾角及方位角设计、汇流箱选型。

（1）蓄电池容量计算：

$$C = \frac{D \times F \times Q_{\mathrm{L}}}{L \times U \times K_{\alpha}}$$

式中　$D$——最长持续阴雨天气天数，本案例为 5 d；

　　　$F$——蓄电池放电率修正系数（$F$ = 充入安时数/放电安时数），通常取 1.2；

　　　$Q_{\mathrm{L}}$——所有用电设备总用电量，本案例为 4 kW·h/d；

　　　$L$——蓄电池低温修正系数，南昌市极端天气为 −5 ℃，$L$ 取 0.8；

　　　$U$——蓄电池的放电深度，本案例为 0.7；

　　　$K_{\alpha}$——包括控制器等回路的损耗率，本案例为离网逆变器的效率，取 0.9。

将 $D$、$F$、$Q_{\mathrm{L}}$、$L$、$U$、$K_{\alpha}$ 等数值代入公式，即可得出蓄电池容量 $C$ 为 47.619 kW·h。

本案例中给出的工作电压为 48 V，根据相关公式可测出 $C$ 为 992.06 A·h。

（2）蓄电池平均放电率计算：

$$\text{平均放电率 } h = \frac{\text{连续阴雨天数} \times \text{负载工作时间}}{\text{最大放电深度}} = \frac{5 \times 24}{70\%} \text{ h} = 171.43 \text{ h}$$

（3）蓄电池的串并联计算。设计要求负载的工作电压为 48 V，若选用 24 V 的蓄电池，为了达到负载工作的标称电压，则需将两块蓄电池串联；若直接选用 48 V 蓄电池，则无须串联。此处选用 24 V、200 A·h 的胶体蓄电池。蓄电池的串并联计算如下：

$$串联蓄电池数 = \frac{负载标称电压}{蓄电池标称电压}$$

$$并联蓄电池 = \frac{总蓄电池容量}{单个蓄电池容量}$$

蓄电池串联数为 48/24 = 2，取 2；蓄电池并联数为 992.06/200 = 4.96，取 5；共计需 10 块 24 V、200 A·h 的胶体蓄电池。

（4）光伏组件容量及串并联设计。光伏组件容量设计基本原则是需满足年平均日负载的用电需求。

这里选取 N 型叠瓦双玻组件（54 版型），该组件性能参数见表 3-3。南昌地区平均峰值日照时数为 3.30 h，组件倾角采用最佳角度，修正系数取 1，逆变器效率系数取 0.9。

$$光伏组件串联数 = \frac{系统工作电压 \times 1.43}{光伏组件峰值工作电压} = \frac{48 \text{ V} \times 1.43}{32.8 \text{ V}} = 2.09，取值 3$$

$$光伏组件并联数 = \frac{负载日平均用电量}{组件日平均发电量}$$

$$负载日平均用电量 = \frac{负载功率 \times 每天工作小时数}{负载工作电压} = 工作电流 \times 工作时数$$

组件平均日发电量 = 组件峰值工作电流 × 峰值日照时数 × 倾斜面修正系数 × 组件衰

降损耗修正系数 = 13.14 A × 3.30 h × 1.0 × 0.8 = 34.689 6 A·h

$$光伏组件并联数 = \frac{4\,000 \text{ W} \cdot \text{h}}{48 \text{ V} \times 34.689\,6 \text{ A} \cdot \text{h}} = 2.40，取值 3$$

光伏组件装机容量 = 430 W × 3 × 3 = 3 870 W

光伏阵列的倾角与方位角：南昌地区地处江西中部偏北，赣江、抚河下游，鄱阳湖西南岸，位于东经 115°27′ ~ 116°35′、北纬 28°10′ ~ 29°11′ 之间。通过表 9-3 可快速预测光伏阵列的倾角 $\beta = \varphi + 5°$。为了满足冬季光伏阵列最大发电量的需求，可将方位角设计为 20°（南偏西）。

（5）汇流箱设计。本案例光伏组件采用 3 块串联、3 路并联，汇流箱采用 4 进 1 出（1 路进口备用）、带防雷功能、自动检测组件电流与电压，具体参数见表 9-4。

表 9-4　汇流箱参数表

| 参　　数 | 具体信息 | 参　　数 | 具体信息 |
|---|---|---|---|
| 光伏阵列电压范围 | DC 80 ~ 200 V | 通信接口 | RS-485 |
| 光伏阵列输入路数 | 4 | 防护等级 | IP54 |
| 每路输入最大电流 | 20 A | 宽×高×深 | 630 mm × 450 mm × 180 mm |
| 环境温度 | − 40 ~ + 85 ℃ | 质量 | 15 kg |
| 环境湿度 | 0 ~ 99% | | |

**2. 以峰值日照时数和两段持续阴雨天间隔天数为依据的设计**

蓄电池容量设计在考虑最长持续阴雨天数的同时，还需考虑两段持续阴雨天数之间的间隔天数，蓄电池容量设计的另外一种方法是以峰值日照时数和两段阴雨天的间隔天数为依据来进行计算。该设计方法主要是防止部分地区的第一个持续阴雨天到来，蓄电池放电后未及时补充足够电能，又迎来了第二个连续阴雨天，使光伏系统无法正常供电。在持续阴雨天数较多的地区，设计时需考虑光伏组件和蓄电池的容量余量。把两段阴雨天之间的最短间隔天数作为计算依据纳入设计因素的计算方法是先选定参数符合要求的光伏组件，根据光伏组件峰值功率、峰值工作电流和日发电量等数据再进行设计。以峰值日照时数和两段阴雨天间隔天数为依据设计离网光伏发电系统的步骤如下：

（1）蓄电池容量及蓄电池串并联设计。蓄电池容量及蓄电池串并联设计按式（9-5）、式（9-8）、式（9-9）计算即可。

（2）光伏组件或光伏阵列容量、串并联设计：

① 光伏组件串联数按式（9-1）计算即可。

② 两段持续阴雨天之间的最短间隔天数，需要补充的蓄电池容量按式（9-5）计算。

③ 光伏组件并联数的计算。光伏组件并联数按式（9-11）计算。在该公式中，纳入了两段持续阴雨天之间的最短间隔天数的数据，公式中并联的光伏组件在两段持续阴雨天之间的最短间隔天数内所发电量，不仅要提供负载所需正常用电量，还要补充蓄电池在最大连续阴雨天内所亏损的电量。两段连续阴雨天之间的最短间隔天数越短，需要提供的发电量就越大，并联的电池组件数就越多。

$$光伏组件的并联数 = \frac{补充的蓄电池容量 + 负载日平均用电量 \times 最短间隔天数}{组件日平均发电量 \times 最短间隔天数} \qquad (9\text{-}11)$$

$$组件日平均发电量 = 组件峰值工作电流 \times 峰值日照时数 \times$$
$$倾斜面修正系数 \times 组件衰降损耗修正系数$$

$$负载日平均用电量 = 工作电流 \times 工作时数$$

④ 光伏组件总容量按式（9-3）计算即可。

**案例 2**：若案例 1 的最长持续阴雨天气最短间隔为 3 d，请完善案例 1 的光伏组件容量设计、光伏组件串并联设计。

（1）计算补充的蓄电池容量 $C$。根据前期计算可得：补充的蓄电池容量 $C = 992.06$ A·h。

（2）计算光伏组件串并联数：

光伏组件串联数保持不变，取值 3。

$$负载日平均用电量 = \frac{负载功率 \times 每天工作小时数}{负载工作电压} = 4\,000 \text{ W·h} \div 48 \text{ V} = 83.33 \text{ A·h}$$

$$组件平均日发电量 = 组件峰值工作电流 \times 峰值日照时数 \times 倾斜面修正系数 \times 组件衰$$
$$降损耗修正系数 = 13.14 \text{ A} \times 3.30 \text{ h} \times 1.0 \times 0.8 = 34.689\,6 \text{ A·h}$$

$$光伏组件的并联数 = \frac{补充的蓄电池容量 + 负载日平均用电量 \times 最短间隔天数}{组件日平均发电量 \times 最短间隔天数}$$

$$= \frac{992.06 + 83.33 \times 3}{34.689\,6 \times 3} = 11.93，取值 12$$

$$光伏组件装机容量 = 430 \text{ W} \times 3 \times 12 = 15\,480 \text{ W}$$

## 9.2 离网光伏发电系统设计案例

为解决高原、海岛、牧区、边防哨所等农村和偏远无电地区的用电需要，采用光伏发电系统是最方便快捷的方式之一。下面通过离网光伏发电系统解决路灯、海岛哨所、牧民等用电问题。

**案例3**：某地区需安装一套光伏路灯，负载为2只9 W/12 V节能灯，每天工作4 h。已知当地的有效峰值日照时数是4.46 h，纬度为27.2°，极端低温为−8 ℃，最大持续阴雨天数为8 d。求光伏组件总功率及串并联方案设计、蓄电池容量及串并联设计、控制器的选型。

光伏组件的设计是满足负载年平均每日用电量的需求。设计和计算光伏组件功率的基本方法就是以负载平均每天所需要的用电量（单位：A·h或W·h）为基本数据，以当地光伏辐射资源参数，如峰值日照时数、年辐射总量等数据为参照，并结合一些相关因素数据或系数综合计算而得出。

在设计和计算光伏组件或组件方阵时，一般有两种方法。

大型离网光伏发电系统是先选定尺寸符合要求的光伏组件，根据该组件峰值功率、峰值工作电流和日发电量等数据，结合上述数据进行设计计算，在计算中确定光伏组件的串、并联数及总功率。

中小型离网光伏发电系统是根据上述各种数据直接计算出光伏组件或光伏阵列的功率，根据计算结果选配或定制相应功率的光伏组件，进而得到性能参数等。光伏路灯是小型光伏发电系统，下面以该方法计算光伏组件容量。

（1）以峰值日照时数为依据的简易计算方法光伏组件功率。这是一个常用的简单计算公式，常用于小型光伏发电系统的快速设计与计算，也可以用于对其他计算方法的验算。其主要参照的光伏辐射参数是当地有效峰值日照时数。

$$光伏组件功率 P = \frac{用电器功率 \times 用电时间}{当地有效峰值日照时数} \times 损耗系数$$

式中，光伏组件功率、用电器功率的单位都是瓦（W）；用电时间和当地有效峰值日照时数的单位都是小时（h）；损耗系数选取2。

$$P = \frac{18 \text{ W} \times 4 \text{ h}}{4.46 \text{ h}} \times 2 = 32.28 \text{ W}$$

故 $P$ 取值为40 W。

（2）光伏组件性能参数。本案例光伏组件功率为40 W，功率较小，光伏组件串联数设定为1即可，可用下列公式进行计算光伏组件峰值工作电压。

$$光伏组件串联数 = \frac{系统工作电压 \times 1.43}{光伏组件峰值工作电压} = 1$$

$$光伏组件峰值工作电压 = 系统工作电压 \times 1.43 = 12 \text{ V} \times 1.43 = 17.16 \text{ V}$$

（3）计算蓄电池容量：

$$C = \frac{D \times F \times Q_L}{L \times U \times K_\alpha} = \frac{8 \times 1.2 \times 6 \text{ A} \cdot \text{h}}{0.8 \times 0.7 \times 0.9} = 114.29 \text{ A} \cdot \text{h}$$

式中　$D$——最长持续阴雨天气天数，本案例为8 d；

$F$——蓄电池放电率修正系数（$F$ = 充入安时数/放电安时数），通常取 1.2；

$Q_L$——所有用电设备总用电量，$Q_L = 18\ W \times 4\ h = 72\ W \cdot h = 72\ W \cdot h \div 12\ V = 6\ A \cdot h$；

$L$——蓄电池低温修正系数，路灯所在地极端天气为 $-8\ ℃$，$L$ 取 0.8；

$U$——蓄电池的放电深度，本案例为 0.7；

$K_\alpha$——包括控制器等回路的损耗率，取 0.9。

将 $D$、$F$、$Q_L$、$L$、$U$、$K_\alpha$ 等数值代入公式，即可得出蓄电池容量 $C$ 为 114.29 $A \cdot h$。

（4）计算蓄电池串并联数。任务要求负载的工作电压为 12 V，若选用 12 V 的蓄电池，则无须串联。此处选用 12 V、120 $A \cdot h$ 的胶体蓄电池。

$$串联蓄电池数 = \frac{负载标称电压}{蓄电池标称电压} = \frac{12\ V}{12\ V} = 1$$

$$并联蓄电池数 = \frac{总蓄电池容量}{单个蓄电池容量} = \frac{114.29\ A \cdot h}{120\ A \cdot h} = 0.95，取值 1$$

则蓄电池串联数与并联数均为 1。

（5）控制器选型。路灯为阻性负载，总功率为 18 W，根据控制器选型方法，计算如下：

控制器功率 = 阻性负载功率 × (1.2 ~ 1.5) + 感性负载功率 × (5 ~ 7) = 18 W × 1.5 = 27 W

**案例 4**：某边防哨所需建一离网光伏发电系统用于照明，负载为 5 盏 24 W 的 LED 灯，电压等级为 12 V，负载每天工作时间为 10 h，最长持续阴雨天气为 10 d，最长持续阴雨天气间隔为 10 d，极端温度为 $-15\ ℃$，年峰值日照时数为 1 560 h，纬度为 17.83°；请设计光伏组件容量及串并联、蓄电池容量及串并联。

（1）蓄电池容量：

$$C = \frac{D \times F \times Q_L}{L \times U \times K_\alpha} = \frac{10 \times 1.2 \times 100\ A \cdot h}{0.7 \times 0.7 \times 0.9} = 2\ 721.09\ A \cdot h$$

式中　$D$——最长持续阴雨天气天数，本案例为 10 d；

$F$——蓄电池放电率修正系数（$F$ = 充入安时数/放电安时数），通常取 1.2；

$Q_L$——所有用电设备总用电量，$Q_L = 5 \times 24\ W \times 10\ h = 1\ 200\ W \cdot h = 1\ 200\ W \cdot h \div 12\ V = 100\ A \cdot h$；

$L$——蓄电池低温修正系数，路灯所在地极端天气为 $-15\ ℃$，$L$ 取 0.7；

$U$——蓄电池的放电深度，$U$ 取 0.7；

$K_\alpha$——包括控制器等回路的损耗率，取 0.9。

将 $D$、$F$、$Q_L$、$L$、$U$、$K_\alpha$ 等数值代入公式，即可得出蓄电池容量 $C$ 为 2 721.09 $A \cdot h$。

（2）蓄电池串并联。任务要求负载的工作电压为 12 V，此处选用 2 V、800 $A \cdot h$ 的胶体蓄电池。

$$串联蓄电池数 = \frac{负载标称电压}{蓄电池标称电压} = \frac{12\ V}{2\ V} = 6，取值 6$$

$$并联蓄电池数 = \frac{总蓄电池容量}{单个蓄电池容量} = \frac{2\ 721.09\ A \cdot h}{800\ A \cdot h} = 3.40，取值 4$$

故选取 24 块 2 V、800 $A \cdot h$ 的胶体蓄电池，6 串 4 并。

实际蓄电池组总容量为 800 $A \cdot h \times 6 \times 4 = 19\ 200\ A \cdot h$。

（3）计算光伏阵列 $P_w$。此处选取叠瓦双玻组件（54 版型），该组件 $P_{max}$ 为 250 W、$I_{mp}$ 为 13.14 A、$U_{mp}$ 为 19.0 V、$I_{sc}$ 为 13.98 A、$U_{oc}$ 为 16.3 V，组件倾角采用最佳角度，修正系数取 1。

$$光伏组件串联数 = \frac{系统工作电压（V）×1.43}{组件峰值工作电压} = \frac{12\ V×1.43}{19.0\ V} = 0.90\quad 串联数取值为 1$$

该项目所在地为边防哨所，尽可能考虑补充的蓄电池容量，光伏组件的并联数采用以下公式计算。

$$光伏组件的并联数 = \frac{补充的蓄电池容量（A·h）+ 日平均用电量（A·h）×最短间隔天数}{组件日平均发电量（A·h）×最短间隔天数}$$

$$负载日平均用电量 = \frac{负载功率（W）×每天工作小时数（h）}{负载工作电压（V）} = 5×24\ W×10\ h÷12\ V = 100\ A·h$$

组件平均日发电量(A·h) = 组件峰值工作电流(A)×峰值日照时数(h)×倾斜面修正系数×组件衰

降损耗修正系数 = 13.14 A × 1 560 h ÷ 365 × 1.0 × 0.8 = 44.928 A·h

将补充的蓄电池容量 C(2 721.09 A·h)、日平均用电量 100 A·h、最短间隔天数 10 d、组件日平均发电量 44.928 A·h 代入公式可得：

$$光伏组件的并联数 = \frac{2\ 721.09\ A·h + 100\ A·h×10}{44.928\ A·h×10} = 8.28\quad 并联数取值 9$$

$$光伏组件装机容量\ P_m = 250\ W×1×9 = 2\ 250\ W$$

通过计算可得，该哨所共需 250 W 光伏组件 9 块，全部采用并联；共需 24 块 2 V、800 A·h 的胶体蓄电池，蓄电池采用 6 串 4 并的方式连接。

**案例 5**：家用离网光伏发电系统设计。某牧民家庭负载用电情况见表 9-5，牧民所在地区纬度为 42.9°、经度为 122.4°，年平均日照时数为 1 605.23 h，极端气温为 −20 ℃，最长持续阴雨天数为 5 d。现需设计一离网光伏发电系统的电站。

表 9-5　负载总功率及日耗电量情况

| 序号 | 负载名称 | 功率/W | 数量 | 总功率/W | 日工作时间/h | 日耗电量/(W·h) |
|---|---|---|---|---|---|---|
| 1 | 照明 | 11 | 8 | 88 | 6 | 528 |
| 2 | 计算机 | 150 | 2 | 300 | 8 | 2 400 |
| 3 | 电冰箱 | 100 | 1 | 100 | 24 | 2 400 |
| 4 | 空调 | 1 200 | 1 | 1 200 | 4 | 4 800 |
| 5 | 电视 | 150 | 1 | 150 | 6 | 900 |
| 6 | 洗衣机 | 550 | 1 | 550 | 1 | 550 |
| 7 | 微波炉 | 1 000 | 1 | 1 000 | 2 | 2 000 |
| 8 | 水泵 | 400 | 1 | 400 | 2 | 800 |
| | 合计 | — | | 3 788 | | 14 378 |

（1）控制-逆变一体机选型。根据表 9-5 所示，该牧民家庭使用的负载基本为感性负载，结合各负载使用特性，如洗衣机与微波炉、空调不同时使用，控制-逆变一体机的功率为 5 × 3 788 W = 18 940 W，可选取 18 kW 正弦波控制-逆变一体机，选取直流侧输入电压 48 V、交流侧输出电压 220 V。

（2）蓄电池容量计算：

$$C = \frac{D \times F \times Q_L}{L \times U \times K_\alpha}$$

式中　$D$——最长持续阴雨天气天数，本案例为 5 d；

　　　$F$——蓄电池放电率修正系数（$F =$ 充入安时数/放电安时数），通常取 1.2；

　　　$Q_L$——所有用电设备总用电量，本案例 $Q_L = 14.378\ 4\ kW \cdot h/d$；

　　　$L$——蓄电池低温修正系数，极端天气为 $-20\ ℃$，本案例 $L$ 取 0.65；

　　　$U$——蓄电池的放电深度，取 0.8；

　　　$K_\alpha$——包括控制器等回路的损耗率，取 0.9。

将 $D$、$F$、$Q_L$、$L$、$U$、$K_\alpha$ 等数值代入公式，可得蓄电池容量 $C$ 为 184.338 5 kW·h。

（3）蓄电池的串并联计算。此处蓄电池容量较大，可选取 2 V、2 000 A·h 的胶体蓄电池。蓄电池组的标称工作电压为 48 V，根据 $P = UI$ 即可计算出容量为 3 840.38 A·h，蓄电池的串并联计算如下：

$$串联蓄电池数 = \frac{负载标称电压}{蓄电池标称电压} = \frac{48}{2} = 24，取值 24$$

$$并联蓄电池数 = \frac{总蓄电池容量}{单个蓄电池容量} = 3\ 840.38\ A·h \div 2\ 000\ A·h = 1.92，取值 2$$

根据上述计算，共计需 $24 \times 2 = 48$ 块 2 V、2 000 A·h 的胶体蓄电池。

（4）光伏组件容量及串并联设计。光伏组件容量设计基本原则是需满足年平均日负载的用电需求。

此处选取 P 型半片单玻常规组件（60 版型），该组件性能参数见表 3-4。采用最佳倾角设计。

$$光伏组件串联数 = \frac{系统工作电压 \times 1.43}{光伏组件峰值工作电压} = \frac{48\ V \times 1.43}{34.31\ V} = 2.000\ 6，取值 3$$

$$光伏组件并联数 = \frac{负载日平均用电量}{组件日平均发电量}$$

$$负载日平均用电量 = \frac{负载功率 \times 每天工作小时数}{负载工作电压} = 工作电流 \times 工作时数$$

组件平均日发电量 = 组件峰值工作电流 × 峰值日照时数 × 倾斜面修正系数 × 组件衰

$$降损耗修正系数 = 13.55\ A \times 1\ 605.23\ h \div 365 \times 1.0 \times 0.8 = 47.673\ 1\ A·h$$

$$光伏组件并联数 = \frac{14\ 378\ W·h}{48\ V \times 47.673\ 1\ A·h} = 6.28，取值 7$$

$$光伏组件装机容量\ P_m = 465\ W \times 3 \times 7 = 9\ 765\ W$$

（5）光伏组件倾角、方位角计算。本案例所在地纬度为 42.9°，根据表 9-3 可选择光伏阵列倾角为 57.9°。为保证冬季用电需求，方位角可选取 20°（南偏西 20°）。

本案例 21 块组件可采取 7 块组件横排成光伏阵列，如图 9-1 所示，图中 $L = 1\ 134\ mm$、$\beta = 57.9°$、$\phi = 42.9°$，三角函数 $\cos 57.9° = 0.53$、$\sin 57.9° = 0.85$、$\tan 42.9° = 0.93$，将数据代入

式（9-4）可得 $D$ 值为 3.11 m。

（6）汇流箱的设计。本案例光伏组件 3 块串联、7 路并联，汇流箱采用 8 进 1 出（1 路进口备用）、带防雷功能、自动检测组件电流与电压。

## 9.3　并网光伏发电系统设计案例

并网光伏发电系统设计主要根据场地面积、当地气象资源、地理环境等影响因素来确定光伏电站装机容量。

### 9.3.1　户用并网光伏发电系统设计

居民房屋外形及安装了光伏发电系统后屋顶主视图如图 9-3 所示，该居民家庭所在点极限温度为 $-5 \sim +40\ ℃$，房屋坐北朝南，周围无高大树木遮挡，屋面倾角为 30°，房屋长 17.85 m，该居民拟在自家屋顶建设并网光伏电站，请完成该光伏发电系统设计。

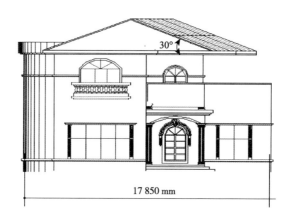

图 9-3　建筑外形及屋顶安装光伏发电系统后的主视图

1. 阵列倾角设计

该光伏发电系统在原有建筑物上进行安装，考虑美观性及不破坏原有建筑物，要求光伏组件贴屋面安装，所以项目的阵列倾角考虑是与建筑屋面的角度一致，如图 9-4 所示。

2. 阵列方位角设计

考虑美观性及不破坏原有建筑物，选取阵列方位角为 0°。

3. 组件选择与方阵布置

① 组件选择。拟选用 N 型半片全黑组件（54 版型），具体参数见表 3-2。

② 方阵布置。由于建筑面积有限，拟在该屋顶南面布置光伏组件，根据建筑走向布置电站。光伏电站总装机容量为 7 740 W，具体如图 9-4、表 9-6 所示。

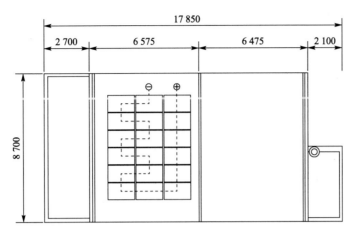

图9-4 组件布置方式示意图（单位：mm）

表9-6 组件布置参数表

| 名　　称 | 屋顶区域 | 名　　称 | 屋顶区域 |
| --- | --- | --- | --- |
| 组件布置方式 | 竖置 | 每排间距（D1） | 0.02 m |
| 横向（H1）组件布置 | 6 块 | 每列间距（D2） | 0.02 m |
| 竖向（H2）组件布置 | 3 块 | 组件数 | 18 块 |

### 4. 逆变器选型与组串设计

**1）逆变器选型原则**

逆变器选型主要是根据组件选择合适的逆变器，并确定光伏组件的串联数及并联数。

**2）选型需求**

（1）光伏组件的工作温度：光伏组件的工作温度影响组件的电性能参数。为使设计更加缜密，计算过程中运用光伏组件夏季或冬季工作温度下的电性能参数。根据居民家庭所在点极限温度为 -5 ~ +40 ℃，可得光伏组件夏季工作最高温度为 40 ℃、冬季工作最低温度为 -5 ℃。

（2）光伏组件全年最大输出功率：光伏组件的额定峰值功率为实验室环境下得到的，为更合理地选择逆变器，需得到实际应用过程中组件全年最大输出功率 430 W。

（3）用户计划安装容量：根据此区域的面积、选择组件的状况、阵列的跟踪方式可计算区域内最大的安装容量，最终根据实际情况确定计划安装的容量 7 740 W。

**3）逆变器选择**

根据不同区域计划安装功率，选用华为 SUN2000-8KL 型逆变器，具体参数见表9-7。

表9-7 SUN2000-8KL 型逆变器参数

| | |
| --- | --- |
| 最高效率 | 98.5% |
| 最大允许接入组串功率/kW | 9.10 |
| 最大直流输入电压/V | 1 000 |
| 最大输入电流/A | 36 A（2×18 A） |

续表

| MPPT 工作电压范围/V | 320～800 |
|---|---|
| 额定输入电压/V | 620 |
| 最大输入路数 | 4 |
| MPPT 数量 | 2 |
| 额定功率/W | 8 800 |
| 额定输出电压 | $3 \times 230$ V/400 V + N + PE、$3 \times 230$ V/380 V + N + PE |
| 输出电压频率/Hz | 50 |
| 环境温度范围/℃ | $-30 \sim +60$ |
| 相对湿度 | $0 \sim 100\%$ |
| 质量/kg | 40 |
| 尺寸（宽×高×厚）/mm | $610 \times 520 \times 255$ |

4）串并联设计

光伏发电系统同一光伏组件串的电性能需保持一致，光伏组件串最大串联数可根据下述公式求得：

$$N \leqslant \frac{U_{dcmax}}{U_{oc}[1 + (t - 25)K_v]}$$

$$\frac{U_{mpptmin}}{U_{pm}[1 + (t' - 25)K_v']} \leqslant N \leqslant \frac{U_{mpptmax}}{U_{pm}[1 + (t - 25)K_v']}$$

式中　$K_v$——光伏组件的开路电压温度系数；

　　　$K_v'$——光伏组件的工作电压温度系数；

　　　$N$——光伏组件的串联数（$N$ 取整）；

　　　$t$——光伏组件工作条件下的极限低温，℃；

　　　$t'$——光伏组件工作条件下的极限高温，℃；

　　　$U_{dcmax}$——逆变器允许的最大直流输入电压，V；

　　　$U_{mpptmax}$——逆变器 MPPT 最大直流输入电压，V；

　　　$U_{mpptmin}$——逆变器 MPPT 最小直流输入电压，V；

　　　$U_{oc}$——光伏组件的开路电压，V；

　　　$U_{pm}$——光伏组件的工作电压，V。

根据光伏发电系统装机容量，将表 3-2 中组件相关性能参数、极限低温与极限高温参数分别代入可得

$$N \leqslant \frac{1\ 000\ V}{38.49\ V[1 + (-5 - 25) \times (-0.25\%)]} = 24.168$$

$$\frac{320\ V}{31.84\ V[1 + (40 - 25) \times (-0.30\%)]} \leqslant N \leqslant \frac{800\ V}{31.84\ V[1 + (-5 - 25) \times (-0.30\%)]}$$

$$10.52 \leqslant N \leqslant 23.05$$

根据计算数据可得，光伏组件串的串联数为 11-23，本项目共计 18 块光伏组件，拟采取 18 块组件串联。

5）设计结论

根据逆变器最大输入电流为18 A，组件串并联计算见表9-8。共用SUN2000-8KL型号逆变器1台。

表9-8　组件串并联计算

| 串联数 | 并联数 | 逆变器数量 | 总安装容量 |
| --- | --- | --- | --- |
| 1 | 1 | 1 | 7 740 W |

据表9-8，最终确定组件串联数 =1，组件并联数 =1。

确定串并联数后，可得到如下结论：逆变器最大直流输入功率为 7 740 W，阵列实际最大输出功率为 7 740 W；逆变器最小 MPPT 电压为 320 V；逆变器最大 MPPT 电压为 800 V，阵列最大开路电压为 692.89 V；组件最大承受电压为 1 000 V，满足设计要求。

### 5. 电缆的设计

电缆设计：主要是根据载流量及电缆损耗允许值选择合适的电缆。相关公式如下：

$$\text{Loss} = (I(f)\rho L/N_s U_{mp})/N_s U_{mp}$$

式中，Loss 表示线缆损耗；$I(f)$ 表示线缆所承载的电流；$\rho$ 表示电缆的电阻率；$L$ 表示电缆长度；$N_s$ 表示光伏组件数；$U_{mp}$ 表示最大功率点的电压。

原则1　$I(f) \leq I$（$I$ 表示线缆的额定电流）

原则2　Loss ≤ LossT（LossT 表示线缆损耗允许值）

原则1的含义是线缆所承载的电流应小于或等于线缆的额定电流，以确保线缆不会过载损坏。

原则2的含义是线缆损耗应小于或等于线缆损耗的允许值，以确保线缆在工作过程中能够保持良好的传输性能。

这些原则是为了确保所选电缆能够承受所需的电流并且在工作过程中损耗不超过允许值。

根据设计要求得到电缆规格见表9-9。

表9-9　电缆规格

| 项　目 | 直流、交流侧 | 项　目 | 直流、交流侧 |
| --- | --- | --- | --- |
| 阵列输出电缆 | YJV 0.6/1 kV 1×4 | 逆变器输出电缆 | YJV 0.6/1 kV 2×10 |

### 6. 交流侧设计

交流配电单元参数见表9-10。

表9-10　交流配电单元参数

| 交流配电单元参数 | 具体信息 | 交流配电单元参数 | 具体信息 |
| --- | --- | --- | --- |
| 额定交流输入输出功率/kW | 8 | 监控单元 | 有 |
| 最大输入输出总电流/A | 40 | 电流、电压表 | 有 |
| 防护等级 | IP20 | | |

### 7. 防雷设计

将组串式逆变器就近布置在建筑物内部，光伏组件直接接入逆变器，省去防雷汇流箱及直流防雷配电单元。此方案适用于小容量的组串式逆变器，满足室内工作，逆变器位置与光伏阵列位置应小于 10 m（大于 10 m 需考虑增加防雷措施）的条件。逆变器的输入侧需有防雷器。

屋顶光伏阵列及支架与屋顶的防雷网连接，接地电阻 $R \leqslant 4$ Ω，满足屏蔽接地和工作接地的要求；在中性点直接接地的系统中，要重复接地，$R \leqslant 10$ Ω。

水平接地体宜采用扁钢、角钢或圆钢。扁钢截面不应小于 100 mm²，角钢厚度不宜小于 4 mm，圆钢的直径不应小于 10 mm，钢管厚度不小于 3 ~ 5 mm。人工接地体在土壤中的埋设深度不应小于 0.5 mm，需要热镀锌防腐处理，在焊接的地方也要进行防腐防锈处理。根据实际情况安装电涌保护器。

**8. 接入方案设计**

系统共计 1 个组串直接接入一台 8 kW 的逆变器，经过交流配电箱，接入 220 V 的国家电网。

**9. 设备及材料清单列表**

设备及材料清单见表 9-11。

表 9-11　光伏发电系统设备清单

| 序号 | 名　称 | 型　号 | 单位 | 数量 |
|---|---|---|---|---|
| 1 | 光伏组件 | TOPCon 430W | 块 | 18 |
| 2 | 组件支架 | 定制 | 套 | 1 |
| 3 | 逆变器 | SUN2000-8KL | 台 | 1 |
| 4 | 防逆流控制器 | 切断型，定制 | 台 | 1 |
| 5 | 交流配电单元 | 定制 | 台 | 1 |
| 6 | 线缆（阵列输出） | YJV 0.6/1 kV 1×4 mm² | m | 20 |
| 7 | 线缆（逆变器输出） | YJV 0.6/1 kV 2×10 mm² | m | 10 |

## 9.3.2　地面 206.05 kW 并网光伏发电系统设计

地面 206.05 kW 并网光伏发电系统所在地位于江西省吉安市永丰县，位于东经 115.42°、北纬 27.33°，地理位置适宜，交通便利，邻近国道。项目所在地距离并网点 150 m，周围空旷，无阴影遮挡，图 9-5 为项目所在地示意图。

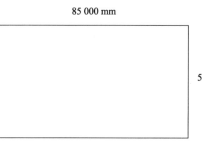

85 000 mm

55 000 mm

图 9-5　项目所在地示意图

**1. 气象条件**

该地位于亚热带季风气候区，四季分明，日照充足，年平均气温 18 ℃，无霜期 279 天。近十年监测到的最高气温 39 ℃，最低气温 –7 ℃，降水量 1 627.3 mm，日照率 36%，年日照时数 1 548 h。

### 2. 地址情况分析

分析可知，拟建地址附近较为平坦，地址结构简单，根据《建筑抗震设计规范》，项目拟建场址属于 Ⅰ 类地区，抗震等级为六级，环境优良，场址地理位置优越，无阴影遮挡，使电站发电量得到保证，旁边靠近公路以及输电线路，并网方便。

### 3. 整体设计情况说明

本光伏发电系统设计坐北朝南，阵列排布为东西走向，电站方位角为 0°，为使每年所获得的倾斜面上的辐射总量最大，倾角最佳选取为 27.27°。本光伏发电系统为地面光伏并网发电系统，装机容量为 206.05 kW，拟采用 650 W 单晶硅光伏组件、两台并网逆变器等器件组成。

### 4. 光伏组件选型

光伏组件选型可从组件效率、适应温度范围、各性能参数及组件的性价比等方面进行比较。本光伏发电系统为小型电站，应选择功率合适的组件方便进行更灵活的搭配。目前单晶硅光伏组件的光电转换效率相对于多晶硅组件更高，根据东方日升所生产的各类组件性能进行对比，拟选择功率为 650 W 的组件，详细参数见表 9-12。

表 9-12　东方日升光伏组件电性能参数

| 组件型号 | RSM132-8-50M | RSM132-8-60M | RSM132-8-670M |
|---|---|---|---|
| 最大功率 $P_{max}$/Wp | 650 | 660 | 670 |
| 开路电压 $U_{oc}$/V | 45.35 | 45.75 | 46.15 |
| 短路电流 $I_{sc}$/A | 18.23 | 18.33 | 18.43 |
| 最佳工作电压 $U_{mpp}$/V | 37.76 | 38.12 | 38.48 |
| 最佳工作电流 $I_{mpp}$/A | 17.22 | 17.32 | 17.42 |
| 组件转换效率 $\eta$ | 20.9 | 21.2 | 21.6 |
| 电池片 | 单晶 | | |
| 组件尺寸/mm | 2 384×1 303×35 | | |
| 质量/kg | 33.5 | | |
| 额定电池工作温度/℃ | 44 ±2 | | |
| 开路电压温度系数 $K_v$/(%/℃) | – 0.25 | | |
| 短路电流温度系数 $\alpha$/(%/℃) | 0.04 | | |
| 组件功率温度系数 $K'_v$/(%/℃) | – 0.34 | | |
| 工作温度范围/℃ | – 40 ~ +85 | | |
| 最大系统电压/V | DC 1 500 | | |
| 最大熔丝额定电流/A | 30 | | |

### 5. 逆变器的选型与接入系统设计

#### 1）逆变器选配及接入原则

逆变器的额定功率应该与系统的最大功率相匹配，以确保系统的稳定性和可靠性。逆变器的接入原则包括以下几点：首先，逆变器应该安装在远离水源和潮湿的地方，以避免电器故障。

其次，逆变器应该安装在通风良好的地方，以保持其运行温度在合理范围内，避免过热和损坏。此外，逆变器应该尽量避免阳光直晒。最后，逆变器的接线应该遵循相应的电气安装标准，确保安全可靠。在接入逆变器时，还应该考虑逆变器的保护功能，如过电流保护、过电压保护、欠电压保护等，以确保系统的安全性和稳定性。

**2）逆变器选型**

目前，光伏逆变器形式主要有集中式和组串式。集中式逆变器无法避免因光伏组件最佳工作点和逆变器参数的不匹配所造成的损耗，而使用多个组串式逆变器，所带的多路 MPPT 可以有效降低由并联阵列的模块差异和阴影等因素给整个系统带来的损耗，故本光伏发电系统选用组串式逆变器方案。根据本光伏发电系统实际情况规划了以下几种方案。

（1）方案一：选择两台功率 100 kW 的逆变器。

据相关数据发现，100 kW 的逆变器功率最大可达 110 kW，市场售价为 18 490 元。该方案的总价为 36 980 元，但本光伏发电系统总装机容量 206.05 kW，大于本组合方案总功率 200 kW，如若本工程使用此组合，逆变器寿命以及转换效率会降低，应尽量选择功率与装机容量更相近的组合方案。

（2）方案二：选择两台功率 80 kW 和一台功率 50 kW 的逆变器。该方案的总功率符合总装机容量的要求。80 kW 的逆变器市场售价为 16 240 元，50 kW 的逆变器市场售价为 9 840 元。经过计算，此方案需要 42 320 元。

（3）方案三：选择一台功率 100 kW 和一台功率 110 kW 的逆变器。调查官方数据发现，前者功率最大可达 110 kW，市场售价为 18 490 元，后者最大功率 121 kW，市场售价为 19 440 元，总价为 37 930 元，总功率符合本光伏发电系统要求。

结合上述分析，最终选择功率合适，价格实惠的方案三实施。100 kW、110 kW 逆变器的参数见表 9-13。

表 9-13　逆变器参数平行对比

| 型　　号 | GCI-100K-HV-5G | GCI-110K-HV-5G |
| --- | --- | --- |
| 最大效率/% | 98.8 | 98.8 |
| 中国效率/% | 98.2 | 98.2 |
| 最大输入电压/V | 1 100 | 1 100 |
| 最大输入电流/A | 27 | 27 |
| MPPT 电压范围/V | 180 ~ 1 000 | 180 ~ 1 000 |
| 额定输入电压/V | 720 | 720 |
| MPPT 数量 | 10 | 10 |
| 最大直流输入路数 | 20 | 20 |
| 额定输出功率/kW | 100 | 110 |
| 最大视在功率/kW | 110 | 121 |
| 额定输出电压/V | 3/PE，480 | 3/PE，540 |
| 最大输出电流/A | 132.3 | 129.4 |
| 尺寸/mm | 1 014 × 567 × 314.5 | 1 014 × 567 × 314.5 |
| 质量/kg | 82 | 82 |
| 工作温度/℃ | − 30 ~ + 60 | − 30 ~ + 60 |

3) 组件串并联设计

根据逆变器需要满足的参数规格，计算光伏组件的串并联方案。

(1) 逆变器最大直流输入功率 $> P_{max} \times N_s \times N_p$。

(2) 逆变器最小 MPPT 电压 $N_s$。

(3) 逆变器最大直流开路电压 $> U_{oc} \times N_s$。

(4) 组件系统最大电压 $> U_{oc} \times N_s$。

上述字母含义说明如下：

$N_s$ 表示每台逆变器接入组件串联数；

$N_p$ 表示每台逆变器接入组件并联数；

$P_{max}$ 表示组件全年最大输出功率；

$U_{mp}$ 表示标准测试条件下的最大功率时电压；

$U_{oc}$ 表示标准测试条件下的组件开路电压。

将相关数据代入上述 (1) ~ (4) 不等式，采用 100 kW 逆变器：

$$110 > 650 \times N_s \times N_p$$

$$180 < 37.76 \times N_s$$

$$1\,100 > 45.35 \times N_s$$

$$1\,500 > 45.35 \times N_s$$

由以上不等式可计算出串联数 $N_s$ 的取值范围，代入第一个不等式可得出并联数 $N_p$ 的取值范围：

$$4.77 < N_s < 24.26$$

$$6.98 < N_p < 35.48$$

将相关数据代入上述 (1) ~ (4) 不等式，采用 110 kW 逆变器：

$$120 > 650 \times N_s \times N_p$$

$$180 < 37.76 \times N_s$$

$$1\,100 > 45.35 \times N_s$$

$$1\,500 > 45.35 \times N_s$$

串联数 $N_s$ 和并联数 $N_p$ 的取值范围为

$$4.77 < N_s < 24.26$$

$$7.61 < N_p < 38.70$$

将表 9-12 中的相关数据，代入下列公式可计算得出光伏组件串联数，具体如下：

$$N_1 \leqslant \frac{U_{dcmax}}{U_{oc} \times [1 + (t - 25) \times K_v]}$$

$$N_1 \leqslant \frac{1\,100\ \text{V}}{45.35 \times [1 + (-5 - 25) \times (-0.002\,5)]}$$

$$N_1 \leqslant 22.56$$

$$\frac{U_{mpptmin}}{U_{pm} \times [1 + (t' - 25) \times K'_v]} \leqslant N_2 \leqslant \frac{U_{mpptmax}}{U_{pm} \times [1 + (t - 25) \times K'_v]}$$

$$\frac{180\ V}{37.76 \times [1 + (70 - 25) \times (-0.003\ 4)]} \leq N_2 \leq \frac{1\ 000\ V}{37.76 \times [1 + (-5 - 25) \times (-0.003\ 4)]}$$

$$5.63 \leq N_2 \leq 24.03$$

综上所述，光伏组件的串联数的范围为 $5.63 \leq N \leq 22.56$。计算后得出最优排列方案为：第一部分 19 串 8 并，一共 152 块组件，总功率为 98.8 kW；第二部分 15 串 11 并，一共 165 块组件，总功率为 107.25 kW。经由公式计算以及对各方面进行比较，本光伏发电系统所采用的锦浪 GCI-100K-HV-5G 和 GCI-110K-BHV-5G 两种型号逆变器效率高，技术成熟，可包容的串并联搭配样式多，且符合选型需求。逆变器参数平行对比见表 9-13，光伏组件串并联分配见表 9-14。

表 9-14　光伏组件串并联分配

| 串联数/块 | 并联数/串 | 逆变器数/台 | 实际安装容量/kW | 计划安装容量/kW |
| --- | --- | --- | --- | --- |
| 19 | 8 | 1 | 98.8 | 100 |
| 15 | 11 | 1 | 107.25 | 110 |

### 6. 方阵间距设计

为了防止方阵间距不适造成阴影遮挡或场地浪费影响发电效率，应当合理设计间距，如图 9-6 所示，方阵间距可由以下公式计算：

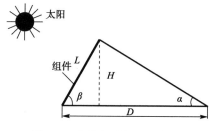

$$\sin \alpha = \sin \phi \sin \delta + \cos \phi \cos \delta \cos \omega$$

$$\sin \beta = \frac{\cos \delta \sin \omega}{\cos \alpha}$$

图 9-6　光伏方阵间距示意图

$$D = L\cos \beta + L\sin \beta \frac{0.707\sin \phi + 0.433\ 8}{0.707 - \tan \phi}$$

式中，$\alpha$ 表示冬至日上午九点的太阳高度角；$\phi$ 表示当地纬度（27.33°）；$\delta$ 表示太阳赤纬角（-23.45°）；$\omega$ 表示太阳的时角（-45°）；$\beta$ 表示阵列倾角；$D$ 表示两方阵之间的间距（m）；$L$ 表示组件倾斜面长度（2.65 m）。

经计算，太阳高度角 $\alpha = 23.18°$，阵列倾角 $\beta = 27.27°$，两方阵之间的间距 $D = 7.20$ m，前排方阵最高点与后排方阵最低点的高度差 $H = 1.21$ m。

### 7. 光伏组件及并网逆变器接线图

光伏组件布置与接线、并网逆变器接线、逆变器摆放位置及光伏组件串标号分别如图 9-7、图 9-8 所示。

### 8. 基础支架设计

光伏基础支架包括混凝土预制桩、螺旋钢桩、独立基础、条形基础等形式。根据当地气候条件以及本光伏发电系统的情况，对荒地进行考察，并打入水泥柱。由于本光伏发电系统建设位置在泥土面上，应充分考虑防锈、防腐蚀、防水等处理，当构件的材料厚度小于 5 mm，镀层厚度不得小于 65 μm；当构件的材料厚度大于或等于 5 mm，镀层厚度需大于 86 μm，钢结构的防腐年限应达到 25 年以上，如图 9-9、图 9-10 所示。

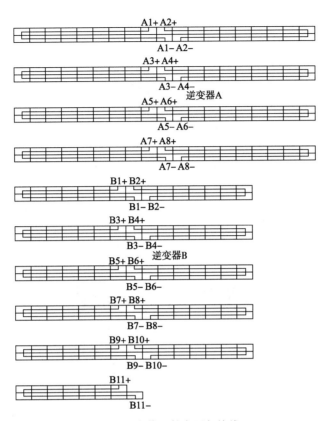

图 9-7 光伏组件布置与接线

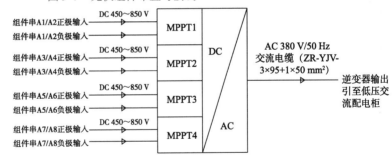

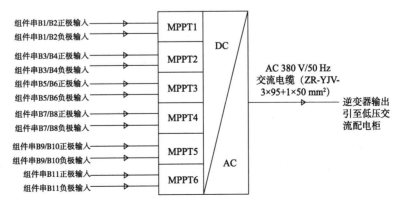

技术说明:
1. A1-19串,A2-19串,A3-19串,A4-19串,A5-19串,A6-19串,A7-19串,A8-19串,B1-15串,B2-15串,B3-15串,B4-15串,B5-15串,B6-15串,B7-15串,B8-15串,B9-15串,B10-15串,B11-15串。逆变器A共8并19串,逆变器B共11并15串。
2. 逆变器A有10路MPPT,逆变器B有10路MPPT,其中组件串A1~A8接入逆变器A的1至4路MPPT直流输入端,组件串B1~B11接入逆变器B的1至6路MPPT直流输入端。
3. 整个项目分为A、B两个部分,A部分的实际输入功率为98.8 kW,B部分实际输入功率为107.25 kW。

图 9-8 并网逆变器接线图

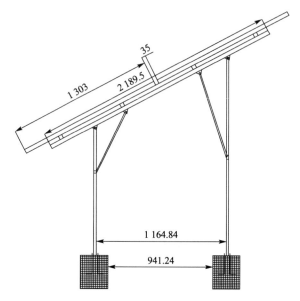

图 9-9　支架结构示意图（单位：mm）

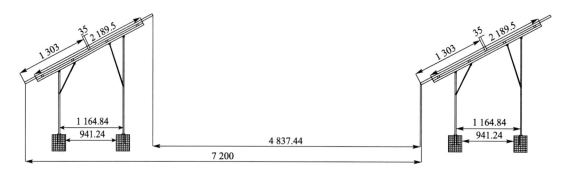

图 9-10　阵列排布示意图（单位：mm）

### 9. 交流配电柜选配

配电柜的选取需要根据并网柜所设计的输入电流和并网逆变器的输出电流来确定，同时还要参考产品的各项电气参数、结构特性、环境条件等要求。

（1）电压涵盖范围广，可配套不同电压的逆变器使用。

（2）质量小、体积小、安装方便、外观美观大气。

（3）防护等级为 IP65，满足室内外安装要求。

（4）标配四级防雷模块，全模保护。

（5）具有 RS-485 通信接口，使用 Modbus-RTU 通信协议。

交流配电柜最大输入输出总电流不小于 100 A，内含监控单元、防雷失效单元和电能表。本光伏发电系统所采用交流配电柜具体参数见表 9-15。交流配电柜接线如图 9-11 所示。

表 9-15 交流配电柜具体参数

| 参 数 | 技 术 指 标 | 参 数 | 技 术 指 标 |
|---|---|---|---|
| 额定工作电压/V | 380 | 相对湿度/% | ≤95 |
| 输入路数 | 2 | 工作温度/℃ | −25 ~ +45 |
| 输出路数 | 1 | 颜色 | 定制 |
| 额定冲击耐受电压/kV | 2.5 | 尺寸/mm | 740 × 533 × 180 |
| 防护等级 | IP65 | | |

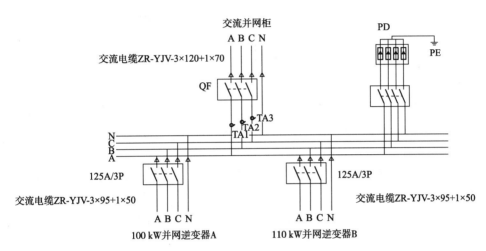

图 9-11 交流配电柜接线图

## 10. 防雷接电

由于光伏发电系统大部分位置处于露天状态，而且分布的面积比较广，容易在打雷的天气受到雷击的伤害；同时，光伏发电系统直接连接着相应的电器设备和建筑设施，因此，雷击对系统的伤害还会波及这些设备。为保证光伏并网发电系统的安全可靠性，系统的防雷接地装置显得必不可少。

所有组件接入地线可以有效防止雷电对光伏组件产生的冲击，如图 9-12 所示。

图 9-12 组件防雷接地图

在进行配电室和其他地面设备基础建设的同时，可以选择建筑附近土层较厚、较潮湿的地点，进行埋设基础预埋件，埋设深度应不小于 1 m。根据建议适合采用热镀锌扁钢进行连接，部分特殊地点根据实际情况添加降阻剂，引出地线大多采用 35 mm² 的铜质线缆。防雷部分的接地电阻要求不大于 30 Ω，尽量设置单独的接地体。组件的外框、金属支架，逆变器的外壳等安全保护或屏蔽部分接地电阻要求不得大于 4 Ω。

并网柜防雷接地如图 9-13 所示。外壳连接埋入地下的金属预埋件，可以将雷击引至地下，从而保护设备。

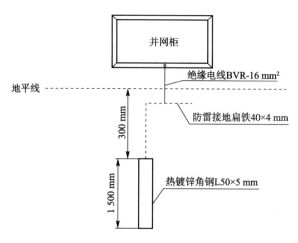

图 9-13　并网柜防雷接地

直流侧防雷措施：支撑组件的钢结构保证良好的接地，整个光伏阵列通过连接线缆接入防雷汇流箱，汇流箱内有高压防雷器保护器，各阵列需要汇流之后再接入直流防雷配电柜，经过多级防雷装置的重重保护能够有效地避免设备因雷击导致的损坏。

交流侧防雷措施：逆变器的交流输出经交流防雷柜接入电网，能够有效地避免因雷击和电网浪涌导致的设备损坏。

电气设备通过连接，接入地线，形成系统性的防雷结构，增加埋设金属预埋件，可以让整个防雷系统有保障，在一定程度上提高了系统的安全系数，如图 9-14 所示。

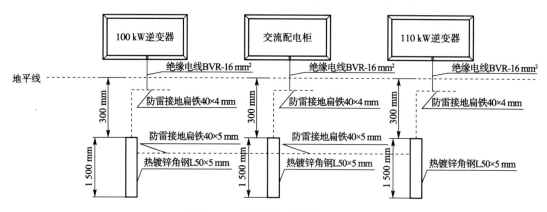

图 9-14　电气设备系统防雷接地

## 11. 并网系统

本光伏发电系统并网方案如图 9-15 所示，整体结构分为两个部分：由 19 块光伏组件串联形成 1 个组件串，共 8 个组件串并联接入 100 kW 逆变器，一共 152 块组件组成第一部分，另一部分则配置了 110 kW 逆变器，15 块光伏组件串联形成 1 个组件串，由 11 个组件串并联接入并网逆变器，一共 165 块组件构成。经过低压交流配电柜后，就近并入 380 V 母线。

## 12. 电缆选型

### 1）直流电缆选型及直流电缆的计算

本光伏发电系统选用铜导线，根据规模，直流侧第一部分所用电缆为 200 m，第二部分为

220 m；交流侧根据场地位置以及距离并网点距离 150 m。

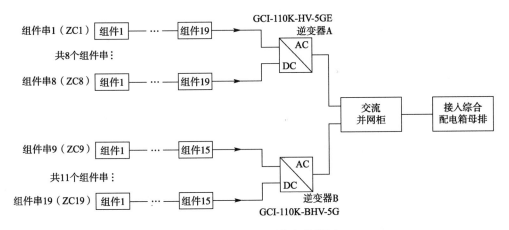

图 9-15　光伏发电系统主接线图

第一部分（100 kW 逆变器）：$S_{cac} = \dfrac{\rho \times 2L \times I_{ca}}{\Delta U_p} = \dfrac{0.018\,4 \times 2 \times 200 \times 18.23}{37.76 \times 19 \times 0.02}$ mm² = 9.35 mm²

第二部分（110 kW 逆变器）：$S_{cac} = \dfrac{\rho \times 2L \times I_{ca}}{\Delta U_p} = \dfrac{0.018\,4 \times 2 \times 220 \times 18.23}{37.76 \times 15 \times 0.02}$ mm² = 13.03 mm²

$$I_{cal} = I_{pc} \times [1 + (f - 25) \times K] = [18.23 + 18.23 \times (60 - 25) \times (0.04\%)]\ A = 18.49\ A$$

式中，$I_{pc}$ 为电缆允许载流量，A；$I_{ca}$ 为计算电流，A；$I_{cal}$ 为回路长期工作计算电流，A；$S_{cac}$ 为电缆计算截面，mm²；$\rho$ 为电阻率，铜导体 $\rho = 0.018\,51\ \Omega \cdot mm^2/m$；$L$ 为电缆长度，m；$\Delta U_p$ 为回路允许电压降，V；$f$ 为工作温度；$K$ 为温度对组件输出电流影响系数。

电缆计算第二部分尺寸大于 10 mm² 所以选择 16 mm²。

线损计算：

电阻：$R = \dfrac{\rho L}{S} = \dfrac{0.018\,51 \times 200}{16}\ \Omega = 0.23\ \Omega$

电流：$I = \dfrac{P}{U} = \dfrac{19 \times 650}{19 \times 37.76}\ A = 17.214\ A$

电压：$U = R \times I = 0.23 \times 17.214\ V = 3.96\ V$

线路电压损失：$\Delta u_d\% = \dfrac{3.96}{19 \times 37.76} = 0.552\%$

以上公式计算的是相线与中性线的线损，总线损为 $2 \times 0.552\% = 1.104\%$，符合光伏电缆的标准要求 2% 以内，所以选用 PV-YJV-3 × 16 mm² 光伏直流电缆作为阵列输出电缆。

2）**交流电缆选型及交流电缆的计算**

第一部分（100 kW 逆变器）：$I = \dfrac{P}{\sqrt{3} \times U \times \cos\varphi} = \dfrac{100\,000}{\sqrt{3} \times 19 \times 37.76 \times 0.9}\ A = 89.42\ A$

第二部分（110 kW 逆变器）：$I = \dfrac{P}{\sqrt{3} \times U \times \cos\varphi} = \dfrac{110\,000}{\sqrt{3} \times 15 \times 37.76 \times 0.9}\ A = 124.59\ A$

式中，$P$ 为功率，W；$U$ 为电压，V；$\cos\varphi$ 为功率因数；$I$ 为相线电流，A。

根据国家标准，线损应小于2%，所以：

$$S \geqslant \frac{\sqrt{3}\,I\rho L}{U\Delta u\%} = \frac{\sqrt{3} \times 132.3 \times 0.018\,51 \times 150}{380 \times 2\%}\ \mathrm{mm}^2 = 83.71\ \mathrm{mm}^2$$

由于计算尺寸大于70 mm²，最终选择型号为 ZR-YJV-3×95+1×50 mm² 的电缆。

### 13. 材料设备清单

根据前期设计，本光伏发电系统材料设备清单见表9-16。

表9-16　材料设备清单

| 序号 | 名　　　称 | 型　　　号 | 单位 | 数量 |
|---|---|---|---|---|
| 1 | 光伏组件 | RSM132-8-650M | 块 | 317 |
| 2 | 逆变器 | GCI-100K-HV-5G | 台 | 1 |
| | | GCI-110K-HV-5G | 台 | 1 |
| 3 | 直流电缆 | PV-YJV-3×16 mm² | m | 600 |
| 4 | 交流电缆 | ZR-YJV-3×95+1×50 mm² | m | 200 |
| 5 | 绝缘电线 | BVR×16 mm² | m | 100 |
| 6 | 混凝土桩 | | 根 | 338 |
| 7 | 交流配电柜 | | 个 | 1 |
| 8 | 光伏支架 | | 套 | 85 |
| 9 | 防雷导电钢 | | 套 | 1 |

**拓展阅读**　～～～　推进源网荷储一体化和多能互补 ----------------------

2021年，国家发展改革委、国家能源局联合印发了《关于推进电力源网荷储一体化和多能互补发展的指导意见》，同时国家能源局印发了《关于报送"十四五"电力源网荷储一体化和多能互补发展工作方案的通知》明确了"坚持清洁低碳、坚定安全为本，强化主动调节、减轻系统压力，明确清晰界面、统筹运行调节，均等权利义务、实现共享共赢"的总基调，以系统性、多元化的思维统筹推进源网荷储深度融合和多能互补协调发展，为确保安全前提下提升电力工业清洁低碳水平和系统总体效率指明了方向。

"源网荷储"是一个整体系统化的观念。是一种包含"电源、电网、负荷、储能"整体解决方案的运营模式，可精准控制社会可中断的用电负荷和储能资源，提高电网安全运行水平，可解决清洁能源消纳过程中电网波动性等问题，特别适合用于工业园区。源网荷储深度融合了低碳能源技术、先进信息通信技术与控制技术，实现源端高比例新能源广泛接入、网端资源安全高效灵活配置、荷端多元负荷需求充分满足，具有清洁低碳、安全可控、灵活高效、开放互动、智能友好的特征。

2021年，我国南方电力供需紧张，拉闸限电引发广泛关注。支撑分布式电源发展通过优化整合本地电源侧、电网侧、负荷侧资源，探索构建源、网、荷、储高度融合的新型电力系统发展路径。源网荷储推动电网调控从"源随荷动"向"源荷互动"转变，改变过去当用电负荷突然增高，但电源发电能力不足时，供需不平衡将严重影响电网安全运行，充分挖掘和释放发电侧、负荷侧调节潜力，促进供需两侧精准匹配，有力确保电力可靠供应质量和效率。能够使大电网故障应急处理时间从分钟级缩短至毫秒级，为预防控制大面积停电时间提供了专业手段。

源网荷储一体化运行能够丰富电网调节资源、提升系统平衡能力，是支撑可再生能源大规模并网的重要力量。随着新型电力系统深入推进，可再生能源大规模发展，其随机性和波动性对系统平衡能力提出了更高的要求。它深入挖掘系统灵活性调节能力，推动煤电灵活性改造、抽水蓄能电站建设、化学储能规模化应用、客户侧大规模灵活资源互动响应，将通过优化整合本地电源侧、电网侧、负荷侧资源，以先进技术突破和体制机制创新为支撑，探索构建源网荷储高度融合的新型电力系统发展路径，主要包括区域（省）级、市（县）级、园区（居民区）级"源网荷储一体化"等具体模式。

# 思考题

（1）光伏发电系统器件设计包括哪些方面？

（2）离网与并网光伏发电系统设计内容上有什么差异？

（3）请根据家庭所在位置，结合自家用电情况，为自己家庭设计一离网光伏电站。需列出负载；需完成蓄电池容量及串并联设计；需完成光伏组件装机容量及串并联设计、控制器的选型及设计、逆变器的选型及设计等。

（4）请根据家庭所在位置，为自己家庭设计装机容量不少于 100 kW 的并网光伏电站。需完成光伏组件方位角及倾角的设计、光伏组件间距计算、光伏组件选型及串并联、逆变器的选型及接入方案设计、并网系统设计，并绘制电气系统图。

# 第 10 章

## → 光热利用技术

太阳能应用主要分为光伏应用和光热应用，虽然光伏发电在太阳能发电中占了 90% 以上，但太阳能热水器在国内外均有广泛的应用，光热应用形式多种多样。本章从光热应用入手，系统讲解了太阳能热水系统、太阳能供暖系统、太阳能制冷系统、太阳能光热发电系统。

### 学习目标

(1) 掌握光热利用的类型及应用情况。
(2) 了解太阳能供暖系统、普通热水工程基本原理。
(3) 了解典型太阳能制冷的技术方案及基本原理。
(4) 了解太阳能光热发电系统的原理、组成及分类。

### 学习重点

(1) 太阳能供暖系统、普通热水工程的联系与区别，集热方阵面积设计与计算。
(2) 太阳能吸收式制冷系统的基本组成、工作原理。
(3) 槽式太阳能热发电、塔式热发电系统的基本组成、工作原理。

### 学习难点

(1) 太阳能吸附式、喷射式制冷的基本工作流程、原理。
(2) 太阳能热发电系统实现 24 h 连续工作的机理。

太阳能热利用的基本原理是采用一定装置将太阳能收集起来直接转换成热能，或再将热能转换成其他形式的能量，然后输送到一定场所加以利用。这种热能可以广泛应用于采暖、发电、制冷、干燥、海水淡化、温室、烹饪及工农业生产等各个领域。

太阳能热利用产业以产热标准结合产业使用领域划分为三维空间，即太阳能热利用低温、中温和高温，从产热标准上看，热利用产热温度 0 ~ 100 ℃ 为低温、100 ~ 250 ℃ 为中温、250 ℃ 以上为高温。

太阳能热利用低温市场产生的是热水，象征产品是太阳能热水器、商用的太阳能热水系统和工业用的太阳能热水系统。其主要价值集中民生领域。太阳能低温热利用是未来数年内行业继续重点经营的领域，并从形式单一进入"全面发展"的兴盛期。

太阳能热利用中温市场产生的是热能，其最具代表性的产品是各工业、商业、农业领域中的太阳能中温热利用系统，也包括民用的太阳能空调制冷。这是太阳能热利用的中间发展阶段，也是太阳能热利用未来 10～20 年内主要的发展方向，目前正处在蓄势发展阶段，主要作用于工业节能，待普及后可达到替代标煤亿吨级，创造环保效益达万亿元。

太阳能热利用高温市场产生的是热电，主要作用于"政府"公共工程以及商业领域，是未来太阳能热利用的最高形式之一，也将成为替代社会能源的主要来源，太阳能热利用高温市场是太阳能热利用的种子市场，在未来可达到替代标煤十亿吨级，创造环保效益达十万亿元。

# 10.1　太阳能热水系统

## 1. 太阳能热水系统的组成

太阳能热水系统是利用太阳能集热器，收集太阳辐射能把水加热的一种装置，是目前太阳能热应用发展中最具经济价值、技术最成熟且已商业化的一项应用产品。其系统组成主要包括集热器、贮热水箱、连接管路、控制中心和换热器等。

### 1）集热器

太阳能集热器是系统中的集热元件，是吸收太阳辐射并将产生的热能传递到传热介质的装置，是组成各种太阳能热利用系统的关键部件，其功能相当于电热水器中的电加热管。和电热水器、燃气热水器不同的是，太阳能集热器利用的是太阳的辐射热量，故而加热时间只能在有太阳照射的白昼，所以有时需要辅助加热，如锅炉、电加热等。在太阳能热水系统中常用的集热器主要是平板集热器和真空管集热器，如图 10-1 所示。平板集热器和真空管集热器各具特点，在设计时要根据具体情况进行选择。

(a) 平板集热器　　　　　　　　　　　　　(b) 真空管集热器

图 10-1　太阳能热水系统中常见的集热器

### 2）贮热水箱

贮热水箱和电热水器的贮热水箱一样，是储存热水的容器。因为太阳能热水器只能白天工作，而人们一般在晚上才使用热水，所以必须通过贮热水箱把集热器在白天产出的热水储存起来。容积是每天晚上用热水量的总和。采用搪瓷内胆承压贮热水箱，保温效果好、耐腐蚀、水质清洁，使用寿命可长达 20 年，甚至更长。

3）连接管路

连接管路是将热水从集热器输送到贮热水箱，将冷水从贮热水箱输送到集热器的通道，使整套系统形成一个闭合的环路。设计合理、连接正确的循环管道对太阳能系统达到最佳工作状态至关重要。热水管道必须做保温防冻处理。管道必须有很高的质量，保证有 20 年以上的使用寿命。

4）控制中心

太阳能热水系统与普通太阳能热水器的区别就是控制中心。作为一个系统，控制中心负责整个系统的监控、运行、调节等功能，已经可以通过互联网远程控制系统的正常运行。太阳能热水系统控制中心主要由计算机软件及各种传感器（主要包括温度传感器、电磁流量计等）、执行机构（电磁阀等）组成。

5）换热器

板壳式全焊接换热器吸取了可拆板式换热器高效、紧凑的优点，弥补了管壳式换热器换热效率低、占地大等缺点。板壳式换热器传热板片呈波状椭圆形，圆形板片增加热长，大大提高传热性能。广泛用于高温、高压条件的换热工况。

2. 太阳能热水系统分类

GB 50364—2018《民用建筑太阳能热水系统应用技术标准》对太阳能热水系统提出了科学的分类方法，从而构成了一个严谨的太阳能热水系统分类系统。

（1）按系统的集热与供热水方式，太阳能热水系统可分为三类：集中-集中供热水系统，集中-分散供热水系统，分散-分散供热水系统。

（2）按生活热水与集热系统内传热工质的关系，太阳能热水系统可分为两类：直接系统、间接系统。

（3）按辅助能源的加热方式，太阳能热水系统可分为两类：集中辅助加热系统、分散辅助加热系统。

（4）按集热系统的运行方式，太阳能热水系统可分为三类：直流式系统、自然循环系统、强制循环系统。

1）直流式系统

直流式太阳能热水系统是使水一次通过集热器就被加热到所需的温度，被加热的热水陆续进入贮热水箱中。直流式系统有许多优点：其一，与强制循环系统相比，不需要设置水泵；其二，与自然循环系统相比，贮热水箱可以放在室内；其三，与循环系统相比，每天较早地得到可用热水，而且只要有一段见晴时刻，就可以得到一定量的可用热水；其四，容易实现冬季夜间系统排空防冻的设计。直流式系统的缺点是要求性能可靠的变流量电动阀和控制器，使系统复杂，投资增大。直流式系统主要适用于大型太阳能热水系统。

2）自然循环系统

自然循环系统是依靠集热器和贮热水箱中的温差，形成系统的热虹吸压头，使水在系统中循环；与此同时，将集热器的有用能量收益通过加热水，不断储存在贮热水箱内。

系统运行过程中，集热器内的水受太阳能辐射能加热，温度升高，密度降低，加热后的水在集热器内逐步上升，从集热器的上循环管进入贮热水箱的上部；与此同时，贮热水箱底部的冷水由下循环管流入集热器的底部；这样经过一段时间后，贮热水箱中的水形成明显的温度分层，上层水首先达到可使用的温度，直至整个贮热水箱的水都可以使用。

用热水时，有两种取热水的方法：一种是有补水箱，由补水箱向贮热水箱底部补充冷水，将贮热水箱上层热水顶出使用，其水位由补水箱内的浮球阀控制，有时称这种方法为顶水法；另一种是无补水箱，热水依靠本身重力从贮热水箱顶部落下使用，有时称这种方法为落水法。

### 3）强制循环系统

强制循环系统是在集热器和贮热水箱之间管路上设置水泵，作为系统中水的循环动力；与此同时，集热器的有用能量收益通过加热水，不断储存在贮热水箱内。系统运行过程中，循环泵的启动和关闭必须要有控制，否则既浪费电能又损失热能。通常温差控制较为普及，利用集热器出口处水温和贮热水箱底部水温之间的温差来控制循环泵的运行，有时还同时应用温差控制和光电控制两种。

强制循环系统可适用于大、中、小型各种规模的太阳能热水系统。

## 10.2　太阳能供暖系统

### 1. 太阳能供暖系统组成

太阳能供暖系统是指将分散的太阳能通过集热器把太阳能转换成方便使用的热水，通过热水输送到发热末端（例如：地板采暖系统、散热器系统等）提供房间采暖的系统，简称太阳能采暖。

太阳能供暖设备主要构成部件：太阳能集热器（平板集热器、全玻璃真空管集热器、热管集热器、U 形管集热器等）、储热水箱、控制系统、管路管件及相关辅材、建筑末端散热设备。

### 2. 太阳能供暖系统与普通热水工程区别

太阳能供暖与普通热水工程都是太阳能热利用工程，二者之间有许多相同之处，都是利用集热器收集太阳热能并用于工程上。但是二者在应用目的、地点等方面有很大不同，在实际的设计安装时也需要考虑它们之间的不同的特点。

普通热水工程是生产所需要的、特定温度范围的大量热水，这些热水是最终产品，一般被直接用掉；而太阳能供暖需要的只是收集的太阳热能，并把这些热能传输到室内，热水仅是传热介质，不是最终产品。

太阳能供暖与普通热水工程在利用时间上也有很大不同。普通热水工程一般是全年使用，因此在设计、集热器的选择、安装的角度上都首先要考虑全年的应用，要全年的收益最大化；而太阳能供暖却只是冬季使用，只考虑冬季使用效率的最大化，其集热器的选择、安装的角度都与普通热水工程有所不同。

普通热水工程的集热温度一般在 50 ~ 70 ℃之间，若低于 50 ℃则一般达不到实用目的。而太阳能供暖工程中，若是采用地板辐射散热，30 ~ 40 ℃的水温同样能够使用，在日照不太好的情况下仍然有较高的实用价值。反映在集热器的选择上，冬季地板采暖可选用集热温度较低的平板型集热器，而在冬季使用的普通热水工程，则一般需采用隔热较好、集热温度较高的真空管集热器。

普通热水工程不需要特殊的储能设施,但要求设计的水箱要能把每天产出的热水储存下来,根据集热面积要求一般要有较大的贮热水箱,小到几吨,大到几十吨甚至更大。而太阳能供暖工程则对储热有特殊要求,一般要求大贮热水箱,尤其跨季节储热是当下研究热点。例如用水做储热介质,对于跨季节储热,设计规范推荐一般按 1 500 ~ 2 500 L/m² 集热器面积来配置贮热水箱体积。

### 3. 太阳能供暖系统设计要点

**1)太阳能供暖系统设计一般要求**

(1)设置太阳能供暖系统的供暖建筑物,其建筑和建筑热工设计应符合所在气候区国家、行业和地方建筑节能设计标准和实施细则的要求;而且建筑围护结构传热系数的取值宜低于所在气候区国家、行业和地方建筑节能设计标准和实施细则的限值指标规定。

(2)常规能源缺乏、交通运输困难而太阳能资源丰富的地区,在进行建筑物的供暖设计时,宜优先考虑设置太阳能供暖系统。夏热冬冷地区应鼓励在住宅建筑中采用太阳能供暖。

(3)在建筑物中设置太阳能供暖系统,计算由太阳能供暖系统所承担的供暖热负荷时,室内空气计算温度的取值应按 GB 50736—2012《民用建筑供暖通风与空气调节设计规范 附条文说明 [另册]》中规定范围的低限选取。

(4)在既有建筑上增设太阳能供暖系统,必须经建筑结构安全复核,并应满足建筑结构及其他相应的安全性要求。

(5)太阳能供暖系统类型的选择,应根据所在气候区、太阳能资源条件、建筑物类型、使用功能、业主要求、投资规模、安装条件等因素综合确定。

(6)为提高太阳能供暖的投资效益,应合理选择确定太阳能供暖系统的太阳能保证率,应按照所在气候区、太阳能资源条件、建筑物使用功能、业主投资规模、全年利用的工作运行方式等因素综合确定太阳能保证率的取值。

(7)最大限度发挥太阳能供暖系统所能起到的节能作用,未采用季节蓄热的太阳能供暖系统应做到全年综合利用,冬季供暖,春、夏、秋三季提供生活热水或其他用热。

(8)太阳能供暖系统组成部件的性能参数和技术要求应符合相关国家产品标准的规定。

**2)太阳能供暖系统设计流程**

(1)确定供热需求、气象参数、安装条件。太阳能供暖系统供热负荷计算主要分为两种用途:一是用于太阳能集热器面积的确定,另一种是用于辅助能源和热水管路的设计。用于确定太阳能集热器面积时,一般只需要确定日平均(或月平均)耗热量;而用于确定辅助能源和热水管路设计时,需要根据建筑物用水设施的差异确定小时耗热量、热水量,相应计算可以参考 GB 50015—2019《建筑给水排水设计标准》。

(2)集热器面积计算及选型。太阳能集热器的面积是太阳能热水系统的一个重要参数,它与系统太阳能保证率和项目投资经济性密切相关。根据《太阳能供热采暖应用技术手册》的规定,直接式太阳能集热器面积计算公式如下:

$$A_{c} = \frac{84\ 600Qf}{J_{T}\eta_{cd}(1-\eta_{L})}$$

式中 $A_{c}$——直接式太阳能系统太阳能集热面积,m²;

$Q$——热负荷,W,方案 1 取年热水平均负荷,方案 2 取采暖期内平均采暖负荷;

$f$——太阳能保证率，无量纲，一般在 0. 30 ~ 0. 80，可参考表 10-1 选取；

$J_T$——采暖期内当地集热器总面积上平均日太阳能辐射量，J/m²；

$\eta_{cd}$——太阳能集热器设计月平均集热效率，无量纲，经验取值为 0. 25 ~ 0. 50，具体数值可由集热器厂家提供的集热器稳态热效率检测报告，并结合工程使用当地太阳能日照参数进行计算，在此取中间值 0. 37；

$\eta_L$——管路、贮热水箱热损失率，无量纲，根据经验取 0. 20 ~ 0. 30，在此取中间值 0. 25。

表 10-1　太阳能供热采暖系统 $f$ 选值范围

| 资源区划 | 短期储热<br>系统保证率 | 季节储热<br>系统保证率 |
| --- | --- | --- |
| I 资源丰富区 | ≥50% | ≥60% |
| II 资源较富区 | 30% ~ 50% | 40% ~ 60% |
| III 资源一般区 | 10% ~ 30% | 20% ~ 40% |
| IV 资源贫乏区 | 5% ~ 10% | 10% ~ 20% |

间接式太阳能系统由于换热器换热温差存在，使得保证系统同样加热能力时，太阳能集热器平均工作温度要高于直接式太阳能系统，造成效率降低。因而要获得相同热水，间接式太阳能系统的集热面积应大于直接式太阳能系统。间接式太阳能系统集热面积计算公式如下：

$$A_{In} = A_c \left( 1 + \frac{F_R U_L A_c}{U_{hx} A_{hx}} \right)$$

式中　$A_{In}$——间接式太阳能系统太阳能集热总面积，m²；

$A_c$——直接式太阳能系统太阳能集热总面积，m²；

$F_R U_L$——集热器总热损失，W/(m² · ℃)，因集热器类型及制造厂家不同取值而不同，一般平板型太阳能集热器取 4 ~ 6，真空管型集热器取 1 ~ 2，具体数值由实际测定选取；

$U_{hx}$——换热器传热系数，W/(m² · ℃)；

$A_{hx}$——间接式太阳能系统热交换器换热面积，m²。

太阳能集热系统的流量选取与太阳能集热器的种类有关，一般由太阳能集热器生产厂家给出或根据表 10-2 选取。太阳能集热器单位面积流量乘以采光面积就可以得到系统总流量设计值。

表 10-2　太阳能系统流量推荐用值

| 系统类型 | | 太阳能集热器单位面积流量/[m³/(h · m²)] |
| --- | --- | --- |
| 小型热水系统 | 真空管型太阳能集热器 | 0. 035 ~ 0. 072 |
| | 平板型太阳能集热器能 | 0. 072 |
| 大型集中太阳能供暖系统（集热器总面积大于100 m²） | | 0. 021 ~ 0. 06 |
| 小型独户太阳能供暖系统 | | 0. 024 ~ 0. 036 |
| 板式换热器间接式太阳能集热供暖系统 | | 0. 009 ~ 0. 012 |
| 太阳能空气集热器供暖系统 | | 30 ~ 40 |

（3）贮热水箱容积的确定。太阳能供暖系统的贮热水箱容积应与集热器类型和面积相对应。若贮热水箱容积配比过大，系统有用能量收益增加，但在太阳辐照低的季节，水温过低，辅助能

源供应比例则需增加；若贮热水箱容积配比过小，水箱温度比较高，系统工作效率降低，在太阳辐照高的季节，水温会过高，影响系统安全。因此，应根据贮热水箱保温情况和兼顾成本因素综合考虑。各类系统贮热水箱的容积选择范围见表10-3。此外，在设计中还应该考虑贮热水箱结构、分层、保温、防腐等措施。

太阳能供暖系统中，有短期蓄热和季节蓄热两种类型。短期蓄热太阳能供暖系统，适用于单体建筑；季节蓄热太阳能供暖系统，适用于较大面积的区域供暖。短期蓄热太阳能供暖系统的蓄热量只需要满足建筑物 1～5 天的供暖需求，当地的太阳能资源好，环境温度高，工程投资高，可取高值；否则，取低值。

表 10-3　各类系统贮热水箱的容积选择范围

| 系 统 类 型 | 小型太阳能热水系统 | 短期蓄热太阳能供暖系统 | 季节蓄热太阳能供暖系统 |
|---|---|---|---|
| 贮热水箱、水池容积范围/(L/m²) | 40～100 | 50～150 | 1 500～2 500 |

（4）辅助能源的选择。太阳能是间歇性能源，遇到阴雨雾雪天气时太阳能光照不足，集热器无法获取足够的能量。因此，在复合式太阳能供热系统设计中应设置其他能源辅助加热或者换热设备。

常用的辅助热源种类主要有：电加热器、燃油锅炉、燃气锅炉、燃煤锅炉、热泵、生物质颗粒锅炉等。各热源有以下特点：电加热设备容易安装，控制方便，但运行费用高；燃油、燃气锅炉控制方便，便于调节，可方便实行自动运行，但设备间需要满足消防要求；燃煤锅炉启停时间较长，出力调整较困难，较难实现自控或者无人值守，存在环境污染问题。

辅助加热量应按照太阳能供热采暖系统最恶劣工况选用，即不考虑太阳能提供份额，要求辅助能源供热负荷能单独满足系统需求。一般对采暖负荷和生活热水负荷分别进行计算后，选两者中较大的负荷确定为太阳能供热采暖系统的设计负荷，也就是辅助加热负荷。

（5）供热末端的选择。太阳能采暖系统采用的管材和管件应符合现行产品要求，管道的工作压力和工作温度不大于产品标准标定的允许工作压力和工作温度。太阳能集热系统管道可采用钢管、薄壁不锈钢、塑钢热水管、塑料与金属复合管等。以乙二醇为主要成分的防冻液系统不宜采用镀锌钢管。热水管道应选用耐腐蚀并符合卫生要求的管道，一般可采用薄壁铜管、薄壁不锈钢、塑料热水管、塑料与金属复合管等。太阳能热水系统的集热系统连接管道、水箱、供水管道均应保温。常用的保温材料有岩棉、玻璃棉、聚氨酯泡沫、橡塑泡棉等材料。

（6）供热末端系统的选择。太阳能系统效率与集热器种类和工质的工作温度密切相关，太阳能供热采暖系统应优先选用低温辐射供暖系统；热风采暖系统适宜低层建筑或局部场所需要供暖的场合；水-空气处理设备和散热器系统宜使用在 60～80 ℃ 工作温度下效率较高的太阳能集热器，如高效平板太阳能集热器或热管真空管太阳能集热器，该系统适合夏热冬冷或温和地区。

# 10.3　太阳能制冷系统

## 1. 太阳能制冷系统原理

太阳能用于空调制冷，其最大优点就是具有很好的季节匹配性，即天气越热，太阳辐射越好，系统制冷量越大。这一特点使得太阳能制冷技术受到重视和发展。太阳能制冷从能量转换角度主要可以分为两种：第一种是太阳能光电转换制冷，是利用光伏转换装置将太阳能转换成电能后，再用于驱动普通蒸汽压缩式制冷系统或半导体制冷系统实现制冷的方法，即光电半导体制冷和光电压缩式制冷，是太阳能发电的拓展，这种方法的优点是可采用技术成熟且效率高的蒸汽压缩制冷技术，其小型制冷机在日照好又缺少电力设施的一些国家和地区已得到应用。其光电转换技术效率较低，而光电板、蓄电器和逆变器等成本却很高。第二种是太阳能光热转换制冷，首先是将太阳能转换成热能（或机械能），再利用热能（或机械能）作为外界的补偿，使系统达到并维持所需的低温。后者是目前研究较多的一种太阳能制冷方式。

### 2. 太阳能制冷系统分类

目前太阳能光热转换制冷的主要形式有三类，即太阳能吸收式制冷、太阳能吸附式制冷和太阳能喷射式制冷。

#### 1）太阳能吸收式制冷

太阳能吸收式制冷的原理是利用溶液的浓度随温度和压力变化而变化，将制冷剂与溶液分离，通过制冷剂的蒸发而制冷，又通过溶液实现对制冷剂的吸收。一般利用两种沸点相差较大物质所组成的二元溶液作为工质来进行，同一压强下沸点低的物质为制冷剂，沸点高的物质为吸收剂。太阳能吸收式制冷系统则先采用平板型或热管型真空管集热器来收集太阳能，再用来驱动吸收式制冷机。简单吸收式制冷系统的原理如图 10-2 所示，吸收式制冷机主要由发生器、冷凝器、蒸发器、吸收器、换热器、溶液泵几部分组成，由太阳能集热器产生的热媒（85 ℃以上的热水，或者水蒸气）输入制冷机发生器内，驱动制冷机完成制冷循环。因而吸收式制冷也可以说是将太阳能集热器与吸收式制冷机联合使用。

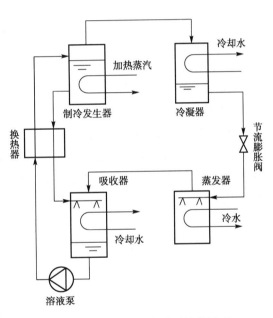

图 10-2　简单吸收式制冷系统的原理

#### 2）太阳能吸附式制冷

太阳能吸附式制冷的基本原理是利用吸附床中的固体吸附（如活性炭）对制冷剂（如甲醇）的周期性吸附、解附过程实现制冷循环。其原理如图 10-3 所示。

整个制冷循环包含解附和吸附两个过程。当白天太阳辐射充足时，太阳能吸附集热器吸收太阳辐射能后，吸附床温度升高，使吸附的制冷剂在集热器中解附，太阳能吸附器内压力升高；解附出来的制冷剂进入冷凝器，经冷却介质（水或空气）冷却后凝结为液态，进入储液器，此为解附过程。夜间或太阳辐射不足时，环境温度降低，太阳能吸附集热器通过自然冷却后，吸附床的温度下降，吸附剂开始吸附制冷剂，由于蒸发器内制冷剂的蒸发，温度骤降，通过冷媒水获得制冷目的，此为吸附过程。

显然，吸附式制冷的两个过程：解附—冷凝、蒸发—吸收，并不是同时发生的，而是分别发生在白天和夜间，它是一种典型的间歇式制冷系统。

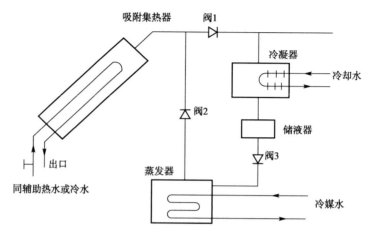

图 10-3　太阳能吸附式制冷系统的原理

**3）太阳能喷射式制冷**

太阳能喷射式制冷系统的原理如图 10-4 所示。该系统主要由太阳能集热器和蒸汽喷射式制冷机两大部分组成。整个制冷循环由三个子循环组成，即太阳能转换子循环、制冷子循环和动力子循环。太阳能集热器将太阳能转化为热能，使集热器内传热工质吸热汽化，传热工质流经蓄热器并将热量储存其中，蓄热器中因制冷剂吸热而被冷却的传热工质通过循环泵重新回到集热器吸收太阳能热量，此为太阳能转换子循环。制冷剂（通常为水）在蓄热器中吸收高温传热工质的热量后汽化、增压，产生饱和蒸汽，蒸汽进入喷射器经过喷嘴高速喷出膨胀，在喷射区附近产生真空，将蒸发器中的低压蒸汽吸入喷射器，经过喷射器出来的混合气体进入

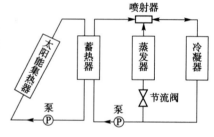

图 10-4　太阳能喷射式制冷的原理

冷凝器放热，冷凝为液体后，冷凝液的一部分通过节流阀进入蒸发器吸收热量后汽化制冷，完成一次循环，这部分工质完成的循环是制冷子循环。另一部分工质通过循环泵升压后进入蓄热器，重新吸热汽化，再进入喷射器，流入冷凝器冷凝后变为液体，该子循环称为动力子循环。整个系统设置比吸收式制冷系统简单，且具有运行稳定、可靠性较高等优点。

# 10.4　太阳能光热发电系统

## 1. 太阳能光热发电系统原理

太阳能光热发电系统是利用聚光太阳能集热器将太阳辐射能收集起来，通过加热水或者其他传热介质，经蒸汽、燃气轮机或发动机等热力循环过程发电，其基本原理图如图 10-5 所示。以导热油槽式太阳能光热发电系统为例：数个槽式集热器通过串联连接成标准集热器回路，数量众多的标准集热器回路通过并联方式组成集热场。其基本运行流程为：槽式集热器通过跟踪太阳收集热量，加热集热器内循环流动的导热油，然后导热油进入蒸汽发生器释放热量，加热水产

生过热蒸汽，蒸汽进入汽轮机发电，放热后的导热油返回至集热场重新吸热。当白天太阳较好时，一部分导热油将进入油盐换热器，释放热量加热熔盐，高温熔盐被存放在热盐罐中；到了晚上，热盐罐中高温熔盐的热量被重新释放出来，反向加热导热油，进而导热油进入蒸汽发生器，加热水产生蒸汽，实现在夜间继续发电。太阳能光热发电的实质是将太阳辐射能先转化为热能，然后转化为汽轮机的机械能，再将机械能转化为电能。

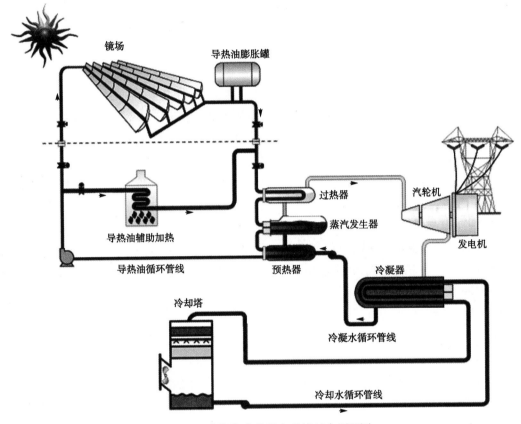

图 10-5　太阳能光热发电系统基本原理图

## 2. 太阳能光热发电系统组成

太阳能光热发电系统一般由集热子系统、热传输子系统、蓄热与热交换子系统以及发电子系统组成，如图 10-6 所示。

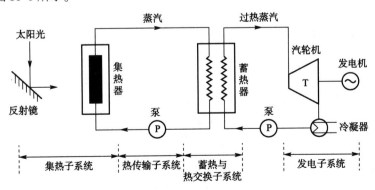

图 10-6　太阳能光热发电系统组成示意图

### 1) 集热子系统

集热子系统是吸收太阳能辐射并将其转换为热能的装置。该子系统主要包括聚光装置、接收器和跟踪机构等部件。不同功率和规模的太阳能光热发电系统有着不同结构形式的集热子系统。对于在高温下工作的太阳能光热发电系统来说，必须采用聚光集热器来提高集热温度及系统效率。聚光集热器一般由聚光器与接收器组成，通过聚光器将太阳辐射聚焦在接收器上形成焦点（或焦线），以获得高强度太阳能。在太阳能光热发电系统中应用比较多的聚光集热器主要有旋转抛物面聚光集热器、抛物柱面聚光集热器、多平面聚光集热器、线性菲涅耳反射镜聚光集热器等。

### 2) 热传输子系统

热传输子系统要求输热管道的热损失小、输送传热介质的泵功率小、热量输送成本低。对于分散型太阳能光热发电系统，一般将许多单元的集热器串并联起来组成集热器方阵，使各单元集热器收集起来的热能输送给蓄热与热交换子系统时所需的输热管道加长，热损失增大。而对于集中式太阳能光热发电系统，虽然输热管道可以缩短，但需将传热工质送到塔顶，需要消耗动力。为了减少输热管道的热损失，一般需在输热管道外面包裹陶瓷纤维、硅酸钙、复合硅酸盐等导热系数很低的绝热材料。

### 3) 蓄热和热交换子系统

由于地面上的太阳能受季节、昼夜和云雾、雨雪等气象条件的影响，具有间歇性和不稳定性，因此为了保证太阳能光热发电系统稳定地发电，需要设置蓄热装置。蓄热装置一般由真空绝热或以绝热材料包覆的蓄热器构成。

### 4) 发电子系统

发电子系统由热力机和发电机等主要设备组成，与火力发电系统基本相同。应用于太阳能热发电系统的动力机有汽轮机、燃气轮机、低沸点工质汽轮机和斯特林发动机等。这些发电装置可以根据集热后经过蓄热与热交换子系统供汽轮机入口热能的温度等级及热量等情况来选择。对于大型太阳能光热发电系统，由于其温度等级与火力发电系统基本相同，可选用常规的汽轮机，工作温度在 800 ℃ 以上时可选用燃气轮机；对于小功率或低温的太阳能光热发电系统，则可选用低沸点工质汽轮机或斯特林发动机。

## 3. 太阳能光热发电系统分类

目前现有的太阳能光热发电系统大致可以分为槽式太阳能光热发电系统、塔式太阳能光热发电系统、碟式太阳能光热发电系统和线性菲涅尔式太阳能光热发电系统。

### 1) 槽式太阳能光热发电系统

槽式太阳能光热发电系统是通过抛物柱面槽式聚光镜面将太阳光汇聚在焦线上，在焦线上安装管状集热器，以吸收聚焦后的太阳辐射能。管内的流体被加热后，流经换热器加热水产生蒸汽，借助于蒸汽动力循环来发电。该装置从早到晚由西向东跟踪太阳连续运转，集热器轴线与焦线平行，一般呈南北向布置，这是一种一维跟踪太阳的模式，跟踪简易，且光学效率较高。聚光比在 30 ~ 80 之间，集热温度可达 400 ℃，槽式太阳能光热发电系统如图 10-7 所示。

该系统安装维修比较方便；多聚光集热器可以同步跟踪，跟踪控制代价大为降低；吸收器为管状，使得工作介质加热流动的同时，也是能量集中的过程，故其总体代价相对最小，经济效益最高。这正是该系统最先在世界上实现商业化的原因所在。在利用太阳能发电方面，槽式太阳能光热发电系统是迄今为止世界上唯一经过20年商业化运行的成熟技术，它的储能系统或者燃烧系统甚至可以实现24 h运行，度电成本也很有竞争力。

图 10-7　槽式太阳能光热发电系统

2）塔式太阳能光热发电系统

塔式太阳能光热发电系统的聚光系统由数以千计带有双轴太阳追踪系统的平面镜（称为定日镜）和一座（或数座）中央集热塔构成，如图10-8所示。每块定日镜都各自配有跟踪机构，能准确地将太阳光反射集中到一个高塔顶部的接收器上。接收器上的聚光倍率可超过1 000倍，在这里把吸收的太阳光能转化成热能，再将热能传给工质，经过蓄热环节，再输入热动力机，膨胀做功，带动发电机，最后以电能的形式输出。

图 10-8　塔式太阳能光热发电系统

塔式太阳能光热发电系统的具体结构多种多样，单块定日镜的面积从1.2 m²至120 m²不等，塔高也从50 m至260 m不等，聚光倍数则可以达到数百倍至上千倍。塔式太阳能光热发电系统可以使用水、气体或熔盐作为导热介质，以驱动后端的汽轮机（若采用熔盐作为导热介质，需加装热交换器，但储能能力较好）。

塔式太阳能光热发电系统的主要优势在于它的工作温度较高（可达800～1 000 ℃），使其年度发电效率可以达到17%～20%，并且由于管路循环系统较槽式系统简单得多，提高效率和降低成本的潜力都比较大；塔式太阳能光热发电系统采用湿冷却的用水量也略少于槽式系统，若需要采用干式冷却，其对性能和运行成本的影响也较低。但在塔式太阳能光热发电系统中，为了将阳光准确汇聚到集热塔顶的接收器上，对每一块定日镜的双轴跟踪系统都要进行单独控制，而槽式系统的单轴追踪系统在结构上和控制上都要简单得多。

3）碟式太阳能光热发电系统

碟式太阳能光热发电系统又称盘式系统，如图10-9所示。主要特征是采用旋转抛物面聚光集热器，其结构从外形上看类似于大型抛物面雷达天线。由于旋转抛物面聚光集热器是一种点聚焦集热器，其聚光比可以高达数百到数千倍，因而可产生非常高的温度。

图10-9　碟式太阳能光热发电系统

碟式光热发电技术是四种常见光热发电技术中热电转换效率最高的，最高可达32%，而塔式和槽式技术的热电转换效率目前为15%~16%。同时，碟式光热发电技术可以实现模块化的设计和生产，这是由于其集热系统和发电系统完全组成了一个单独的小型发电单元，不需要像其他光热发电技术一样分别建造光场系统和发电系统，整个发电系统的系统集成也相对简单很多。

但碟式光热发电技术也有其显著缺陷。它无法像其他光热发电技术一样进行储热，从而实现持续稳定发电。这一点和光伏发电类似。但从经济性角度来看，其无法与光伏发电的低成本相竞争。此外，碟式太阳能光热发电系统的另一挑战来自斯特林机。斯特林机要求的工作温度在600 ℃以上，其运行需要建立完美的闭式循环，工质气体不能泄漏，并需要尽最大可能降低机械部件的磨损以避免因此而造成的气体外泄。而机械部件之间的磨损在机械制造业又是很难避免的，这将会带来高昂的维护和更换成本，使其可靠性和运行寿命受到挑战。

4）线性菲涅尔式太阳能光热发电系统

线性菲涅尔式太阳能光热发电系统利用线性菲涅尔反射镜聚焦太阳能于集热器，直接加热工质水，如图10-10所示。反射镜和集热器合称聚光系统，在发电系统中，该聚光系统一般布置为三个功能区：预热区、蒸发区和过热区。工质水依次经过这三个区后形成高温高压的蒸汽，推动汽轮机发电。

线性菲涅尔太阳能光热发电技术的主要特点：

（1）聚光比一般为10~80，年平均效率为10%~18%，峰值效率为20%，蒸汽温度可达250~500 ℃。每年发电1 MW·h，所需土地4~6 m²。

图 10-10　线性菲涅尔式太阳能光热发电系统

（2）主反射镜采用平直或微弯的条形镜面，二次反射镜与抛物槽式反射镜类似，生产工艺较成熟。

（3）主反射镜较为平整，可采用紧凑型的布置方式，土地利用率较高，且反射镜近地安装，大大降低了风阻，具有较优的抗风性能，选址更为灵活。

（4）集热器固定，不随主反射镜跟踪太阳而运动，避免了高温高压管路的密封和连接问题以及由此带来的成本增加。

（5）由于采用的是平直镜面，易于清洗，耗水少，维护成本低。

**拓展阅读** ▶▶▶ **"光伏＋光热"发电项目** ------------------------------------

光热发电与光伏发电均属太阳能发电技术，光热发电投资成本较高，发展相对受到了制约，光伏发电存在夜间无法发电、输出功率不可调节等不足，使其在电量消纳与电力支撑等方面受到限制。但光热发电具备储能、输出功率灵活可调等能力，可以解决光伏发电的不足，将光热发电与光伏发电联合开发，具有提高项目经济性的优势。因为光热发电特有的光热转换过程，使光热发电自带储能本领，自带储能是光热发电最大的优势之一。

"光热＋光伏"发电充分利用了这一特性，白天主要由光伏发电供应电力，夜间再利用熔盐、导热油等介质储存的热能进行光热发电。采用该模式，充分发挥了光伏发电的成本优势与光热发电输出功率可调、大容量储能的性能优势。

**1. 国际上的"光热＋光伏"发电项目**

中东、非洲、南美等地区已经有一些国家开展了"光热＋光伏"发电项目的规划与建设。表 10-4 为截止到 2021 年，国际上的"光热＋光伏"发电项目。迪拜装机容量为 950 MW 的"光热＋光伏"发电项目成为其 2050 年能源战略的重要组成部分。智利国家能源部提到利用新能源时必须要解决其发电时的间歇性问题，光热发电技术将发挥核心作用，预计到 2050 年，该国的能源消费中将有 20% 以上来自光热发电。摩洛哥 Noor Midelt 项目 1 期包含了装机容量为 190 MW 的光热发电、装机容量为 600 MW 的光伏发电及部分电化学储能。表 10-5 中数据显示，这些项目所在地的太阳能资源都较为丰富，年太阳辐射资源在 1 850 ~ 2 800 kW·h/m² 范围内。项目中的光热发电技术均采用目前国际上较为成熟的槽式光热发电或塔式光热发电技术路线，单体光热电站的装机容量在 100 ~ 200 MW 之间。在光热发电与光伏发电的装机容量比例方面，各项目之

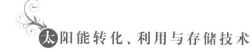

间的差异较大，迪拜950 MW "光热＋光伏" 发电项目中光热发电的装机容量是光伏发电的2.8倍，而摩洛哥 Noor Midelt 项目一期中光热发电的装机容量仅为光伏发电的30%左右。

表10-4　国际上部分 "光热＋光伏" 发电项目

| 项目名称 | 年太阳辐射资源 | 技术路线 | 装机容量/MW | 储热时长/h |
|---|---|---|---|---|
| 迪拜950 MW "光热＋光伏" 发电项目 | 1 850 kW·h/m² | 槽式光热发电 | 3×200 | 12.5 |
| | | 塔式光热发电 | 100 | 15.0 |
| | | 光伏发电 | 250 | — |
| 智利 Cerro Dominador 电站 | 2 500 kW·h/m² | 塔式光热发电 | 110 | 17.5 |
| | | 光伏发电 | 100 | — |
| 南非 Postmasburg 太阳能发电项目 | 2 800 kW·h/m² | 塔式光热发电 | 100 | 12.0 |
| | | 光伏发电 | 171 | — |
| 摩洛哥 Noor Midelt 项目一期 | 2 300 kW·h/m² | 槽式光热发电 | 190 | 7.5 |
| | | 光伏发电 | 600 | — |

为实现夜间发电，大部分光热发电项目的储热时长超过了12.0 h，但 Noor Midelt 项目一期的储热时长相对较短，仅7.5 h，这是因为该项目中除光热发电的储热系统之外还配置了电化学储能系统。

### 2. 中国的 "光热＋光伏" 发电项目

现阶段，我国的太阳能光热发电技术取得较好的发展成果，我国适宜建设光热发电项目的场址主要位于西北地区，而这些地区也是大规模发展光伏发电等新能源发电项目的重要区域。由于这些地区中的某些地区不具备建设抽水蓄能电站、燃气机组等灵活电源的条件，而且出于生态保护方面的考虑又难以新增燃煤机组，导致在新能源电力占比持续增加的发展形势下缺少为电力系统提供调峰能力的解决方案，因此有必要在这些地区将光热电站作为调峰电源为电力系统提供调峰能力。

1）太阳能资源

中国已建成的光热发电项目及已规划的 "光热＋光伏" 发电项目所在地，如青海省的海西州，甘肃省的阿克塞县、玉门市等的年太阳资源辐射在1 500～1 850 kW·h/m² 之间，略低于国际上已建或在建的 "光热＋光伏" 发电项目所在地的太阳能资源水平。

2）技术路线

中国首批光热发电示范项目主要是出于示范新技术的考虑，包括了槽式、塔式、线性菲涅尔式等多种新型的光热发电技术路线，与国际上 "光热＋光伏" 发电项目中的光热发电技术主要采用较为成熟的槽式光热发电技术或塔式光热发电技术略有不同。到 "十四五" 期间，无论是采用 "光热＋光伏" 发电模式还是仅光热发电方式，技术路线的成熟度和项目的经济性将成为项目开发时应考虑的主要因素。

3）装机容量

中国光热发电项目的开发还处于示范阶段，大部分项目的装机规模与国际已建成的光热发电项目相比较小，均在50～100 MW 之间。中国鲁能海西州多能互补项目包括了50 MW 光热发电和 200 MW 光伏发电，同时还配置了 400 MW 风电及 50 MW 电化学储能。随着中国光热发电项目开发能力的日趋成熟，未来光热发电项目开发时将会适当增加装机容量，通过规模效应提高项目的经济性。

4）储热时长

中国除鲁能海西州多能互补项目中光热发电的储热时长为 12 h 外；首批光热发电示范项目的储热时长均相对较短，为 7~12 h，这主要是由于与单体光热电站开发相比，光热发电与光伏发电联合运行时，光热发电还要为整个项目提供一定的储能支撑，因此需要适当增加储热时长。

后续在进行"光热＋光伏"发电项目开发时，有必要适当提高其中光热发电的装机规模和储热时长，并选择合理且成熟的技术路线，以提高项目整体发电能力和经济性。而光热发电和光伏发电的装机容量比例则需结合项目所在地的太阳能资源条件、电价水平、电力消纳能力等因素综合确定。

# 思考题

（1）光热应用与光伏应用存在哪些本质区别，太阳能光热主要有哪些应用？

（2）太阳能供暖系统和制冷系统的主要区别是什么？

（3）溴化锂吸收式制冷系统中，制冷剂是什么？其工作原理与常见的家用空调何有区别？

（4）太阳能热发电技术典型的技术路线有哪些？塔式电站和槽式电站中常用的储热介质是什么？

（5）截止到 2022 年底，国内已经并网的太阳能热发电项目有哪些？

# 参 考 文 献

[1] 肖佳,梅琦,黄晓琪,等."双碳"目标下我国光伏发电技术现状与发展趋势[J].天然气技术与经济,2022,16(5):64-69.

[2] 金秋实,王晓,倪依琳,等."双碳"背景下光伏行业发展研究与展望[J].环境保护,2022,50(1):44-50.

[3] 常非凡.我国光热发电产业发展特征,瓶颈及政策建议[J].中国能源,2022,44(5):29-32.

[4] 中国气象局.地面气象观测规范[M].北京:气象出版社,2003.

[5] 黄建华,向钠,齐锴亮.太阳能光伏理化基础[M].3版.北京:化学工业出版社,2022.

[6] 李天福,钱斌,潘启勇,等.新能源光伏发电及控制[M].北京:科学出版社,2017.

[7] 常蕊,申彦波,郭鹏.太阳能资源典型年挑选方法的适用性对比研究[J].高原气象,2017,36(6):1713-1721.

[8] 黄建华,张要锋,段文杰.光伏发电系统规划与设计[M].北京:中国铁道出版社有限公司,2019.

[9] 梅生伟,李建林,朱建全,等.储能技术[M].北京:机械工业出版社,2022.

[10] 丁玉龙,来小康,陈海生.储能技术及应用[M].北京:化学工业出版社,2018.

[11] 黄志高.储能原理与技术[M].2版.北京:中国水利水电出版社,2020.

[12] 吴贤文.储能材料:基础与应用[M].北京:化学工业出版社,2019.

[13] 饶中浩,汪双凤.储能技术概论[M].徐州:中国矿业大学出版社,2017.

[14] 张雪莉,刘其辉,李建宁,等.储能技术的发展及其在电力系统中的应用[J].电气应用,2012(12):8.

[15] 谢克桓,李传常,陈荐,等.全钒液流电池储能仿真模型及荷电状态监测方法研究[J].储能科学与技术,2021,10(6):2 363-2 372.

[16] 杨于驰,张媛.储能电池技术发展研究浅析[J].东方电气评论,2022(3):36.

[17] 刘畅,徐玉杰,陈海生.压缩空气储能:让电能穿越时空[J].物理,2022,51(6):397-404.

[18] 李永亮,金翼,黄云,等.储热技术基础:Ⅰ:储热的基本原理及研究新动向[J].储能科学与技术,2013(1):4.

[19] 张新宾,储江伟,李洪亮,等.飞轮储能系统关键技术及其研究现状[J].储能科学与技术,2015(1):6.

[20] 王松宇,王国庆.双电层电容器及其应用[J].国外电子元器件,2001(6):4.

[21] 班凡生,董京楠.氢储能进入高速发展期[J].中国石油报,2022(12):6.

[22] 王兆安,黄俊.电力电子技术[M].4版.北京:机械工业出版社,2009.

[23] 王厦楠.独立光伏发电系统及其MPPT的研究[D].南京:南京航空航天大学,2008.

[24] 张诗琳.电力电子技术及应用[M].北京:化学工业出版社,2013.

[25] 马宏骞.电力电子技术及应用项目教程[M].北京:电子工业出版社,2013.

[26] 李钟实.太阳能光伏发电系统设计施工与维护[M].北京:人民邮电出版社,2011.

[27] 黄家善.电力电子技术[M].北京:机械工业出版社,2007.

[28] 周元一.电力电子应用技术[M].北京:机械工业出版社,2013.

[29] 姜久超,王伟.电力电子技术[M].北京:中国水利水电出版社,2014.